# 水质监测技术

SHUIZHI JIANCE JISHU

主　编◎毛海亮

重庆大学出版社

## 内容提要

本书以实际水质监测岗位工作为主线,全面系统地介绍了水质监测的基础知识,水质监测实验室基础知识,水环境调查及监测方案制订,水样采集、保存及预处理,水质指标的测定,水样中生物学指标的分析测试等专业知识。本书力求切合行业需求,注重理论与实践结合,突出技能要求,深入浅出、循序渐进,以满足社会及行业对专业技术人才的培养要求。

本书可作为高职高专环保类专业教学用书,也可作为相关专业及环境保护企事业单位职业资格培训的参考用书。

**图书在版编目(CIP)数据**

水质监测技术 / 毛海亮主编. -- 重庆 : 重庆大学出版社,2025.3
高等职业教育理工类活页式系列教材
ISBN 978-7-5689-4335-2

Ⅰ. ①水… Ⅱ. ①毛… Ⅲ. ①水质监测—高等职业教育—教材 Ⅳ. ①X832

中国国家版本馆 CIP 数据核字(2024)第 017479 号

**水质监测技术**

主 编 毛海亮

责任编辑:秦旖旎　版式设计:秦旖旎
责任校对:邹 忌　责任印制:张 策

\*

重庆大学出版社出版发行

社址:重庆市沙坪坝区大学城西路 21 号

邮编:401331

电话:(023) 88617190　88617185(中小学)

传真:(023) 88617186　88617166

网址:http://www.cqup.com.cn

邮箱:fxk@ cqup.com.cn(营销中心)

全国新华书店经销

重庆正文印务有限公司印刷

\*

开本:787mm×1092mm　1/16　印张:12.75　字数:326 千
2025 年 3 月第 1 版　2025 年 3 月第 1 次印刷
ISBN 978-7-5689-4335-2　定价:48.00 元

# 前　言

　　近年来,我国水环境保护事业取得了长足进展,党的二十大报告指出,"中国式现代化是人与自然和谐共生的现代化",明确了我国新时代生态文明建设的战略任务、总基调是推动绿色发展,促进人与自然和谐共生。水环境关系国计民生,关系千万家庭的福祉。保护水资源安全,就是要转变思路、开拓新路,敢于打破旧观念,探索发展新模式,更要坚持创新、协调、绿色、开放、共享的发展道路,牢固树立"绿水青山就是金山银山"的生态文明理念。水环境监测是一门理论与实践紧密结合的学科。本书在内容上力求全面、精练、突出重点,注重科学性和实用性,并对接新标准、新业态、新模式,体现行业最新发展方向,同时结合实际融入科学精神、安全意识和创新意识,注重劳动精神、工匠精神的培育。

　　本书以国家现行标准、法规、监测技术和方法为依据,主要介绍水体监测的基础知识,水体监测实验室基础知识,水环境调查及监测方案制订,水样采集、保存及预处理,水质指标的测定和水样中生物学指标的分析测试等内容。本书力求全面、系统地反映水环境监测技术的现状及发展,充分体现国内外水环境监测的新成果。

　　本书由毛海亮主编,具体编写分工如下:模块一由甘肃省天水市环境监测中心胡晓辉编写,模块二由兰州交通大学马锋锋编写;模块三由甘肃林业职业技术大学毛海亮编写;模块四和模块五由甘肃林业职业技术大学南旭军编写;模块六由兰州石化职业技术大学梁荣编写。本课程视频由甘肃林业职业技术大学、甘肃省环境监测技术专业职业教育教学创新团队摄制,甘肃旭明行建技术检测有限公司杨旭军参与录制。其中毛海亮为全书统稿。

　　本书在编写过程中得到了重庆大学出版社及各参编所在单位的大力支持,在此一并表示衷心的感谢。

　　由于编者水平有限,书中不足在所难免,敬请各位读者批评指正!

编　者

2024 年 6 月

# 目录

# 模块一
# 水质监测的基础知识

## 任务一　水质监测基础知识

### 一、环境监测基础知识

环境监测是指由环境监测机构按照规定程序及相关法规要求,对环境质量状况进行监视和测定的活动。

环境监测定义及基础知识

环境监测的分类

水体污染与水质指标

环境监测过程一般可细分为 8 个环节,分别为:现场调查;监测方案设计;优化采样布点;样品采集;样品运输与保存;样品分析测试;数据处理;综合评价。

环境监测的对象主要包括 3 个方面,分别为:反映环境质量变化的各种自然因素,如水温、色度、透明度等;对人类活动与环境有影响的各种人为因素;对环境造成污染危害的各种成分,如重金属污染物、持久性有机污染物等。

只有对环境监测信息进行全方位的综合解析,才能客观、全面、准确地揭示监测数据的内在含义,才能对环境质量及其变化作出正确评价。

#### (一) 环境监测的发展进程

环境监测的发展进程可分为污染监测阶段、环境监测阶段和污染防治监测阶段 3 个阶段。

1. 污染监测阶段

环境污染自古存在,但长期未引起人们的重视。直至 20 世纪 50 年代前后,日本水俣病、洛杉矶光化学烟雾事件、伦敦烟雾事件等一系列污染事件频频发生,环境科学才作为一门学科逐渐发展,人们开始对环境样品进行化学分析。这一阶段,被称为污染监测阶段或被动监测阶段。

污染监测阶段,人们对环境样品的分析以确定其组分和含量为主,由于环境污染物含量大多为痕量级(ppm、ppb)甚至更低,且与实验室分析不同,环境样品涉及时空分布变化,因此对分析灵敏度、准确度、分辨率及分析速度等方面提出了很高要求。故而,环境监测分析实际上是化学分析的延伸发展。

2. 环境监测阶段

20 世纪 70 年代,人们逐渐意识到除了化学因素,噪声、光、热等物理因素以及病菌、动植物等生物因素也可影响环境质量,而单纯依靠样品化学分析手段已无法满足人们对环境质量评判及预测的需求。因此,逐渐衍生出物理监测手段、生物监测手段等多种手段,并从点污染监测逐渐演变为面污染监测,乃至区域性立体监测。这一阶段,被称为环境监测阶段或主动监测阶段。

3. 污染防治监测阶段

随着环境监测手段和监测范围不断发展和扩大,人们在一定程度上能够对区域性环境质量进行说明,但依旧受到采样方法、频率、数量、分析速度及数据处理速度等因素的限制,无法及时监视环境质量变化,无法准确、迅速地预测变化趋势,更无法根据监测结果采取应急措施。

为了解决上述问题,20 世纪 80 年代,发达国家相继建立了自动连续监测系统和宏观生态监测系统,借助遥感技术、地球信息系统技术、全球卫星定位系统技术等技术手段,以有线或无线的方式将数据传输至监测中心控制室,实现监测的实时性、连续性和完整性,能在极短时间内观察到空气、水体等污染程度变化,预测未来环境质量趋势。这一阶段被称为污染防治监测阶段或自动监测阶段。

**(二)环境监测的目的**

环境监测的目的是准确、及时、全面地反映环境质量现状及发展趋势,为环境管理、污染源控制、环境规划等提供科学依据。其主要目的可归纳为以下 4 点:

(1)根据环境质量标准评价环境质量;

(2)根据污染分布情况,追踪寻找污染源,为实现监督管理、控制污染提供依据;

(3)收集本底数据,积累长期监测资料,为研究环境容量、实施总量控制和目标管理、预测预报环境质量提供数据;

(4)为保护人类健康、保护环境,合理使用自然资源,制定环境法规、标准、规划等。

**(三)环境监测的特点**

环境污染具有时间分布性和空间分布性特点,污染物排放强度随时间变化,且进入环境后会受到气象条件、化学作用、生物作用等影响,是一个复杂的综合体。由于污染物的多变性、复杂性,为实现监测目的,环境监测需具备以下特点。

1. 综合性

环境监测的综合性主要表现在监测手段和监测对象的综合性,以及对监测数据进行综合处理分析 3 个方面。在监测手段方面,环境监测手段包括化学、物理、生物、物理化学、生物化学及生物物理等一切可以表征环境质量的方法。在监测对象方面,环境监测对象包括空气、水体、土壤、固体废物、生物等方面,只有对其进行综合分析,才能准确描述环境质量状况,预测环境质量发展趋势。在监测数据处理分析方面,数据处理统计分析时除考虑自然因素外,还需考虑社会因素,只有综合考虑才能准确分析阐明数据内涵。

2.连续性

由于环境污染具有时间分布性、空间分布性等特点,环境监测必须长期进行才能找到污染物变化规律,并预测其发展趋势。监测数据越多,预测的准确性就越高。因此,监测布点及监测网络建设必须具有科学性、代表性,一旦监测点位确定,就必须长期坚持监测。

3.可追溯性

环境监测全过程包括监测方案制订、样品采集、样品保存和运输、样品预处理、样品分析测定、数据处理等多个过程。为避免人为操作、监测方法、监测仪器、技术水平、实验室管理水平等对监测数据产生的影响,需建立环境监测质量保证体系,以追溯环境监测全过程,确保监测数据具有可比性、代表性及完整性。

**(四)环境监测的分类**

环境监测可根据监测目的或监测对象进行分类。

1.按监测目的分类

按监测目的分类可将环境监测分为监视性监测、特定目的监测和研究性监测3类。

监视性监测又称例行监测或常规监测,是指对指定的有关项目进行定期的、长期的监测,以确定环境质量及污染源状况、评价控制措施的效果,衡量环境标准实施情况和环境保护工作的进展。监视性监测包括对污染源排放和区域环境质量进行的例行监测,是环境综合整治和环境管理的基础,亦是环境监测的主体。

特定目的监测又称特例监测或应急监测,根据特定目的可分为以下4种类型:

(1)污染事故监测,即在发生污染事故时进行的应急监测,其目的是确定污染物的扩散方向、速度和危及范围,为控制污染提供科学依据。

(2)仲裁监测,即在发生污染事故纠纷、环境法执行矛盾冲突时进行的监测。该类监测应由国家指定的权威部门进行,以提供具有法律效力的监测数据,供执法部门、司法部门仲裁。

(3)考核验证监测,即对人员考核、方法验证以及污染治理项目竣工验收进行监测。

(4)咨询服务监测,即为政府部门、科研机构、生产单位提供的服务性监测,如环境影响评价时,根据评价要求进行监测。

研究性监测,又称科研监测,是指针对特定目的科学研究而进行的高层次监测,如环境本底监测。

2.按监测对象分类

按监测对象分类可将环境监测分为水质监测、空气监测、土壤监测、固体废弃物监测、生物监测、电磁辐射监测、噪声监测等。

**二、水质监测基础知识**

**(一)水体及水污染**

1.水体的定义

水体是河流、湖泊、沼泽、水库、地下水、冰川及海洋等贮水体的总称。在环境科学领域,水体不仅包括水,还包括水中的悬浮物、底泥及水生生物等。

按类型划分可将水体分为海洋水体和陆地水体,陆地水体又包括地表水和地下水。其中,地表水包括河流、湖泊、沼泽、水库、冰川及海洋;地下水包括潜水和承压水。

按区域划分水体,是指某一具体的被水覆盖的地段,如青海湖、鄱阳湖、洞庭湖为3个不同区域的水体,但又同属于地表水。

2.水污染的定义

《中华人民共和国水污染防治法》第八章第一百零二条指出,水污染是指水体因某种物质的介入,其化学、物理、生物或者放射性等方面发生特性的改变,从而影响水的有效利用,危害人体健康或者破坏生态环境,造成水质恶化的现象。

**（二）水体自净**

广义的水体自净是指污染物排入江河湖海等水域后,经扩散、稀释、沉淀、氧化、微生物作用而分解,导致污染物浓度降低,水体基本或完全恢复到原状态的过程。狭义的水体自净是指在水体中微生物的作用下,有机污染物被氧化分解,从而使水质得到净化的过程。

水体自净过程缓慢,且自净能力有限,一旦排入水体的污染物浓度超过某一界限后,将会造成永久性水体污染,这一界限被称为水体自净容量或水环境容量。

水体自净一般可分为物理净化、化学净化和生物净化3类,其中,物理净化主要包括稀释、扩散、淋洗、挥发和沉降等过程;化学净化主要包括氧化还原反应、化学吸附、凝聚、交换、配位等化学反应过程;生物净化主要依靠水生生物对污染物的吸收、降解作用完成。

影响水体自净能力的因素很多,例如水中微生物的种类及数量、水温及复氧状况、水文地质条件、污染物的性质和浓度等,这些因素相互作用,多种过程相互影响。一般而言,水体自净过程以物理过程和生物过程为主。

**（三）水质指标**

水及水中杂质所共同表现出来的综合性质被称为水质,描述水质优劣及被污染程度的参数被称为水质指标。常见水质指标见表1-1。

表1-1　常见水质指标

| 指标类型 | 具体指标 |
|---|---|
| 物理感官性状指标 | 温度、色度、浊度、电导率、嗅气和味道、固体含量 |
| 一般性化学指标 | pH、硬度、氧化还原电位、酸度、碱度 |
| 非金属指标 | 溶解氧、营养盐、硫酸盐、硫化物、氟化物 |
| 金属指标(含类金属) | 铬、汞、铅、镉、砷(类金属)、铜 |
| 有机物指标 | 生物化学需氧量、化学需氧量、总有机碳、总需氧量、挥发酚、石油类 |
| 细菌污染指标 | 细菌总数、总大肠杆菌数、粪大肠菌群数、游离余氯 |

1.物理感官性状指标

1）水温

水温对水中气体溶解度、水生生物活动、化学反应速率、盐度、pH等都可产生影响。以氧气为例,随着水温的升高,氧气在水中的溶解度逐渐降低,而好氧反应速率逐渐增大,最终有可能导致水体缺氧,水生动植物死亡。

2）色度

纯水为无色液体，水体颜色深浅可反映水体外观指标，可定性表征水体受污染情况。天然水体多呈现绿色、黄色、蓝色等色泽，这些颜色主要来源于以下方面：

①水生植物，如硅藻可使水体呈现亮绿色或浅棕色；

②有机物分解，如水体流经沼泽、森林等地后，大量有机物进入水体并分解产生腐殖酸、单宁酸等物质，可使水体呈现黄褐色；

③金属离子及矿物质，如含低铁化合物的水体呈淡蓝绿色，含高铁化合物的水体呈橘黄色；

④泥沙，泥沙富集的水体多呈现黄色、红色；

⑤工业废水及生活污水，其对水体色度的影响取决于污水中的着色成分。

3）浊度

水中悬浮物对光的散射以及溶质分子对光的吸收会阻碍光线透过，水体对光线透过所产生的阻碍程度可用浊度表示。

4）嗅气和味道

天然水体无嗅无味，当水体受到污染后会产生气味，这些气味主要来源于以下方面：

①硫化氢、沼气、氯气等恶臭气体；

②水中动植物大量死亡、腐烂后散发的异臭；

③含酚、煤焦油等挥发性有机物的工业废水；

④铁盐、锰盐等矿物盐类。

此外，水体中所含物质成分及浓度不同，也会使水体呈现不同的味道。例如含氯化钠水体带咸味、含硫酸镁和氯化镁水体带苦味、含硫酸钙水体带甜味、含铁盐水体带涩味等。

2. 一般性化学指标

1）pH

水体中氢离子活度的负对数可用 pH 表征，其高低表示水体的酸碱性，是最常用的水质指标之一。一般而言，天然水体 pH 值为 6～9。

2）硬度

水体硬度是指水抵抗与肥皂产生肥皂泡的能力，以及水体中 2 价金属离子与水中某些阴离子发生化合作用产生水垢的能力。按照阳离子成分不同，可将水体硬度分为钙硬度、镁硬度、铁硬度、铝硬度等，其总和即为总硬度。按照阴离子成分不同可将水体硬度分为碳酸盐硬度和非碳酸盐硬度。由于碳酸盐主要有碳酸钙、碳酸镁和重碳酸盐，经煮沸可去除，故碳酸盐硬度又被称为暂时硬度。非碳酸盐主要有硫酸钙、硫酸镁及氯化物等，不能用煮沸及加石灰等方法来降低其浓度，故非碳酸盐硬度又被称为永久硬度。

在生活中，适当的硬度并不会对卫生产生不利影响，反而有利于人体健康。研究表明，长期饮用具有一定硬度水体的人群死于心脏病、癌症和慢性病的概率要比长期饮用软水体的人群低 10%～15%。但若硬度过高，会导致水体味道苦涩，还会引起肠胃不适。在工业上，水体硬度过高会导致锅炉、循环水等系统内部产生水垢，降低锅炉导热能力，堵塞循环水管道。

3）氧化还原电位

水体中存在多种氧化还原电位，构成了一个复杂的氧化还原体系，而氧化还原电位可用于表征多种氧化物质与还原物质发生氧化还原反应的综合结果。该指标虽不能作为某种氧化物质与还原物质的浓度指标,但有助于人们了解水体电化学特征,分析水体性质,是一项综合性指标,且必须进行现场测定。

一般来说,氧化还原电位越高,水体氧化性越强,反之水体氧化性越弱。氧化还原电位为正,表示溶液显示出一定的氧化性;氧化还原电位为负,表示溶液显示出一定的还原性。

4)酸度

水体总酸度是指水体中能与强碱发生中和反应的物质的量的总和,包括未离解的酸浓度及已离解的酸浓度,其大小可用滴定法确定,故总酸度又称为可滴定酸度。水体中酸度主要有以下来源:

①雨水淋洗大气中的 $SO_2$ 后汇入地表水体;

②大气中的 $CO_2$ 进入水体;

③细菌分解反应释放的 $CO_2$;

④含酸废水的排放。

水体酸度过大会破坏水体缓冲系统,阻碍水体净化,抑制微生物、水生生物、农作物等正常生长。

5)碱度

水的碱度是指水中能与强酸发生酸碱中和反应的物质的量的总和,主要由碳酸钾、碳酸钠、碳酸钙、碳酸镁等碳酸盐、碳酸氢盐及氢氧化物引起。水体碱度过高会破坏水体缓冲系统,阻碍水体净化,影响金属离子溶解性、价态及毒性。此外,还可能会造成土地盐碱化,导致表土易干燥、板结,抑制农作物生长。

3.非金属指标

1)溶解氧

溶解氧是指溶解于水体中的分子态氧,其含量大小与大气压、水温、含盐量等有关。其中,大气压与溶解氧含量成正比,水温、含盐量与溶解氧含量成反比。

2)营养盐

水体中的氮、磷是植物生长所必需的营养元素。其中,氮元素主要来源于降雨冲刷、人工施肥、水生生物代谢废物及残骸、生活污水、含氮工业废水等。按照氮元素价态的不同,可将其分为有机氮、氨氮、亚硝酸盐氮和硝酸盐氮。水体自净过程中,有机氮逐渐转变为氨氮、亚硝酸盐氮和硝酸盐氮。故测定水体中各类含氮化合物的含量,有助于了解水体自净情况。

磷元素主要来源于水生生物代谢废物及残骸、沉积物交换、人工施肥及工业废水等。按照磷存在形式的不同,可将水体总磷分为溶解态总磷和颗粒态总磷。其中,溶解态总磷又可分为溶解有机磷和溶解无机磷;颗粒态总磷又可分为颗粒有机磷和颗粒无机磷。

水体中营养盐有利于水生植物生长,但若其浓度过高则易引发水体富营养化,导致水中溶解氧含量降低,水质恶化,水生生物大量死亡。

3)硫酸盐

硫酸盐是硫元素在水体中的主要存在形式,也是生物获取硫元素的主要形式。除硫酸盐外,硫元素还以亚硫酸盐、硫化物、有机硫化物等形式存在于水体之中。

4)硫化物

水中硫的存在形式包括硫化物(如 $H_2S$、$HS^-$、$S^{2-}$)、硫酸盐和有机硫化物等。硫化物主要来源于地下水,特别是温泉水中,以及生活污水、工业废水。硫化氢具有腐蚀性、毒性,可腐蚀金属设备,可造成细胞组织缺氧,严重时甚至危及生命,故硫化物是水体污染的重要指标之一。

5)氟化物

氟化物广泛存在于天然水体之中。氟是人体必需元素,缺乏氟元素易导致龋齿。但氟元素含量过高也会引发氟牙症,严重时甚至会使人体骨骼变形,并对肾脏造成损害。在饮用水中,氟离子适宜浓度为 0.5~1.0 mg/L。

4.金属指标(含类金属)

水体中重金属主要有铬、汞、铅、镉、镍、砷(类金属)、铜、锌、钴、锡等,这些重金属在水中存在价态的不同,产生的毒性差别迥异。以重金属铬为例,$Cr^{6+}$ 有强毒性和致癌性,其毒性比 $Cr^{3+}$ 大 100 倍。此外,含汞、铅、砷的有机物毒性远大于其无机物。因此,测定水中重金属含量时,应区分其存在价态。

1)铬

自然界中,铬常以二价、三价、六价化合物存在。在水体中,三价铬和六价铬可以相互转化。其中,六价铬毒性最大,有致癌性,一般以 $CrO_4^{2-}$、$HCr_2O_7^-$、$Cr_2O_7^{2-}$ 等形式存在;三价铬毒性次之;二价铬毒性最低。

2)汞

单质汞在水体中并不稳定,易被转化成无机和有机的含汞化合物,如氯化亚汞、氯化汞、甲基汞等。水体中汞污染主要来源于工业废水的排放,少部分来自含汞岩石风化。

3)铅

铅可富集在人体和动植物组织中,摄入体内后会降低红细胞输氧能力,造成中枢神经系统损害,严重时会导致儿童智力低下。

4)镉

水体中镉主要来源于电镀、采矿、冶炼、染料等工业废水的排放,长期饮用受到镉污染的自来水或地表水会导致镉在肾脏富集,造成肾损伤,进而引发骨软化症,即"痛痛病"。

5)砷

水体中砷污染主要来自冶金、采矿、化工、化学制药、农药、染料、制革等工业废水的排放,砷化物均有剧毒,其中三价砷化物毒性最强。三价砷离子被摄入体后可导致细胞代谢失调、神经受损、运动功能失调、听力障碍、肝脏受损等症状。

6)铜

铜是人体必需的微量元素,缺铜会引发贫血、腹泻等病症。但其摄入量亦不可过高,否则会引发急性肠胃炎,长期富集于肝脏中会造成肝肿大、肝功能异常等症状。

5.有机物指标

水体中有机物种类繁多,成分复杂,现有技术难以实现逐一分辨并单独测定,而水体有机物分解过程中会消耗大量氧,导致水体溶解氧降低,甚至出现缺氧环境。因此,实际工作中会采用生物化学需氧量、化学需氧量、总有机碳、总需氧量等综合性指标来反映有机物的相对含量。

1)生物化学需氧量

生物化学需氧量简称生化需氧量(BOD),指在溶解氧存在条件下,好氧微生物分解水中有机物所消耗的溶解氧量。生化需氧量可反映水体被有机污染物污染的程度,可用于研究废水的可生化降解性。

2)化学需氧量

化学需氧量(COD)是指利用强氧化剂氧化水体中的还原性物质时,强氧化剂的消耗量。其中,强氧化剂包括高锰酸钾、重铬酸钾等。水体中的还原性物质主要包括有机物、亚硝酸盐、亚铁盐、硫化物等,化学需氧量可反映水体被这些还原性物质污染的程度。

3)总有机碳

总有机碳是以碳的含量表示水中溶解性和悬浮性有机物的总量,采用燃烧法进行测定,比生化需氧量和化学需氧量更能反映水体有机物总量。

4)挥发酚

酚及其化合物具有中等毒性,可通过皮肤、黏膜、呼吸道、口腔等进入人体。当酚摄入量大于肝脏解毒功能后,会造成头昏、头疼、食欲不振等病症,严重时可能导致昏迷和死亡。

6.生物指标

1)细菌总数

细菌总数是指 1 mL 水样在营养琼脂培养基中,于 37 ℃下经 24 h 培养后,所生长的细菌菌落的总数。该指标可用于判定饮用水、水源水、地表水受细菌污染程度。

2)粪大肠菌群数

粪便中存在大量大肠菌群细菌,是粪便传染的指示菌,该指标可用于表征水体被粪便污染的程度。此外,粪大肠菌群数还可间接表征伤寒、痢疾、霍乱等肠道病菌存在的可能性。

### 三、水体中污染物的来源及分类

#### (一)污染物的来源

《中华人民共和国水污染防治法》第八章第一百零二条指出,水污染物是指直接或者间接向水体排放的,能导致水体污染的物质。水污染的来源可分为天然源污染和人为源污染。其中,天然源污染是自然过程产生的有害物质含量超过水体自净能力而导致的;人为源污染则是人类活动所致,是造成水体污染的主要原因。

#### (二)污染物的分类

按照污染物来源及生成途径的不同,可将水体污染物分为一次污染物和二次污染物。其中,一次污染物是指由污染源直接排放进入环境且其物理、化学性质未发生变化的污染物,也被称为原生污染物;二次污染物是指一次污染物在物理、化学或生物作用下发生了变化,抑或是与环境中其他组分发生反应所形成的与原本物化性状有所不同的污染物,也被称为次生污染物。一般来说,二次污染物的危害大于一次污染物。

按照污染物性质的不同,可将水体污染物分为物理性污染物、化学性污染物和生物性污染物。其中,物理性污染物是指排入水体后会引起水体物理性质发生变化的污染物,如悬浮物质污染、放射性污染、热污染等,衡量指标主要包括浊度、色度和悬浮物等。

化学性污染是指化学因素引起的污染,主要由人类活动引起,按照污染物性质,可将其分为无机物污染和有机物污染;按照污染物带来的损害程度,可将其分为环境荷尔蒙类损害,致癌、致畸、致突变化学品类损害以及有毒化学品突发污染损害等类型。

水体中常见的化学性污染物见表 1-2。

表 1-2　水体中常见的化学性污染物

| 污染物分类 | 典型污染物 |
| --- | --- |
| 非金属有毒物 | 硫化物、氰化物、氟化物 |
| 重金属 | 铬、汞、铅、镉、铜、锌、砷（类金属） |
| 放射性物质 | 锶-90、铯-137、铀-235、钚-239 |
| 油类 | 石油及其制品 |
| 有机物 | 酚、苯、醇、农药、洗涤剂 |
| 致色物质 | 铁盐、锰盐、腐殖质 |
| 恶臭物质 | 硫化物、氨、硫醇、胺类 |

**四、水体污染物的迁移转化**

污染物进入水体后会发生迁移和转化，并与其他环境要素发生物理、化学或生物作用。

水体污染物的迁移是指污染物在环境中发生空间位置或分布范围的变化，主要体现为浓度随空间分布、位置范围的变化而变化，具体包括以下 3 种方式：

（1）物理迁移：污染物在水体中进行机械运动，如重力沉降、随水流扩散等。

（2）化学迁移：污染物通过化学反应发生的迁移，如解离、氧化还原、水解、化学沉淀等。

（3）生物迁移：污染物通过生物吸收、繁殖、死亡等过程发生的转变。

水体污染物的转化是指污染物在水体中经过物理、化学或生物作用导致其存在形态发生变化，或转变为不同物质的过程，具体包括以下 3 种方式：

（1）物理转化：污染物的相变、渗透、物理吸附、放射性衰变等过程。

（2）化学转化：污染物通过化学反应导致价态、存在形态发生改变的过程，如从溶解态变成固态沉淀，从低价态变成高价态等。

（3）生物化学转化：水体生物的新陈代谢过程。

**【拓展知识】水体富营养化**

水体富营养化是指水体中氮、磷等营养盐含量过多所引起的水质污染现象。氮、磷等营养物质的富集会引起藻类及其他浮游生物迅速繁殖，使得水体中溶解氧含量迅速下降，导致植物、水生物和鱼类衰亡甚至绝迹。

水体出现富营养化时，主要表现为浮游生物大量繁殖。这些浮游生物占据水面，常导致水面呈现出蓝色、红色、棕色和乳白色等颜色。在江河、湖泊和水库中发生的水体富营养化被称为"水华"，在海洋中发生的被称为"赤潮"。

水体中氮磷营养盐主要有天然源和人为源两大来源，其中天然源包括降水中的氮磷营养盐、土壤侵蚀及淋溶的氮磷营养盐等；人为源包括生活污水、农业化肥、牲畜粪便等。

水体富营养化现象在我国频频发生，不仅对水生生态系统造成严重破坏，还对人们的生活造成了极大负面影响。自 2007 年至今，青岛已连续多年遭受浒苔入侵。2008 年，青岛的茫茫大海更是变成了一望无际的"草原"(图 1-1)。为保障奥运会帆船赛顺利举行,青岛共出动 10.9 万人次,在岸边打捞清理运送 14 万多吨浒苔。

图 1-1　青岛浒苔——海洋变"草场"

**练习题**

**(一)简答题**

1. 环境监测的主要任务是什么?

2. 简述水体污染物的迁移与转化的区别。

3. 根据环境污染的特点说明对环境监测应提出哪些要求。

**(二)判断题**

1. 水体是指包含水体及水体中各种杂质的综合体。　　　　　　　　　　　　(　　)

2. 按污染物的性质,水体污染物可分为物理性污染物、化学性污染物和生物性污染物 3 种类型。　　　　　　　　　　　　　　　　　　　　　　　　　　　　　　　　(　　)

3. 水及水中杂质所共同表现出来的综合性质被称为水质。　　　　　　　　(　　)

4. 水质是用来评价水体好坏的指标。　　　　　　　　　　　　　　　　　(　　)

5. 一次污染物是污染源直接排放且化学性质发生变化的污染物。　　　　　(　　)

**(三)填空题**

1. 环境监测的目的是_____、_____、_____地反映环境质量现状和发展趋势,为_____、污染源控制、环境规划等提供科学依据。

2. 可以从不同的角度对环境监测进行分类,根据监测目的的不同,环境监测可分为特定目的监测、_____和_____。

## 任务二　水环境相关标准

**一、环境标准**

环境标准是为了保护人群健康、防治环境污染、促使生态良性循环,同时又能合理利用资源,促进经济发展,依据环境保护法和有关政策,对环境中有害成分含量及其排放源规定的限量阈值和技术规范。环境标准是政策、法规的具体体现。

环境标准与地表水环境质量标准　　　　环境标准的作用及分类　　　　相关标准文件

**（一）环境标准的作用**

环境标准既是环境保护和有关工作的目标,又是环境保护的手段。它是制订环境保护规划和计划的重要依据。

环境标准是判断环境质量和衡量环保工作优劣的准绳。评价一个地区环境质量的优劣、评价一个企业对环境的影响,只有与环境标准相比较才能有意义。

环境标准是执法的依据。环境问题的诉讼、排污费的收取、污染治理的目标等执法的依据都是环境标准。

环境标准是组织现代化生产的重要手段和条件。通过实施标准可以制止任意排污,促使企业对污染进行治理和管理;采用先进的无污染、少污染工艺;设备更新;资源和能源的综合利用等。

总之,环境标准是环境管理的技术基础。

**（二）环境标准的分类和分级**

我国环境标准分为环境质量标准,污染物排放标准(或污染控制标准),环境基础标准,环境方法标准,环境标准物质标准和环保仪器、设备标准等六类。

环境标准分为国家标准和地方标准两级,其中环境基础标准、环境方法标准和环境标准物质标准等只有国家标准,并尽可能与国际标准接轨。

国家环境标准代码介绍如下:GB——国家标准;GB/T——国家推荐标准;GB/Z——国家指导性技术文件;GHZB——国家环境质量标准;GWPB——国家污染物排放标准;GWKB——国家污染物控制标准;HJ——国家环保总局标准;HJ/T——国家环保总局推荐标准。

1. 环境质量标准

环境质量标准是为了保护人类健康、维持生态良性平衡和保障社会物质财富,并考虑技术经济条件、对环境中有害物质和因素所作的限制性规定。它是衡量环境质量的依据、环保政策的目标、环境管理的依据,也是制订污染物控制标准的基础。

2. 污染物控制标准

污染物控制标准是为了实现环境质量目标,结合技术经济条件和环境特点,对排入环境的有害物质或有害因素所作的控制规定。由于我国幅员辽阔,各地情况差别较大,因此不少省市制订了地方排放标准,但应该符合以下两点:一是其内容应是国家标准中所没有规定的项目;二是地方标准应严于国家标准,以起到补充、完善的作用。

3. 环境基础标准

环境基础标准是在环境标准化工作范围内,对有指导意义的符号、代号、指南、程序、规范等所作的统一规定,是制订其他环境标准的基础。

4. 环境方法标准

环境方法标准是在环境保护工作中以试验、检查、分析、抽样、统计计算为对象制订的标准。

5. 环境标准物质标准

环境标准物质是在环境保护工作中,用来标定仪器、验证测量方法、进行量值传递或质量控制的材料或物质。对这类材料或物质必须达到的要求所作的规定称为环境标准物质标准。

6. 环保仪器、设备标准

环保仪器、设备标准是为了保证污染治理设备的效率和环境监测数据的可靠性和可比性,对环境保护仪器、设备的技术要求所作的统一规定。

**二、水环境质量标准**

水环境质量标准包括《地表水环境质量标准》(GB 3838—2002);《地下水环境质量标准》(GB/T 14848—2017);《海水水质标准》(GB 3097—1997);《生活饮用水卫生标准》(GB 5749—2022);《渔业水质标准》(GB 11607—1989);《农田灌溉水质标准》(GB 5084—2021);《生活饮用水水源水质标准》(CJ 3020—1993)等。

每一标准的标准号是不变的。标准通常几年修订一次,新标准自然代替老标准。

**(一)地表水环境质量标准(GB 3838—2002)主要内容及适用范围**

1. 主要内容

本标准将标准项目分为地表水环境质量标准基本项目、集中式生活饮用水地表水源地补充项目和集中式生活饮用水地表水源地特定项目。按照地表水环境功能分类和保护目标,规定了水环境质量应控制的项目、限值,以及水质评价、水质项目的分析方法和标准的实施与监督。

本标准项目共计 109 项,其中,地表水环境质量标准基本项目 24 项,集中式生活饮用水地表水源地补充项目 5 项,集中式生活饮用水地表水源地特定项目 80 项。

2. 适用范围

本标准适用于中华人民共和国领域内江河、湖泊、运河、渠道、水库等具有使用功能的地表水水域。具有特定功能的水域,执行相应的专业用水水质标准。

地表水环境质量标准基本项目适用于全国江河、湖泊、运河、渠道、水库等具有使用功能的地表水水域。

集中式生活饮用水地表水源地补充项目和特定项目适用于集中式生活饮用水地表水源地一级保护区和二级保护区。与近海水域相连的地表水河口水域根据水环境功能按本标准相应类别标准值进行管理,近海水功能区水域根据使用功能按《海水水质标准》(GB 3097—1997)相应类别标准值进行管理。

批准划定的单一渔业水域按《渔业水质标准》(GB 11607—1989)进行管理;处理后的城市

污水及与城市污水水质相近的工业废水用于农田灌溉用水的水质按《农田灌溉水质标准》（GB 5084—2021）进行管理。

3. 水域环境功能和标准分类

依据地表水水域环境功能和保护目标,按功能高低依次划分为 5 类。

Ⅰ类:主要适用于源头水、国家自然保护区。

Ⅱ类:主要适用于集中式生活饮用水水源地一级保护区、珍贵鱼类保护区、鱼虾产卵场等。

Ⅲ类:主要适用于集中式生活饮用水水源地二级保护区,一般鱼类保护区及游泳区。

Ⅳ类:主要适用于一般工业用水及人体非直接接触的娱乐用水区。

Ⅴ类:主要适用于农业用水区及一般景观要求水域。

对应地表水上述 5 类水域功能,将地表水环境质量标准基本项目标准值分为 5 类,不同功能类别分别执行相应类别的标准值。水域功能类别高的标准值严于水域功能类别低的标准值。同一水域兼有多类使用功能的,执行最高功能类别对应的标准值。实现水域功能与达功能类别标准为同一含义,地表水环境质量标准基本项目标准限值见表 1-3。

表 1-3　地表水环境质量标准基本项目标准限值表（GB 3838—2002）（mg/L）

| 序号 | 分类项目 | Ⅰ类 | Ⅱ类 | Ⅲ类 | Ⅳ类 | Ⅴ类 |
|---|---|---|---|---|---|---|
| 1 | 水温（℃） | 人为造成的环境水温变化应限制在:周平均最大温升（≤）1;周平均最大温降（≤）2 | | | | |
| 2 | pH 值（无量纲） | 6 ~ 9 | | | | |
| 3 | 溶解氧（≥） | 饱和率90%（或7.5） | 6 | 5 | 3 | 2 |
| 4 | 高锰酸盐指数（≤） | 2 | 4 | 6 | 10 | 15 |
| 5 | 化学需氧量（COD）（≤） | 15 | 15 | 20 | 30 | 40 |
| 6 | 五日生化需氧量（$BOD_5$）（≤） | 3 | 3 | 4 | 6 | 10 |
| 7 | 氨氮（$NH_3-N$）（≤） | 0.15 | 0.5 | 1.0 | 1.5 | 2.0 |
| 8 | 总磷（以 P 计）（≤） | 0.02 | 0.1 | 0.2 | 0.3 | 0.4 |
| 9 | 总氮（湖、库,以 N 计）（≤） | 0.2 | 0.5 | 1.0 | 1.5 | 2.0 |
| 10 | 铜（≤） | 0.01 | 1.0 | 1.0 | 1.0 | 1.0 |
| 11 | 锌（≤） | 0.05 | 1.0 | 1.0 | 2.0 | 2.0 |
| 12 | 氟化物（以 $F^-$ 计）（≤） | 1.0 | 1.0 | 1.0 | 1.5 | 1.5 |
| 13 | 硒（≤） | 0.01 | 0.01 | 0.01 | 0.02 | 0.02 |
| 14 | 砷（≤） | 0.05 | 0.05 | 0.05 | 0.1 | 0.1 |
| 15 | 汞（≤） | 0.000 05 | 0.000 05 | 0.000 1 | 0.001 | 0.001 |
| 16 | 镉（≤） | 0.001 | 0.005 | 0.005 | 0.005 | 0.01 |

续表

| 序号 | 分类项目 | I 类 | II 类 | III 类 | IV 类 | V 类 |
|------|----------|------|------|-------|-------|------|
| 17 | 铬(六价)(≤) | 0.01 | 0.05 | 0.05 | 0.05 | 0.1 |
| 18 | 铅 (≤) | 0.01 | 0.01 | 0.05 | 0.05 | 0.1 |
| 19 | 氰化物(≤) | 0.005 | 0.05 | 0.2 | 0.2 | 0.2 |
| 20 | 挥发酚(≤) | 0.002 | 0.002 | 0.005 | 0.01 | 0.1 |
| 21 | 石油类(≤) | 0.05 | 0.05 | 0.05 | 0.5 | 1.0 |
| 22 | 阴离子表面活性剂(≤) | 0.2 | 0.2 | 0.2 | 0.3 | 0.3 |
| 23 | 硫化物(≤) | 0.05 | 0.1 | 0.2 | 0.5 | 1.0 |
| 24 | 粪大肠菌群(个/L)(≤) | 200 | 2 000 | 10 000 | 20 000 | 40 000 |

**（二）生活饮用水卫生标准（GB 5749—2022）**

《生活饮用水卫生标准》（GB 5749—2022）从 2023 年 4 月份正式实施。本标准规定了生活饮用水水质要求、生活饮用水水源水质要求、集中式供水单位卫生要求、二次供水卫生要求、涉及饮用水卫生安全的产品卫生要求、水质检验方法。适用于各类生活饮用水。

1. 供水方式分类

生活饮用水根据供水方式不同可以分为集中式供水、二次供水、农村小型集中式供水、分散式供水。

集中式供水：自水源集中取水，通过输配水管网送到用户或者公共取水点的供水方式，包括自建设施供水。为用户提供日常饮用水的供水站和为公共场所、居民社区提供的分质供水站也属于集中式供水。

二次供水：集中式供水在入户之前经再度储存、加压和消毒或深度处理，通过管道或容器输送给用户的供水方式。

农村小型集中式供水：日供水量在 1 000 m³ 以下（或供水人口在 1 万人以下）的农村集中式供水。

分散式供水：用户直接从水源取水，未经任何设施或仅有简易设施的供水方式。

2. 生活饮用水水质卫生要求

（1）生活饮用水水质应符合下列基本要求，保证用户饮用安全。

①生活饮用水中不应含有病原微生物；

②生活饮用水中化学物质不应危害人体健康；

③生活饮用水中放射性物质不应危害人体健康；

④生活饮用水的感官性状良好；

⑤生活饮用水应经消毒处理。

（2）生活饮用水水质应符合表 1-4 的要求，出厂水和末梢水中消毒剂限值、消毒剂余量均应符合表 1-5 的要求。

表 1-4　水质常规指标及限值

| 指标 | 限值 |
|------|------|
| 1. 微生物指标 | |
| 总大肠菌群/(MPN/100 mL 或 CFU/100 mL)[a] | 不应检出 |
| 大肠埃希氏菌/(MPN/100 mL 或 CFU/100 mL)[a] | 不应检出 |
| 菌落总数/(MPN/mL 或 CFU/mL)[b] | 100 |
| 2. 毒理指标 | |
| 砷/(mg/L) | 0.01 |
| 镉/(mg/L) | 0.005 |
| 铬(六价)/(mg/L) | 0.05 |
| 铅/(mg/L) | 0.01 |
| 汞/(mg/L) | 0.001 |
| 氰化物/(mg/L) | 0.05 |
| 氟化物/(mg/L)[b] | 1.0 |
| 硝酸盐(以 N 计)/(mg/L)[b] | 10 |
| 三氯甲烷/(mg/L)[c] | 0.06 |
| 一氯二溴甲烷/(mg/L)[c] | 0.1 |
| 二氯一溴甲烷/(mg/L)[c] | 0.06 |
| 三溴甲烷/(mg/L)[c] | 0.1 |
| 三卤甲烷(三氯甲烷、一氯二溴甲烷、二氯一溴甲烷、三溴甲烷的总和)[c] | 该类化合物中各种化合物的实测浓度与其各自限制的比值之和不超过 1 |
| 二氯乙酸/(mg/L)[c] | 0.05 |
| 三氯乙酸/(mg/L)[c] | 0.1 |
| 溴酸盐/(mg/L)[c] | 0.01 |
| 亚氯酸盐/(mg/L)[c] | 0.7 |
| 氯酸盐/(mg/L)[c] | 0.7 |
| 3. 感官性状和一般化学指标[d] | |
| 色度(铂钴色度单位)/度 | 15 |
| 浑浊度(散射浊度单位)/NTU[b] | 1 |

续表

| 指标 | 限值 |
| --- | --- |
| 臭和味 | 无异臭、异味 |
| 肉眼可见物 | 无 |
| pH | 不小于 6.5 且不大于 8.5 |
| 铝/(mg/L) | 0.2 |
| 铁/(mg/L) | 0.3 |
| 锰/(mg/L) | 0.1 |
| 铜/(mg/L) | 1.0 |
| 锌/(mg/L) | 1.0 |
| 氯化物/(mg/L) | 250 |
| 硫酸盐/(mg/L) | 250 |
| 溶解性总固体/(mg/L) | 1 000 |
| 总硬度(以 $CaCO_3$ 计)/(mg/L) | 450 |
| 高锰酸盐指数(以 $O_2$ 计)/(mg/L) | 3 |
| 氨(以 N 计)/(mg/L) | 0.5 |
| 4. 放射性指标[e] | |
| 总 α 放射性/(Bq/L) | 0.5(指导值) |
| 总 β 放射性/(Bq/L) | 1(指导值) |

注:[a]MPN 表示最可能数;CFU 表示菌落形成单位。当水样检出总大肠菌群时,应进一步检验大肠埃希氏菌;当水样未检出总大肠菌群时,不必检验大肠埃希氏菌。

[b]小型集中式供水和分散式供水因水源与净水技术受限时,菌落总数指标限值按 500 MPN/mL 或 500 CFU/mL 执行,氟化物指标限值按 1.2 mg/L 执行,硝酸盐(以 N 计)指标限值按 20 mg/L 执行,浑浊度指标限值按 3 NTU 执行。

[c]水处理工艺流程中预氧化或消毒方式:

——采用液氯、次氯酸钙及氯胺时,应测定三氯甲烷、一氯二溴甲烷、二氯一溴甲烷、三溴甲烷、三卤甲烷、二氯乙酸、三氯乙酸;

——采用次氯酸钠时,应测定三氯甲烷、一氯二溴甲烷、二氯一溴甲烷、三溴甲烷、三卤甲烷、二氯乙酸、三氯乙酸、氯酸盐;

——采用臭氧时,应测定溴酸盐;

——采用二氧化氯时,应测定亚氯酸盐;

——采用二氧化氯与氯混合消毒剂发生器时,应测定亚氯酸盐、氯酸盐、三氯甲烷、一氯二溴甲烷、二氯一溴甲烷、三溴甲烷、三卤甲烷、二氯乙酸、三氯乙酸;

当原水中含有上述污染物,可能导致出厂水和末梢水的超标风险时,无论采用何种预氧化或消毒方式,都应对其进行测定。

[d]当发生影响水质的突发公共事件时,经风险评估,感官性状和一般化学指标可暂时适当放宽。

[e]放射性指标超过指导值(总 β 放射性扣除 $^{40}K$ 后仍然大于 1 Bq/L),应进行核素分析和评价,判定能否饮用。

表 1-5 生活饮用水消毒剂常规指标及要求

| 消毒剂名称 | 与水接触时间/min | 出厂水和末梢水限值/（mg/L） | 出厂水余量/（mg/L） | 末梢水余量/（mg/L） |
|---|---|---|---|---|
| 游离氯[a,d] | ≥30 | ≤2 | ≥0.3 | ≥0.05 |
| 总氯[b] | ≥120 | ≤3 | ≥0.5 | ≥0.05 |
| 臭氧[c] | ≥12 | ≤0.3 | — | ≥0.02（如采用其他协同消毒方式，消毒剂限值及余量应满足相应要求） |
| 二氧化氯[d] | ≥30 | ≤0.8 | ≥0.1 | ≥0.02 |

注：[a]采用液氯、次氯酸钠、次氯酸钙消毒方式时，应测定游离氯。

[b]采用氯胺消毒方式时，应测定总氯。

[c]采用臭氧消毒方式时，应测定臭氧。

[d]采用二氧化氯消毒方式时，应测定二氧化氯；采用二氧化氯与氯混合消毒剂发生器消毒方式时，应测定二氧化氯和游离氯。两项指标均应满足限值要求，至少一项指标应满足余量要求。

### 三、污水排放标准

排放标准主要包括《污水综合排放标准》（GB 8978—1996）（部分有效）、《医疗机构水污染物排放标准》（GB 18466—2005）和一批工业水污染物排放标准，例如《制浆造纸工业水污染物排放标准》（GB 3544—2008）、《制糖工业水污染物排放标准》（GB 21909—2008）、《石油炼制工业污染物排放标准》（GB 31570—2015）、《纺织染整工业水污染物排放标准》（GB 4287—2012）等。

我国现已颁布的排放标准包括污水综合排放标准和不同行业废水排放标准。本节以《污水综合排放标准》（GB 8978—1996）为例介绍排放标准。

1. 标准分级

(1)排入 GB 3838 Ⅲ类水域（划定的保护区和游泳区除外）和排入 GB 3097 中二类海域的污水，执行一级标准；

(2)排入 GB 3838 中Ⅳ、Ⅴ类水域和排入 GB 3097 中三类海域的污水，执行二级标准；

(3)排入设置二级污水处理厂的城镇排水系统的污水，执行三级标准；

(4)排入未设置二级污水处理厂的城镇排水系统的污水，必须根据排水系统出水受纳水域的功能要求，分别执行(1)和(2)的规定；

(5)GB 3838 中Ⅰ、Ⅱ类水域和Ⅲ类水域中划定的保护区，GB 3097 中一类海域，禁止新建排污口，现有排污口应按水体功能要求，实行污染物总量控制，以保证受纳水体水质符合规定用途的水质标准。

2. 标准值

(1)排放的污染物按其性质及控制方式分为二类。

第一类污染物：不分行业和污水排放方式，也不分受纳水体的功能类别，一律在车间或车间处理设施排放口采样,其最高允许排放浓度必须达到本标准要求(采矿行业的尾矿坝出水口不得视为车间排放口)。

第二类污染物:在排污单位排放口采样,其最高允许排放浓度必须达到本标准要求。

(2)按年限规定了第一类污染物和第二类污染物最高允许排放浓度及部分行业最高允许排水量,分别为:

1997 年 12 月 31 日之前建设(包括改、扩建)的单位,水污染物的排放必须同时执行表1-6、表 1-7、表 1-9 的规定。

1998 年 1 月 1 日起建设(包括改、扩建)的单位,水污染物的排放必须同时执行表1-6、表1-8、表 1-10 的规定。

建设(包括改、扩建)单位的建设时间,以环境影响评价报告书(表)批准日期为准划分。

表 1-6　第一类污染物最高允许排放浓度

单位:mg/L

| 序号 | 污染物 | 最高允许排放浓度 | 序号 | 污染物 | 最高允许排放浓度 |
|---|---|---|---|---|---|
| 1 | 总汞 | 0.05 | 8 | 总镍 | 1.0 |
| 2 | 烷基汞 | 不得检出 | 9 | 苯并[a]芘 | 0.000 03 |
| 3 | 总镉 | 0.1 | 10 | 总铍 | 0.005 |
| 4 | 总铬 | 1.5 | 11 | 总银 | 0.5 |
| 5 | 六价铬 | 0.5 | 12 | 总 α 放射性 | 1 Bq/L |
| 6 | 总砷 | 0.5 | 13 | 总 β 放射性 | 10 Bq/L |
| 7 | 总铅 | 1.0 | | | |

表 1-7　第二类污染物最高允许排放浓度

(1997 年 12 月 31 日之前建设的单位)

单位:mg/L

| 序号 | 污染物 | 适用范围 | 一级标准 | 二级标准 | 三级标准 |
|---|---|---|---|---|---|
| 1 | pH | 一切排污单位 | 6～9 | 6～9 | 6～9 |
| 2 | 色度<br>(稀释倍数) | 染料工业 | 50 | 180 | — |
| | | 其他排污单位 | 50 | 80 | — |
| 3 | 悬浮物<br>(SS) | 采矿、选矿、选煤工业 | 100 | 300 | — |
| | | 脉金选矿 | 100 | 500 | — |
| | | 边远地区砂金选矿 | 100 | 800 | — |
| | | 城镇二级污水处理厂 | 20 | 30 | — |
| | | 其他排污单位 | 70 | 200 | 400 |

续表

| 序号 | 污染物 | 适用范围 | 一级标准 | 二级标准 | 三级标准 |
|---|---|---|---|---|---|
| 4 | 五日生化需氧量（BOD₅） | 甘蔗制糖、苎麻脱胶、湿法纤维板工业 | 30 | 100 | 600 |
| | | 甜菜制糖、酒精、味精、皮革、化纤浆粕工业 | 30 | 150 | 600 |
| | | 城镇二级污水处理厂 | 20 | 30 | — |
| | | 其他排污单位 | 30 | 60 | 300 |
| 5 | 化学需氧量（COD） | 甜菜制糖、焦化、合成脂肪酸、湿法纤维板、染料、洗毛、有机磷农药工业 | 100 | 200 | 1 000 |
| | | 味精、酒精、医药原料药、生物制药、苎麻脱胶、皮革、化纤浆粕工业 | 100 | 300 | 1 000 |
| | | 石油化工工业（包括石油炼制） | 100 | 150 | 500 |
| | | 城镇二级污水处理厂 | 60 | 120 | — |
| | | 其他排污单位 | 100 | 150 | 500 |
| 6 | 石油类 | 一切排污单位 | 10 | 10 | 30 |
| 7 | 动植物油 | 一切排污单位 | 20 | 20 | 100 |
| 8 | 挥发酚 | 一切排污单位 | 0.5 | 0.5 | 2.0 |
| 9 | 总氰化合物 | 电影洗片（铁氰化合物） | 0.5 | 5.0 | 5.0 |
| | | 其他排污单位 | 0.5 | 0.5 | 1.0 |
| 10 | 硫化物 | 一切排污单位 | 1.0 | 1.0 | 2.0 |
| 11 | 氨氮 | 医药原料药、染料、石油化工工业 | 15 | 50 | — |
| | | 其他排污单位 | 15 | 25 | — |
| 12 | 氟化物 | 黄磷工业 | 10 | 20 | 20 |
| | | 低氟地区（水体含氟量<0.5 mg/L） | 10 | 20 | 30 |
| | | 其他排污单位 | 10 | 10 | 20 |
| 13 | 磷酸盐（以 P 计） | 一切排污单位 | 0.5 | 1.0 | — |
| 14 | 甲醛 | 一切排污单位 | 1.0 | 2.0 | 5.0 |
| 15 | 苯胺类 | 一切排污单位 | 1.0 | 2.0 | 5.0 |
| 16 | 硝基苯类 | 一切排污单位 | 2.0 | 3.0 | 5.0 |
| 17 | 阴离子表面活性剂（LAS） | 合成洗涤剂工业 | 5.0 | 15 | 20 |
| | | 其他排污单位 | 5.0 | 10 | 20 |
| 18 | 总铜 | 一切排污单位 | 0.5 | 1.0 | 2.0 |

续表

| 序号 | 污染物 | 适用范围 | 一级标准 | 二级标准 | 三级标准 |
|------|--------|----------|----------|----------|----------|
| 19 | 总锌 | 一切排污单位 | 2.0 | 5.0 | 5.0 |
| 20 | 总锰 | 合成脂肪酸工业 | 2.0 | 5.0 | 5.0 |
| | | 其他排污单位 | 2.0 | 2.0 | 5.0 |
| 21 | 彩色显影剂 | 电影洗片 | 2.0 | 3.0 | 5.0 |
| 22 | 显影剂及氧化物总量 | 电影洗片 | 3.0 | 6.0 | 6.0 |
| 23 | 元素磷 | 一切排污单位 | 0.1 | 0.3 | 0.3 |
| 24 | 有机磷农药(以P计) | 一切排污单位 | 不得检出 | 0.5 | 0.5 |
| 25 | 粪大肠菌群数 | 医院*、兽医院及医疗机构含病原体污水 | 500 个/L | 1 000 个/L | 5 000 个/L |
| | | 传染病、结核病医院污水 | 100 个/L | 500 个/L | 1 000 个/L |
| 26 | 总余氯(采用氯化消毒的医院污水) | 医院*、兽医院及医疗机构含病原体污水 | <0.5** | >3(接触时间≥1 h) | >2(接触时间≥1 h) |
| | | 传染病、结核病医院污水 | <0.5** | >6.5(接触时间≥1.5 h) | >5(接触时间≥1.5 h) |

注: * 指50个床位以上的医院。

　　 ** 加氯消毒后须进行脱氯处理,达到本标准。

### 表1-8　第二类污染物最高允许排放浓度
(1998年1月1日后建设的单位)

单位:mg/L

| 序号 | 污染物 | 适用范围 | 一级标准 | 二级标准 | 三级标准 |
|------|--------|----------|----------|----------|----------|
| 1 | pH | 一切排污单位 | 6~9 | 6~9 | 6~9 |
| 2 | 色度(稀释倍数) | 一切排污单位 | 50 | 80 | — |
| 3 | 悬浮物(SS) | 采矿、选矿、选煤工业 | 70 | 300 | — |
| | | 脉金选矿 | 70 | 400 | — |
| | | 边远地区砂金选矿 | 70 | 800 | — |
| | | 城镇二级污水处理厂 | 20 | 30 | — |
| | | 其他排污单位 | 70 | 150 | 400 |
| 4 | 五日生化需氧量(BOD$_5$) | 甘蔗制糖、苎麻脱胶、湿法纤维板、染料、洗毛工业 | 20 | 60 | 600 |
| | | 甜菜制糖、酒精、味精、皮革、化纤浆粕工业 | 20 | 100 | 600 |
| | | 城镇二级污水处理厂 | 20 | 30 | — |
| | | 其他排污单位 | 20 | 30 | 300 |

续表

| 序号 | 污染物 | 适用范围 | 一级标准 | 二级标准 | 三级标准 |
|---|---|---|---|---|---|
| 5 | 化学需氧量（COD） | 甜菜制糖、合成脂肪酸、湿法纤维板、染料、洗毛、有机磷农药工业 | 100 | 200 | 1 000 |
| | | 味精、酒精、医药原料药、生物制药、苎麻脱胶、皮革、化纤浆粕工业 | 100 | 300 | 1 000 |
| | | 石油化工工业（包括石油炼制） | 60 | 120 | 500 |
| | | 城镇二级污水处理厂 | 60 | 120 | — |
| | | 其他排污单位 | 100 | 150 | 500 |
| 6 | 石油类 | 一切排污单位 | 5 | 10 | 20 |
| 7 | 动植物油 | 一切排污单位 | 10 | 15 | 100 |
| 8 | 挥发酚 | 一切排污单位 | 0.5 | 0.5 | 2.0 |
| 9 | 总氰化合物 | 一切排污单位 | 0.5 | 0.5 | 1.0 |
| 10 | 硫化物 | 一切排污单位 | 1.0 | 1.0 | 1.0 |
| 11 | 氨氮 | 医药原料药、染料、石油化工工业 | 15 | 50 | — |
| | | 其他排污单位 | 15 | 25 | — |
| 12 | 氟化物 | 黄磷工业 | 10 | 15 | 20 |
| | | 低氟地区（水体含氟量<0.5 mg/L） | 10 | 20 | 30 |
| | | 其他排污单位 | 10 | 10 | 20 |
| 13 | 磷酸盐(以 P 计) | 一切排污单位 | 0.5 | 1.0 | — |
| 14 | 甲醛 | 一切排污单位 | 1.0 | 2.0 | 5.0 |
| 15 | 苯胺类 | 一切排污单位 | 1.0 | 2.0 | 5.0 |
| 16 | 硝基苯类 | 一切排污单位 | 2.0 | 3.0 | 5.0 |
| 17 | 阴离子表面活性剂（LAS） | 一切排污单位 | 5.0 | 10 | 20 |
| 18 | 总铜 | 一切排污单位 | 0.5 | 1.0 | 2.0 |
| 19 | 总锌 | 一切排污单位 | 2.0 | 5.0 | 5.0 |
| 20 | 总锰 | 合成脂肪酸工业 | 2.0 | 5.0 | 5.0 |
| | | 其他排污单位 | 2.0 | 2.0 | 5.0 |
| 21 | 彩色显影剂 | 电影洗片 | 1.0 | 2.0 | 3.0 |
| 22 | 显影剂及氧化物总量 | 电影洗片 | 3.0 | 3.0 | 6.0 |
| 23 | 元素磷 | 一切排污单位 | 0.1 | 0.1 | 0.3 |

续表

| 序号 | 污染物 | 适用范围 | 一级标准 | 二级标准 | 三级标准 |
|---|---|---|---|---|---|
| 24 | 有机磷农药(以P计) | 一切排污单位 | 不得检出 | 0.5 | 0.5 |
| 25 | 乐果 | 一切排污单位 | 不得检出 | 1.0 | 2.0 |
| 26 | 对硫磷 | 一切排污单位 | 不得检出 | 1.0 | 2.0 |
| 27 | 甲基对硫磷 | 一切排污单位 | 不得检出 | 1.0 | 2.0 |
| 28 | 马拉硫磷 | 一切排污单位 | 不得检出 | 5.0 | 10 |
| 29 | 五氯酚及五氯酚钠(以五氯酚计) | 一切排污单位 | 5.0 | 8.0 | 10 |
| 30 | 可吸附有机卤化物(AOX)(以Cl计) | 一切排污单位 | 1.0 | 5.0 | 8.0 |
| 31 | 三氯甲烷 | 一切排污单位 | 0.3 | 0.6 | 1.0 |
| 32 | 四氯化碳 | 一切排污单位 | 0.03 | 0.06 | 0.5 |
| 33 | 三氯乙烯 | 一切排污单位 | 0.3 | 0.6 | 1.0 |
| 34 | 四氯乙烯 | 一切排污单位 | 0.1 | 0.2 | 0.5 |
| 35 | 苯 | 一切排污单位 | 0.1 | 0.2 | 0.5 |
| 36 | 甲苯 | 一切排污单位 | 0.1 | 0.2 | 0.5 |
| 37 | 乙苯 | 一切排污单位 | 0.4 | 0.6 | 1.0 |
| 38 | 邻-二甲苯 | 一切排污单位 | 0.4 | 0.6 | 1.0 |
| 39 | 对-二甲苯 | 一切排污单位 | 0.4 | 0.6 | 1.0 |
| 40 | 间-二甲苯 | 一切排污单位 | 0.4 | 0.6 | 1.0 |
| 41 | 氯苯 | 一切排污单位 | 0.2 | 0.4 | 1.0 |
| 42 | 邻-二氯苯 | 一切排污单位 | 0.4 | 0.6 | 1.0 |
| 43 | 对-二氯苯 | 一切排污单位 | 0.4 | 0.6 | 1.0 |
| 44 | 对-硝基氯苯 | 一切排污单位 | 0.5 | 1.0 | 5.0 |
| 45 | 2,4-二硝基氯苯 | 一切排污单位 | 0.5 | 1.0 | 5.0 |
| 46 | 苯酚 | 一切排污单位 | 0.3 | 0.4 | 1.0 |
| 47 | 间-甲酚 | 一切排污单位 | 0.1 | 0.2 | 0.5 |
| 48 | 2,4-二氯酚 | 一切排污单位 | 0.6 | 0.8 | 1.0 |
| 49 | 2,4,6-三氯酚 | 一切排污单位 | 0.6 | 0.8 | 1.0 |

| 序号 | 污染物 | 适用范围 | 一级标准 | 二级标准 | 三级标准 |
|---|---|---|---|---|---|
| 50 | 邻苯二甲酸二丁酯 | 一切排污单位 | 0.2 | 0.4 | 2.0 |
| 51 | 邻苯二甲酸二辛酯 | 一切排污单位 | 0.3 | 0.6 | 2.0 |
| 52 | 丙烯腈 | 一切排污单位 | 2.0 | 5.0 | 5.0 |
| 53 | 总硒 | 一切排污单位 | 0.1 | 0.2 | 0.5 |
| 54 | 粪大肠菌群数 | 医院*、兽医院及医疗机构含病原体污水 | 500 个/L | 1 000 个/L | 5 000 个/L |
| | | 传染病、结核病医院污水 | 100 个/L | 500 个/L | 1 000 个/L |
| 55 | 总余氯(采用氯化消毒的医院污水) | 医院*、兽医院及医疗机构含病原体污水 | <0.5** | >3(接触时间≥1 h) | >2(接触时间≥1 h) |
| | | 传染病、结核病医院污水 | <0.5** | >6.5(接触时间≥1.5 h) | >5(接触时间≥1.5 h) |
| 56 | 总有机碳(TOC) | 合成脂肪酸工业 | 20 | 40 | — |
| | | 苎麻脱胶工业 | 20 | 60 | — |
| | | 其他排污单位 | 20 | 30 | — |

注 其他排污单位:指除在该控制项目中所列行业以外的一切排污单位。

　*指50个床位以上的医院。

　**加氯消毒后须进行脱氯处理,达到本标准。

### 表 1-9 部分行业最高允许排水量
(1997 年 12 月 31 日之前建设的单位)

| 序号 | 行业类别 | | | 最高允许排水量或最低允许水重复利用率 |
|---|---|---|---|---|
| 1 | 矿山工业 | 有色金属系统选矿 | | 水重复利用率75% |
| | | 其他矿山工业采矿、选矿、选煤等 | | 水重复利用率90%(选煤) |
| | | 脉金选矿 | 重选 | 16.0 m³/t(矿石) |
| | | | 浮选 | 9.0 m³/t(矿石) |
| | | | 氰化 | 8.0 m³/t(矿石) |
| | | | 碳浆 | 8.0 m³/t(矿石) |
| 2 | 焦化企业(煤气厂) | | | 1.2 m³/t(焦炭) |
| 3 | 有色金属冶炼及金属加工 | | | 水重复利用率80% |

续表

| 序号 | 行业类别 | | | 最高允许排水量或<br>最低允许水重复利用率 | |
|---|---|---|---|---|---|
| 4 | 石油炼制工业(不包括直排水炼油厂)加工深度分类:<br>A.燃料型炼油厂;<br>B.燃料+润滑油型炼油厂;<br>C.燃料+润滑油型+炼油化工型炼油厂(包括加工高含硫原油页岩油和石油添加剂生产基地的炼油厂) | | A | >500 万 t,1.0 m³/t(原油) | |
| | | | | 250 万 ~ 500 万 t,1.2 m³/t(原油) | |
| | | | | <250 万 t,1.5 m³/t(原油) | |
| | | | B | >500 万 t,1.5 m³/t(原油) | |
| | | | | 250 万 ~ 500 万 t,2.0 m³/t(原油) | |
| | | | | <250 万 t,2.0 m³/t(原油) | |
| | | | C | >500 万 t,2.0 m³/t(原油) | |
| | | | | 250 万 ~ 500 万 t,2.5 m³/t(原油) | |
| | | | | <250 万 t,2.5 m³/t(原油) | |
| 5 | 合成洗涤剂工业 | 氯化法生产烷基苯 | | 200.0 m³/t(烷基苯) | |
| | | 裂解法生产烷基苯 | | 70.0 m³/t(烷基苯) | |
| | | 烷基苯生产合成洗涤剂 | | 10.0 m³/t(产品) | |
| 6 | 合成脂肪酸工业 | | | 200.0 m³/t(产品) | |
| 7 | 湿法生产纤维板工业 | | | 30.0 m³/t(板) | |
| 8 | 制糖工业 | 甘蔗制糖 | | 10.0 m³/t(甘蔗) | |
| | | 甜菜制糖 | | 4.0 m³/t(甜菜) | |
| 9 | 皮革工业 | 猪盐湿皮 | | 60.0 m³/t(原皮) | |
| | | 牛干皮 | | 100.0 m³/t(原皮) | |
| | | 羊干皮 | | 150.0 m³/t(原皮) | |
| 10 | 发酵、酿造工业 | 酒精工业 | 以玉米为原料 | 100.0 m³/t(酒精) | |
| | | | 以薯类为原料 | 80.0 m³/t(酒精) | |
| | | | 以糖蜜为原料 | 70.0 m³/t(酒精) | |
| | | 味精工业 | | 600.0 m³/t(味精) | |
| | | 啤酒工业(排水量不包括麦芽水部分) | | 16.0 m³/t(啤酒) | |
| 11 | 铬盐工业 | | | 5.0 m³/t(产品) | |
| 12 | 硫酸工业(水洗法) | | | 15.0 m³/t(硫酸) | |
| 13 | 苎麻脱胶工业 | | | 500 m³/t(原麻) 或<br>750 m³/t(精干麻) | |
| 14 | 化纤浆粕 | | | 本色:150 m³/t(浆)<br>漂白:240 m³/t(浆) | |

续表

| 序号 | 行业类别 | | 最高允许排水量或<br>最低允许水重复利用率 |
|---|---|---|---|
| 15 | 黏胶纤维工业<br>（单纯纤维） | 短纤维（棉型中长纤维、毛型中长纤维） | 300 m³/t（纤维） |
| | | 长纤维 | 800 m³/t（纤维） |
| 16 | 铁路货车洗刷 | | 5.0 m³/辆 |
| 17 | 电影洗片 | | 5 m³/1 000 m（35 mm 的胶片） |
| 18 | 石油沥青工业 | | 冷却池的水循环利用率95% |

**表 1-10　部分行业最高允许排水量**

（1998 年 1 月 1 日后建设的单位）

| 序号 | 行业类别 | | | 最高允许排水量或<br>最低允许排水重复利用率 | |
|---|---|---|---|---|---|
| 1 | 矿山工业 | 有色金属系统选矿 | | 水重复利用率75% | |
| | | 其他矿山工业采矿、选矿、选煤等 | | 水重复利用率90%（选煤） | |
| | | 脉金选矿 | 重选 | 16.0 m³/t（矿石） | |
| | | | 浮选 | 9.0 m³/t（矿石） | |
| | | | 氰化 | 8.0 m³/t（矿石） | |
| | | | 碳浆 | 8.0 m³/t（矿石） | |
| 2 | 焦化企业（煤气厂） | | | 1.2 m³/t（焦炭） | |
| 3 | 有色金属冶炼及金属加工 | | | 水重复利用率80% | |
| 4 | 石油炼制工业（不包括直排水炼油厂）加工深度分类：<br>A.燃料型炼油厂<br>B.燃料+润滑油型炼油厂<br>C.燃料+润滑油型+炼油化工型炼油厂（包括加工高含硫原油页岩油和石油添加剂生产基地的炼油厂） | | A | >500 万 t,1.0 m³/t（原油） | |
| | | | | 250 万～500 万 t,1.2 m³/t（原油） | |
| | | | | <250 万 t,1.5 m³/t（原油） | |
| | | | B | >500 万 t,1.5 m³/t（原油） | |
| | | | | 250 万～500 万 t,2.0 m³/t（原油） | |
| | | | | <250 万 t,2.0 m³/t（原油） | |
| | | | C | >500 万 t,2.0 m³/t（原油） | |
| | | | | 250 万～500 万 t,2.5 m³/t（原油） | |
| | | | | <250 万 t,2.5 m³/t（原油） | |
| 5 | 合成洗涤剂工业 | 氯化法生产烷基苯 | | 200.0 m³/t（烷基苯） | |
| | | 裂解法生产烷基苯 | | 70.0 m³/t（烷基苯） | |
| | | 烷基苯生产合成洗涤剂 | | 10.0 m³/t（产品） | |

续表

| 序号 | 行业类别 | | 最高允许排水量或最低允许排水重复利用率 |
|---|---|---|---|
| 6 | 合成脂肪酸工业 | | 200.0 m³/t(产品) |
| 7 | 湿法生产纤维板工业 | | 30.0 m³/t(板) |
| 8 | 制糖工业 | 甘蔗制糖 | 10.0 m³/t(甘蔗) |
| | | 甜菜制糖 | 4.0 m³/t(甜菜) |
| 9 | 皮革工业 | 猪盐湿皮 | 60.0 m³/t(原皮) |
| | | 牛干皮 | 100.0 m³/t(原皮) |
| | | 羊干皮 | 150.0 m³/t(原皮) |
| 10 | 发酵、酿造工业 | 酒精工业 以玉米为原料 | 100.0 m³/t(酒精) |
| | | 酒精工业 以薯类为原料 | 80.0 m³/t(酒精) |
| | | 酒精工业 以糖蜜为原料 | 70.0 m³/t(酒精) |
| | | 味精工业 | 600.0 m³/t(味精) |
| | | 啤酒行业(排水量不包括麦芽水部分) | 16.0 m³/t(啤酒) |
| 11 | 铬盐工业 | | 5.0 m³/t(产品) |
| 12 | 硫酸工业(水洗法) | | 15.0 m³/t(硫酸) |
| 13 | 苎麻脱胶工业 | | 500 m³/t(原麻) |
| | | | 750 m³/t(精干麻) |
| 14 | 粘胶纤维工业(单纯纤维) | 短纤维(棉型中长纤维、毛型中长纤维) | 300.0 m³/t(纤维) |
| | | 长纤维 | 800.0 m³/t(纤维) |
| 15 | 化纤浆粕 | | 本色:150 m³/t(浆);漂白:240 m³/t(浆) |
| 16 | 制药工业 医药原料药 | 青霉素 | 4 700 m³/t(青霉素) |
| | | 链霉素 | 1 450 m³/t(链霉素) |
| | | 土霉素 | 1 300 m³/t(土霉素) |
| | | 四环素 | 1 900 m³/t(四环素) |
| | | 洁霉素 | 9 200 m³/t(洁霉素) |
| | | 金霉素 | 3 000 m³/t(金霉素) |
| | | 庆大霉素 | 20 400 m³/t(庆大霉素) |

续表

| 序号 | 行业类别 | | 最高允许排水量或最低允许排水重复利用率 |
|---|---|---|---|
| 16 | 制药工业医药原料药 | 维生素 C | 1 200 m³/t(维生素 C) |
| | | 氯霉素 | 2 700 m³/t(氯霉素) |
| | | 新诺明 | 2 000 m³/t(新诺明) |
| | | 维生素 B1 | 3 400 m³/t(维生素 B1) |
| | | 安乃近 | 180 m³/t(安乃近) |
| | | 非那西汀 | 750 m³/t(非那西汀) |
| | | 呋喃唑酮 | 2 400 m³/t(呋喃唑酮) |
| | | 咖啡因 | 1 200 m³/t(咖啡因) |
| 17 | 有机磷农药工业* | 乐果** | 700 m³/t(产品) |
| | | 甲基对硫磷(水相法)** | 300 m³/t(产品) |
| | | 对硫磷($P_2S_5$ 法)** | 500 m³/t(产品) |
| | | 对硫磷($PSCl_3$ 法)** | 550 m³/t(产品) |
| | | 敌敌畏(敌百虫碱解法) | 200 m³/t(产品) |
| | | 敌百虫 | 40 m³/t(产品)(不包括三氯乙醛生产废水) |
| | | 马拉硫磷 | 700 m³/t(产品) |
| 18 | 除草剂工业* | 除草醚 | 5 m³/t(产品) |
| | | 五氯酚钠 | 2 m³/t(产品) |
| | | 五氯酚 | 4 m³/t(产品) |
| | | 二甲四氯 | 14 m³/t(产品) |
| | | 2,4-D | 4 m³/t(产品) |
| | | 丁草胺 | 4.5 m³/t(产品) |
| | | 绿麦隆(以 Fe 粉还原) | 2 m³/t(产品) |
| | | 绿麦隆(以 $Na_2S$ 还原) | 3 m³/t(产品) |
| 19 | 火力发电工业 | | 3.5 m³/(MW·h) |
| 20 | 铁路货车洗刷 | | 5.0 m³/辆 |
| 21 | 电影洗片 | | 5 m³/1 000 m(35 mm 胶片) |
| 22 | 石油沥青工业 | | 冷却池的水循环利用率95% |

注:* 产品按 100%浓度计。

　　** 不包括 $P_2S_5$、$PSCl_3$、$PCl_3$ 原料生产废水。

练习题

**(一)填空题**

1. 地表水环境质量标准按照地表水_____和_____,规定了水环境质量应控制的项目及限值,以及_____、_____的分析方法和标准的实施与监督。

2. 集中式生活饮用水地表水源地特定项目标准限值中,三氯甲烷、四氯化碳、二氯甲烷、氯乙烯的标准限值为_____、_____、_____和_____。

3. 集中式生活饮用水地表水源地水质超标项目经_____后,必须达到_____的要求。

4. 生活饮用水根据供水方式不同可以分为_____、_____、农村小型集中式供水、_____。

5. 第一类污染物不分行业和污水排放方式,也不分受纳水体的功能类别,_____或车间_____采样,其最高允许排放浓度必须达到标准要求。

6. 地表水环境质量评价应根据应实现的水域功能类别,选取相应类别标准,进行_____,评价结果应说明水质达标情况,超标的应说明_____和_____。

7. 我国环境标准分为_____、_____、环境基础标准、_____、环境标准物质标准和环保仪器、设备标准等六类。

8. 城镇污水处理厂将基本控制项目的常规污染物标准值分为一级标准、二级标准、三级标准。一级标准分为_____和_____。

9. 环境质量标准是衡量环境质量的_____、环保政策的_____、环境管理的_____、也是制订污染物控制标准的_____。

**(二)判断题**

1. Ⅰ类水主要适用于国家自然保护区。 （ ）

2. 地表水Ⅰ类水溶解氧不高于饱和率90%（或7.5）。 （ ）

3. Ⅱ类地下水化学组分含量较低,适用于各种用途。 （ ）

4.《生活饮用水卫生标准》(GB 5749—2022)从2023年4月份正式实施。 （ ）

5. Ⅴ类水主要适用于农业用水区及一般景观要求水域。 （ ）

6. 环境标准是判断环境质量和衡量环保工作优劣的准绳。 （ ）

7. 环境标准分为国家标准和地方标准两级,其中环境基础标准、环境方法标准和标准物质标准等同时有国家标准和地方标准两级。 （ ）

8. 农村小型集中式供水是日供水在1 500 m³以下的农村集中式供水。 （ ）

9.《污水总和排放标准》(GB 8978—1996)中规定排入GB 3838中规定的Ⅳ、Ⅴ类水域和排入GB 3097中规定的三类海域的污水,执行三级标准。 （ ）

10. 第二类污染物在排污单位排放口采样,其最低允许排放浓度必须达到本标准要求。

 （ ）

11. 污水排放中总汞和烷基汞要求不得检出。 （ ）

12. 生活饮用水中放射性物质不应对人体健康产生明显影响。 （ ）

13. Ⅳ类地下水化学组分含量较高,以农业和工业用水质量要求以及一定水平的人体健康风险为依据,适用于农业和部分工业用水,适当处理后不可作生活饮用水。 （ ）

14. 放射性指标属于地下水质量标准中的非常规指标。　　　　　　　　　（　　）

15. 城镇污水处理厂出水排入 GB 3838 规定的Ⅳ、Ⅴ类功能水域或《海水水质标准》GB 3097 规定的三、四类功能海域,执行二级标准。　　　　　　　　　（　　）

（三）简答题

1. 对污染物排放的浓度控制和总量控制各有什么特点?

2. 为什么要制订更多的行业排放标准?

3. 我国《污水综合排放标准》(GB 8978—1996),将排放的污染物按其性质及控制方式分为几类? 每类各举出 4 种污染物,并说明各类污染物在何处采样?

4. 为什么要分别制订环境质量标准和污染物总和排放标准?

5. 试分析我国环境质量标准体系的特点。

# 模块二
# 水质监测实验室基础知识

## 任务一  水质监测实验室仪器及设备基础

实验室是获得监测结果的关键部门,要使监测质量达到规定水平,必须要有合格的实验室和合格的分析操作人员,具体地讲,包括仪器的正确使用和定期校正;玻璃仪器的选用和校正;化学试剂和溶剂的选用;溶液的配制和标定、试剂的提纯;实验室的清洁和安全工作;分析人员的操作和分离技术等。

相关标准文件

### 一、实验用水

水是最常用的溶剂,配制试剂、标准物质标定、洗涤均需大量使用。它对分析质量有着广泛和根本的影响,对于不同用途需要不同质量的水。

**（一）蒸馏水**

蒸馏水的质量因蒸馏器的材料与结构而异,水中常含有可溶性气体和挥发性物质。下面介绍几种蒸馏器及其所得蒸馏水的质量。

1. 金属蒸馏器

金属蒸馏器内壁为纯铜、黄铜、青铜,也有镀纯锡的。用这种蒸馏器所获得的蒸馏水含有微量金属杂质,电阻率小于 $0.1\ M\Omega \cdot cm(25\ ℃)$,只适用于清洗容器和配制一般试液。

2. 玻璃蒸馏器

玻璃蒸馏器由含低碱高硅硼酸盐的"硬质玻璃"制成,二氧化硅约占 80%。经蒸馏所得的水中含痕量金属,还可能有微量玻璃溶出物,如硼、砷等。其电阻率约为 $0.5\ M\Omega \cdot cm(25\ ℃)$。玻璃蒸馏器适用于配制一般定量分析试液,不宜用于配制分析重金属或痕量非金属试液。

3. 石英蒸馏器

石英蒸馏器含二氧化硅 99.9% 以上,所得蒸馏水仅含痕量金属杂质,不含玻璃溶出物。电阻率为 $2 \sim 3\ M\Omega \cdot cm$。石英蒸馏器特别适用于配制对痕量非金属进行分析的试液。

#### 4. 亚沸蒸馏器

它是由石英制成的自动补液蒸馏装置。其热源功率很小,使水在沸点以下缓慢蒸发,故而不存在雾滴污染问题,所得蒸馏水几乎不含金属杂质(超痕量)。亚沸蒸馏器适用于配制除可溶性气体和挥发性物质以外的各种物质的痕量分析用试液。亚沸蒸馏器常作为最终的纯水器与其他纯水装置(如离子交换纯水器等)联用,所得纯水的电阻率高达 16 MΩ·cm 以上。但应注意保存,一旦接触空气,在不到 5 min 内可迅速降至 2 MΩ·cm。

#### (二)去离子水

去离子水是用阳离子交换树脂和阴离子交换树脂以一定形式组合进行水处理而得到的近于纯净的水。去离子水含金属杂质极少,适用于配制痕量金属分析用的试液,由于它含有微量树脂浸出物和树脂崩解微粒,所以不适用于配制有机分析试液。通常用自来水作为原水时,由于自来水含有一定余氯,能氧化破坏树脂使之很难再生,因此进入交换器前必须充分曝气。自然曝气夏季需 1 天,冬季需 3 天以上,如急用可煮沸、搅拌、充气,并冷却后使用。湖水、河水和塘水作为原水应仿照自来水先作沉淀、过滤等净化处理。含有大量矿物质、硬度很高的井水应先经蒸馏或电渗析等步骤去除大量无机盐,以延长树脂使用周期。

#### (三)特殊要求的纯水

在分析某些指标时,分析过程中所用的纯水中这些指标的含量应越低越好,这就有了某些特殊要求的纯水,如无氯水、无氨水、无二氧化碳水以及不含有机物的蒸馏水等。

### 二、试剂与试液

实验室中所用试剂、试液应根据实际需要,合理选用相应规格的试剂,按规定浓度和需要量正确配制。试剂和配好的试液须按规定要求妥善保存,注意空气、温度、光、杂质等影响。另外,要注意保存时间,一般浓溶液稳定性较好,稀溶液稳定性较差。通常,较稳定的试剂,其 $10^{-3}$ mol/L 溶液可贮存一个月以上,$10^{-4}$ mol/L 溶液只能贮存一周,而 $10^{-5}$ mol/L 溶液须当日配制,故许多试液常配成浓的贮存液,临用时稀释成所需浓度。配制溶液均须注明配制日期和配制人员,以备查核追溯。由于各种原因,有时需对试剂进行分级,一般化学试剂分为三级,其规格见表 2-1。

表 2-1　化学试剂的规格

| 级别 | 名称 | 代号 | 标志颜色 |
|------|------|------|----------|
| 一级品 | 保证试剂、优级纯 | GR | 绿色 |
| 二级品 | 分析试剂、优级纯 | AR | 红色 |
| 三级品 | 化学纯 | CP | 蓝色 |

一级试剂用于精密的分析工作,在环境分析中用于配制标准溶液;二级试剂常用于配制定量分析中的普通试液,如无注明,环境监测所用试剂均应为二级或二级以上;三级试剂只能用于配制半定量、定性分析中的试液和清洁液等。

### 三、实验室管理及岗位责任

监测质量的保证是以一系列完善的管理制度为基础的。严格执行科学的管理制度是评定一个实验室的重要依据。

#### (一)对监测分析人员的要求

环境监测分析人员应具有相当于中专以上的文化水平,经培训、考试合格后,方能承担监测分析工作。

熟练地掌握本岗位的监测分析技术,对承担的监测项目要做到理解原理、操作正确、严守规程、准确无误。

接受新项目前,应在测试工作中达到规定的各种质量控制实验要求,才能进行项目的监测。

认真做好分析测试前的各项技术准备工作,实验用水、试剂、标准溶液、器皿、仪器等均应符合要求,方能进行分析测试。

负责填报监测分析结果,做到书写清晰、记录完整、校对严格、实事求是。

及时地完成分析测试后的实验室清理工作,做到现场环境整洁,工作交接清楚,做好安全检查。

树立高尚的科研和实验道德,热爱本职工作,钻研科学技术,培养科学作风,谦虚谨慎,遵守劳动纪律,搞好团结协作。

#### (二)对监测质量保证人员的要求

环境监测站内要有质量保证归口管辖部门或指定专人(专职或兼职)负责监测质量保证工作。监测质量保证人员应熟悉质量保证的内容、程序和方法,了解监测环节中的技术关键,具有有关的数理统计知识,协助监测站的技术负责人员进行以下各项工作:

(1)负责监督和检查环境监测质量保证各项内容的实施情况。

(2)按隶属关系定期组织实验室内及实验室间分析质量控制工作,向上级单位报告质量保证工作执行情况,并接受上级单位的有关工作部署、安排组织实施。

(3)组织有关的技术培训和技术交流,帮助解决所辖站有关质量保证方面的技术问题。

#### (三)实验室安全制度

实验室内须设各种必备的安全设施(通风橱、防尘罩、排气管道及消防灭火器材等),并应定期检查,保证随时可供使用。使用电、气、水、火时,应按有关使用规则进行操作,保证安全。

实验室内各种仪器、器皿应有规定的放置处所,不得任意堆放,以免错拿错用,造成事故。

进入实验室应严格遵守实验室规章制度,尤其是使用易燃、易爆和剧毒试剂时,必须遵照有关规定进行操作。实验室内不得吸烟、会客、喧哗、吃零食或私用电器等。

下班时要有专人负责检查实验室的门、窗、水、电、煤气等,切实关好,不得疏忽大意。

实验室的消防器材应定期检查,妥善保管,不得随意挪用。一旦实验室发生意外事故,应迅速切断电源、火源,立即采取有效措施,随时处理,并上报有关领导。

#### (四)药品使用管理制度

实验室使用的化学试剂应有专人负责发管,分类存放,定期检查使用和管理情况。

易燃、易爆物品应存放在阴凉通风的地方,并有相应安全保障措施。易燃、易爆试剂要随用随领,不得在实验室内大量积存。保存在实验室内的少量易燃品和危险品应严格控制、加强管理。

剧毒试剂应有专人负责管理,加双锁存放,批准使用,两人共同称量,登记用量。取用化学试剂的器皿(如药匙、量杯等)必须分开,每种试剂用一件器皿,至少洗净后再用,不得混用。

使用氰化物时,切实注意安全,不得在酸性条件下使用,并严防溅洒沾污。氰化物废液必须经处理再倒入下水道,并用大量流水冲洗。其他剧毒试液也应注意经适当转化处理后再进行清洗排放。

使用有机溶剂和挥发性强的试剂的操作应在通风良好的地方或在通风橱内进行。任何情况下,都不允许用明火直接加热有机溶剂。

稀释浓酸试剂时,应按规定要求操作和贮存。

**(五)样品管理制度**

对样品的管理:由于环境样品的特殊性,要求样品的采集、运送和保存等各环节都必须严格遵守有关规定,以保证其真实性和代表性。

对工作人员的要求:监测站的技术负责人应和采样人员、测试人员共同议定详细的工作计划,周密地安排采样和实验室测试间的衔接、协调,以保证自采样开始至结果报出的全过程,样品都具有合格的代表性。

样品容器的处理:样品容器除一般情况外的特殊处理,应由实验室负责进行。对于需在现场进行处理的样品,应注明处理方法和注意事项,所需试剂和仪器应准备好,同时提供给采样人员。对采样有特殊要求时,应对采样人员进行培训。样品容器的材质要符合监测分析的要求,容器应密塞、不渗不漏。

样品的登记、验收和保存要按以下规定执行:

采好的样品应及时贴好样品标签,填写好采样记录。将样品连同样品登记表、送样单在规定的时间内送交至指定的实验室。填写样品标签和采样记录需使用防水墨汁,严寒季节圆珠笔不宜使用时,可用铅笔填写。

如需对采集的样品进行分装,分样的容器应和样品容器材质相同,并填写同样的样品标签,注明"分样"字样。同时对"空白"和"副样"也都要分别注明。实验室应有专人负责样品的登记、验收,其内容如下:样品名称和编号;样品采集点的详细地址和现场特征;样品的采集方式,是定时样、不定时样还是混合样;监测分析项目;样品保存所用的保存剂的名称、浓度和用量;样品的包装、保管状况;采样日期和时间;采样人、送样人及登记验收人签名。

样品验收过程中,如发现编号错乱、标签缺损、字迹不清、监测项目不明、规格不符、数量不足以及采样不合要求者,可拒收并建议补采样品。如无法补采或重采,经有关领导批准方可收样,完成测试后,应在报告中注明。

样品应按规定方法妥善保存,并在规定时间内安排测试,不得无故拖延。

采样记录、样品登记表、送样单和现场测试的原始记录应完整、齐全、清晰,并与实验室测试记录汇总保存。

**练习题**

1.对监测分析人员和监测质量保证人员的要求有何不同?

2.简述样品的管理制度。

3.简述实验室质量控制的意义、内容和方法。

4. 环境监测管理主要包括哪些内容?

5. 实验室用水有哪些级别? 有哪些衡量指标?

# 任务二　监测数据的结果表达和统计检验

水质监测中所得到的许多物理、化学和生物学数据,是描述和评价水环境质量的基本依据。由于监测系统的条件限制以及操作人员的技术水平限制,测试值与真值之间常存在差异;根据监测数据的结果表达和统计检验,才能使监测结果满足"五性"要求,科学准确地评价空气环境质量。

## 一、误差

### (一)误差与真值

**1. 真值($x_t$)**

在某一时刻和某一位置或状态下,某物理量的客观值或实际值称为真值。真值包括理论真值、约定真值和标准器(包括标准物质)的相对真值。

1)理论真值

例如,三角形内角之和等于180°。

2)约定真值

由国际计量大会定义的国际单位制包括基本单位、辅助单位和导出单位。由国际单位制所定义的真值叫约定真值。

3)标准器(包括标准物质)的相对真值

高一级标准器的误差为低一级标准器(或普通仪器)误差的 1/5(或 1/3 ~ 1/20)时,则可认为前者是后者的相对真值。

**2. 误差**

由于被测量的数据形式通常不能以有限位数表示,同时由于认知能力的不足和科学技术水平的限制,测量值与真值不一致,这种矛盾在数值上的表现即为误差。任何测量结果都有误差,并存在于一切测量过程之中。

### (二)误差的分类及产生原因

误差按其性质和产生原因,可分为系统误差、随机误差和过失误差。

**1. 系统误差**

系统误差又称可测误差、恒定误差或偏倚,是指测量值的总体均值与真值之间的差别,是由测量过程中某些恒定因素造成的。在一定的测量条件下,系统误差会重复出现,即误差的正负和大小在多次重复测定中有固定的规律。因此,增加测定次数不能减小系统误差。从理论上讲,系统误差是可以测定的,若能找出原因,并设法加以校正,即可消除系统误差。

1)系统误差产生的原因

(1)方法误差:方法误差是由分析方法不够完善所引起的,由分析系统的化学或物理性质所决定,在一定条件下,这种误差的数值保持一定,采取适当措施可以减小方法误差。方法误差来源有反应不能定量完成或者有副反应,存在干扰成分,以及响应信号偏离理论值等。

（2）仪器误差：仪器误差是由使用未经校准的仪器或仪器本身不够准确造成的。如天平两臂不等长、砝码不准，所用容量瓶、滴定管、移液管未经校正，均会引入系统误差。

（3）试剂误差：试剂误差是由于所用试剂中含有杂质。如基准试剂纯度不够、使用了不纯的试剂或蒸馏水、引入了被测物质或干扰物质等。

（4）人员误差：人员误差是由测量者的感官差异、反应敏捷程度和固有习惯所引起的。如人的辨别能力不同，在判断指示剂变色点时会存在误差；对仪器标尺读数时习惯性地偏左或偏右等。此外，人员的主观偏见也会造成误差，如在重复实验时，总是想使后者与前者的实验结果相一致，不自觉地受先入为主的偏见所支配，在读取数据时造成人员误差。

（5）环境误差：环境误差是由测量时环境因素的显著改变所引起的。如温度、湿度明显变化，溶液中某组分挥发造成溶液浓度的改变，化学试剂吸收水分或二氧化碳而导致试剂不纯等。

2）克服系统误差的方法

（1）校准仪器：即测量前对使用的仪器进行校准，并用校准值对测量结果进行修正。

（2）空白试验：即用空白试验结果修正测量值，以消除试剂不纯等原因所产生的误差。

（3）对照试验：即将实际样品与标准物质在同样条件下进行测定，当标准物质的保证值与测定值相一致时，可认为该方法的系统误差已基本消除；或采用不同的分析方法，如与标准方法进行比较，校正方法误差。

（4）回收试验：回收试验就是在实际样品中加入已知量的标准物质，在相同的条件下进行测定，观察所得结果能否定量回收，并以回收率作为校正因子。

2. 随机误差

随机误差也称偶然误差或不可测误差，是由测定过程中随机因素的共同作用所造成的。随机误差的大小和正负是不固定的，但在多次测量的数据中，随机误差符合正态分布。正态分布具有以下特点。

（1）有界性：在一定条件下的有限次测量值中，其误差的绝对值不会超过一定界限。

（2）单峰性：绝对值小的误差出现的次数比绝对值大的误差出现的次数多，即在有限次测定中，绝大多数的测定值都在真值附近。

（3）对称性：在测量次数足够多时，绝对值相等的正误差和负误差出现的次数大致相等。

（4）抵偿性：在一定条件下对同一量进行测量，随机误差的算术平均值随测量次数的增加而趋于零，即测量次数无限多时，误差平均值极限为零。

在实际操作中，有些测量数据本身不呈正态分布，而呈偏态分布，但将数据取对数进行转换之后，可显示为正态分布。若监测数据的对数呈正态分布，称为对数正态分布。减小随机误差通常除必须严格控制实验条件、正确使用仪器和试剂外，还可利用随机误差的抵偿性，通过增加测定次数来减小随机误差。

3. 过失误差

过失误差也称过失或粗差。不同于上述两种误差，这类误差明显歪曲测量结果，是由测量过程中不应有的错误造成的，如加错试剂、样品损失、仪器出现异常、读数错误等。一经发现存在过失误差，必须及时重做实验。为消除过失误差，分析人员应该具有认真细致、对工作负责的良好素质，不断提高理论及操作水平。

含有过失误差的测量数据经常表现为离群值。对于已发现有过失的测量数据，无论结果好坏均应剔除;对于未发现的过失,但发现为离群的测量数据,应使用统计检验方法进行检验后予以剔除(或保留)。

### (三)误差的表示方法

误差的表示方法可分为绝对误差和相对误差。

1. 绝对误差

绝对误差是测量值($x$,单一测量值或多次测量的均值)与真值($x_t$)之差,绝对误差有正负之分。

$$绝对误差 = x - x_t$$

误差越小,表示测量值与真值越接近,准确度也越高;误差越大,则测量值的准确度也越低。绝对误差具有与测量值或真值相同的单位,也只有在和测量值一起考虑时才有价值。

2. 相对误差

相对误差是指绝对误差与真值之比(常以百分数表示):

$$相对误差 = \frac{x - x_t}{x_t} \times 100\%$$

当不知道真值或标准参考值,而绝对误差又很小时,可用多次平行测定结果的算术平均值代替真值。

由于相对误差能够反映误差在真值中所占的比例,所以经常用相对误差来表示测定结果的准确度。

## 二、数据处理和统计方法

### (一)有效数字的修约及计算

1. 测量数据的有效数字

有效数字用于表示测量数字的有效意义。由有效数字构成的数值,其倒数第二位及以上的数字应是可靠的(确定的),只有末位数是可疑的(不确定的),对有效数字的位数不能任意增删。

(1)由有效数字构成的测定值必然是近似值,因此,测定值的运算应按近似计算规则进行。

(2)数字"0",当它用于指小数点的位置,而与测量的准确度无关时,不是有效数字;当它用于表示与测量准确程度有关的数值大小时,即为有效数字。这与"0"在数值中的位置有关。

(3)一个分析结果的有效数字的位数,主要取决于原始数据的正确记录和数值的正确计算。在记录测量值时,要同时考虑到计量器具的精密度和准确度,以及测量仪器本身的读数误差。对检定合格的计量器具,有效位数可以记录到最小分度值,最多保留一位不确定数字(估计值)。以实验室最常用的计量器具为例:

用天平(最小分度值为 0.1 mg)进行称量时,有效数字可以记录到小数点后面第 4 位,如 1.223 5 g,此时有效数字为 5 位;称取 0.945 2 g,则为 4 位。

用玻璃量器量取体积的有效数字位数是根据量器的容量允许差和读数误差来确定的。如单标线 A 级 50 mL 容量瓶,准确容积为 50.00 mL;用分度移液管或滴定管,其读数的有效数字可达到其最小分度后一位,保留一位不确定数字。

分光光度计最小分度值为 0.005,因此,吸光度一般可记到小数点后第 3 位,有效数字位数最多只有 3 位。

带有计算机处理系统的分析仪器,往往根据计算机自身的设定打印或显示结果,可以有很多位数,但这并不增加仪器的精度和可读的有效位数。

在一系列操作中,使用多种计量仪器时,有效数字以最少的一种计量仪器的位数表示。

(4)表示精密度的有效数字根据分析方法和待测物的浓度不同,一般只取 1 ~ 2 位有效数字。

(5)分析结果的有效数字所能达到的位数不能超过方法最低检出浓度的有效位数所能达到的位数。例如,一个方法的最低检出浓度为 0.02 mg/L,则分析结果报 0.088 mg/L 就不合理,应报 0.09 mg/L。

(6)以一元线性回归方程计算时,校准曲线斜率 $b$ 的有效位数,应与自变量 $x_i$ 的有效数字位数相等,或最多比 $x_i$ 多保留一位。截距 $a$ 的最后一位数,则和因变量 $y_i$ 数值的最后一位取齐,或最多比 $y_i$ 多保留一位数。

(7)在数值计算中,当有效数字位数确定之后,其余数字应按修约规则一律舍去。

(8)在数值计算中,某些倍数、分数、不连续物理量的数值,以及不经测量而完全根据理论计算或定义得到的数值,其有效数字的位数可视为无限。这类数值在计算中需要几位就定几位。

2. 数值修约规则

各种测量、计算的数值需修约时,应按《数值修约规则与极限数值的表示和判定》(GB/T 8170—2008)进行修约,即按"四舍六入五余进,奇进偶舍"的规则修约。当保留位数后一位数不大于 4 时,则舍去;当保留位数后一位数不小于 6 时,则进位;当保留位数后一位数为 5 时,则应视具体情况而定,如 5 后的数不为 0,则应进位;如 5 后的数为 0,则应视保留的末位数是奇数还是偶数(0 视为偶数),5 前为偶数应将 5 舍去,5 前为奇数则将 5 进位。负数修约时,先将它的绝对值按上述规定进行修约,然后在修约值前面加负号,拟修约数字应在确定修约位数后一次修约获得结果,不得多次按上述规则连续修约。

(1)在舍弃的数字中,若左边第一个数字小于 5(不包括 5),则舍去,即所拟保留的末位数字不变。

例如:将 24.242 3 修约到只保留一位小数。

修约前:24.242 3

修约后:24.2

(2)在舍弃的数字中,若左边第一个数字大于 5(不包括 5),则进一,即所拟保留的末位数字加一。例如:将 26.484 3 修约到只保留一位小数。

修约前:26.484 3

修约后:26.5

(3)在舍弃的数字中,若左边第一个数字等于 5 而其右边的数字并非全部为零,则进一,即所拟保留的末位数字加一。例如:将 1.050 1 修约到只保留一位小数。

修约前:1.050 1

修约后:1.1

(4)在舍弃的数字中,若左边第一个数字等于 5 而其右边的数字皆为 0,所拟保留的末位数字若为奇数则进一,若为偶数(包括0)则不进。例如:将下列数字修约到只保留一位小数。

修约前:0.350 0

修约后:0.4

修约前:0.450 0

修约后:0.4

修约前:1.050 0

修约后:1.0

(5)所拟舍弃的数字若为两位以上数字,不得连续多次修约,应根据所舍弃数字中左边第一个数字的大小,按上述规则依次修约出结果来。例如:将25.454 6修约成整数。

修约前:25.454 6

修约后:25

不正确的做法是:

一次修约:25.455

二次修约:25.46

三次修约:25.5

四次修约:26

3.近似计算规则

1)加法和减法

几个近似值相加减时,所得和或差的有效数字决定于绝对误差最大的数值,即最后结果的有效数字不超过参加计算的近似值中第一个出现的可疑数字。如在小数的加减计算中,结果所保留的小数点后的位数与各近似值中小数点后位数最少者相同。在实际计算时,保留的位数常比各数值中小数点后位数最少者多留位小数,而计算结果则按上述规则处理。

例如:

$508.4-438.68+13.046-6.054\ 8=508.4-438.68+13.05-6.05\approx76.72$

最后计算结果只保留一位小数,为76.7。

当两个很接近的近似数值相减时,其差的有效数字位数会有很多损失。所以,如有可能,应把计算程序组织好,尽量避免之。

2)乘法和除法

近似值相乘除时,所得积或商的有效数字位数决定于相对误差最大的近似值,即最后结果的有效数字位数要与各近似值中有效数字位数最少者相同。在实际计算中,先将各近似值修约至比有效数字位数最少者多保留一位有效数字,再将计算结果按上述规则处理。例如:

$0.006\ 76\times70.19\times6.502\ 73=0.006\ 76\times70.19\times6.502=3.085\ 097\ 568\ 8$

最后计算结果用3位有效数字表示为:3.09。

对于第一位数是8或9的近似值,在乘除计算中有效数字的位数可多计一位。例如:

0.983可视为4位有效数字,80.44可视为5位有效数字。

3)乘方和开方

近似值乘方和开方时,原近似值有几位有效数字,计算结果就可保留几位有效数字。例如:

$6.54^2=42.771\ 6$

保留 3 位有效数字则为 42.8。

$$\sqrt{7.39} = 2.718\ 455\ 444\cdots$$

保留 3 位有效数字则为 2.72。

4）对数和反对数

在近似值的对数计算中，所取对数的小数点的位数（不包括首数）应与真数的有效数字位数相同。例如：求[$H^+$]为 $7.98\times10^{-2}$ mol/L 溶液的 pH 值。

$$[H^+] = -\lg(7.98\times10^{-2})\ \text{mol/L}$$

$$pH = -\lg[H^+] = -\lg(7.98\times10^{-2}) = 1.098$$

求 pH=3.20 溶液的[$H^+$]。

$$pH = -\lg[H^+] = 3.20$$

$$[H^+] = 6.3\times10^{-4}\ \text{mol/L}$$

5）平均值

求 4 个或 4 个以上准确度接近的近似值的平均值时，其有效数字可增加一位。例如求下列近似值的平均值 $X$：3.77，3.70，3.79，3.80，3.72。

$$X = (3.77+3.70+3.79+3.80+3.72)/5 = 3.756$$

**（二）基本概念**

1. 相对偏差、平均偏差、相对平均偏差

绝对偏差（$d$）是测量值与均值（$\bar{x}$）之差，即：

$$d = x - \bar{x}$$

相对偏差是绝对偏差与均值之比（常以百分数表示）：

$$相对偏差 = \frac{d}{\bar{x}} \times 100\%$$

平均偏差（$\bar{d}$）是绝对偏差绝对值之和的平均值：

$$\bar{d} = \frac{1}{n}\sum_{i=1}^{n}|d_i|$$

$$= \frac{1}{n}(|d_1| + |d_2| + \cdots + |d_n|)$$

相对平均偏差是平均偏差与均值之比（常以百分数表示）：

$$相对平均偏差 = \frac{\bar{d}}{\bar{x}} \times 100\%$$

2. 标准偏差和相对标准偏差

(1)差方和，也称离差平方或平方和，是指绝对偏差的平方之和，以 $S$ 表示：

$$S = \sum_{i=1}^{n}(x_i - \bar{x})^2$$

(2)样本方差，用 $s^2$ 或 $V$ 表示：

$$s^2 = \frac{1}{n-1}\sum_{i=1}^{n}(x_i - \bar{x})^2$$

$$= \frac{1}{n-1}S$$

（3）样本标准偏差，用 $s$ 或 $s_D$ 表示：

$$s = \sqrt{\frac{1}{n-1} \sum_{i=1}^{n} (x_i - \bar{x})^2}$$

$$= \sqrt{\frac{1}{n-1} S}$$

$$= \sqrt{\frac{\sum_{i=1}^{n} x_i^2 - \frac{\left( \sum_{i=1}^{n} x_i \right)^2}{n}}{n-1}}$$

（4）样本相对标准偏差，又称变异系数，是样本标准偏差在样本均值中所占的百分数，记为 $C_v$：

$$C_v = \frac{s}{\bar{x}} \times 100\%$$

（5）总体方差和总体标准偏差，分别以 $\sigma^2$ 和 $\sigma$ 表示：

$$\sigma^2 = \frac{1}{N} \sum_{i=1}^{n} (x_i - \mu)^2$$

$$\sigma = \sqrt{\sigma^2}$$

$$= \sqrt{\frac{1}{N} \sum_{i=1}^{n} (x_i - \mu)^2}$$

$$= \sqrt{\frac{\sum_{i=1}^{n} x_i^2 - \frac{\left( \sum_{i=1}^{n} x_i \right)^2}{N}}{N}}$$

式中　$N$——总体容量；

$\mu$——总体均值。

（6）极差，一组测量值中最大值 $x_{\max}$ 与最小值 $x_{\min}$ 之差，表示误差的范围，以 $R$ 表示：

$$R = x_{\max} - x_{\min}$$

3. 总体、样本和平均数

1）总体和个体

研究对象的全体称为总体，其中一个单位叫个体。

2）样本和样本容量

总体中的一部分叫样本，样本中含有个体的数目叫此样本的容量，记作 $n$。

3）平均数

平均数代表一组变量的平均水平或集中趋势，样本观测中大多数测量值是靠近的。

（1）算术平均数，简称均数，是最常用的平均数，其定义为：

$$样本平均数 \bar{x} = \frac{\sum x_i}{n}$$

$$总体平均数 \mu = \frac{\sum x_i}{n} (n \to \infty)$$

（2）几何平均数,当变量成等比关系,常需用几何平均数,其定义为：

$$\bar{x}_g = (x_1 x_2 \cdots x_n)^{\frac{1}{n}}$$
$$= \lg^{-1}\left(\frac{\sum \lg x_i}{n}\right)$$

（3）中位数：将各数据按大小顺序排列,位于中间的数据即为中位数,若为偶数则取中间两数的平均值,适用于一组数据的少数呈"偏态"分散在某一侧,使平均数受个别极数的影响较大。

（4）众数：一组数据中出现次数最多的一个数据。

平均数表示集中趋势,当监测数据是正态分布时,其算术平均数、中位数和众数三者重合。

4. 正态分布

相同条件下对同一样品测定的随机误差,均遵从正态分布（图 2-1）。正态概率密度函数为：

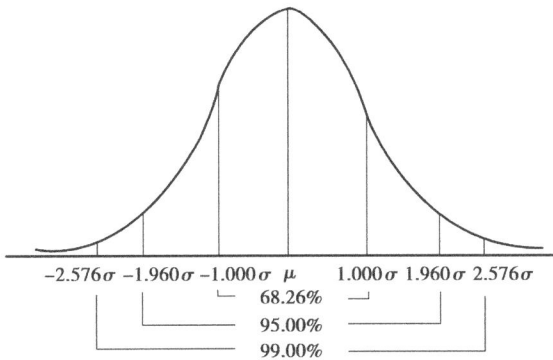

图 2-1 正态分布图

$$\varphi(x) = \frac{1}{\sigma\sqrt{2\pi}}\exp\left(-\frac{(x-\mu)^2}{2\sigma^2}\right)$$

式中 $x$——由此分布中抽出的随机样本值；

$\mu$——总体均值,是曲线最高点的横坐标,曲线对 $\mu$ 对称；

$\sigma$——总体标准偏差,反映了数据的离散程度。

从统计学知道,样本落在下列区间内的概率如表 2-2 所示。

表 2-2 正态分布总体的样本落在下列区间内的概率

| 区间 | 落在区间内的概率/% | 区间 | 落在区间内的概率/% |
| --- | --- | --- | --- |
| $\mu\pm1.000\sigma$ | 68.26 | $\mu\pm2.000\sigma$ | 95.44 |
| $\mu\pm1.645\sigma$ | 90.00 | $\mu\pm2.576\sigma$ | 99.00 |
| $\mu\pm1.960\sigma$ | 95.00 | $\mu\pm3.000\sigma$ | 99.732 97 |

正态分布曲线说明：

①小误差出现的概率大于大误差出现的概率,即误差出现的概率与误差的大小有关。

②大小相等、符号相反的正负误差数目近于相等,故曲线对称。

③出现大误差的概率很小。

④算术均值是可靠的。

**(三)可疑数据的取舍**

1. 离群数据和可疑数据

明显歪曲实验结果的测量数据,即与正常数据不是来自同一分布总体的数据,称为离群数据,包括离群值、离群均值和离群方差。

可能会歪曲实验结果,但尚未经过检验判定其是离群数据的测量数据称为可疑数据。

2. 离群数据的产生

一组正常的测量数据应来自具有一定分布的总体。但如果实验条件发生了明显的改变,或在实验过程中出现了过失误差,那么由此产生的测量数据就与正常数据不属于同一分布总体,即出现了离散程度较大的离群数据。

3. 离群数据的检验与剔除

剔除了测量数据中的离群数据,会使测量结果更符合客观实际,然而,正常数据总具有一定的分散性,如果为了能得到精密度好的结果而人为地删去一些误差较大并非离群的测量数据,则由此得到的精密度很高的测量结果并不符合客观实际。因此,可疑数据的取舍必须遵循一定的原则。测量中发现明显的系统误差和过失误差,由此产生的数据应随时剔除。而可疑数据的取舍应采用统计方法进行判别,即离群数据的统计检验。检验方法很多,现介绍常用的两种。

1)狄克逊检验法

此法适用于一组测量值的一致性检验和剔除离群值,本法中对最小可疑值、最大可疑值进行检验的公式因样本的容量 $n$ 不同而异,检验方法如下。

①将一组测量数据从小到大排列为 $x_1, x_2, \cdots, x_n$,其中 $x_1$ 和 $x_n$ 分别为最小和最大可疑值。

②按表 2-3 中的计算式求 $Q$ 值。

表 2-3　狄克逊检验条件 $Q$ 计算公式

| $n$ 值范围 | 可疑数据为最小值 $x_1$ 时 | 可疑数据为最大值 $x_n$ 时 | $n$ 值范围 | 可疑数据为最小值 $x_1$ 时 | 可疑数据为最大值 $x_n$ 时 |
|---|---|---|---|---|---|
| 3 ~ 7 | $Q = \dfrac{x_2 - x_1}{x_n - x_1}$ | $Q = \dfrac{x_n - x_{n-1}}{x_n - x_1}$ | 11 ~ 13 | $Q = \dfrac{x_3 - x_1}{x_{n-1} - x_1}$ | $Q = \dfrac{x_n - x_{n-2}}{x_n - x_2}$ |
| 8 ~ 10 | $Q = \dfrac{x_2 - x_1}{x_{n-1} - x_1}$ | $Q = \dfrac{x_n - x_{n-1}}{x_n - x_2}$ | 14 ~ 25 | $Q = \dfrac{x_3 - x_1}{x_{n-2} - x_1}$ | $Q = \dfrac{x_n - x_{n-2}}{x_n - x_3}$ |

③根据给定的显著性水平 $\alpha$ 和样本容量 $n$,从表 2-4 查得临界值 $Q_a$。

④若 $Q \leqslant Q_{0.05}$ 则可疑值为正常值;若 $Q_{0.05} \leqslant Q \leqslant Q_{0.01}$ 则可疑值为偏离值;若 $Q \geqslant Q_{0.01}$ 则可疑值为离群值。

表 2-4　狄克逊检验临界值

| $n$ | 显著性水平($\alpha$) | | $n$ | 显著性水平($\alpha$) | |
|---|---|---|---|---|---|
| | 0.05 | 0.01 | | 0.05 | 0.01 |
| 3 | 0.941 | 0.988 | 15 | 0.525 | 0.616 |
| 4 | 0.765 | 0.889 | 16 | 0.507 | 0.595 |
| 5 | 0.642 | 0.780 | 17 | 0.490 | 0.577 |
| 6 | 0.560 | 0.698 | 18 | 0.475 | 0.561 |
| 7 | 0.507 | 0.637 | 19 | 0.462 | 0.547 |
| 8 | 0.554 | 0.683 | 20 | 0.450 | 0.535 |
| 9 | 0.512 | 0.635 | 21 | 0.440 | 0.524 |
| 10 | 0.477 | 0.597 | 22 | 0.430 | 0.514 |
| 11 | 0.576 | 0.679 | 23 | 0.421 | 0.505 |
| 12 | 0.546 | 0.642 | 24 | 0.413 | 0.497 |
| 13 | 0.521 | 0.615 | 25 | 0.406 | 0.489 |
| 14 | 0.546 | 0.641 | … | … | … |

例 2-1：一组测定值按从小到大的顺序排列为 14.65,14.90,14.90,14.92,14.95,14.96, 15.00,15.00,15.01,15.02,试检验最小值 14.65 和最大值 15.02 是否为异常值？

解：检验最小值 $x_1 = 14.65$，当 $n = 10$，$x_2 = 14.90$，$x_{n-1} = 15.01$，得出

$$Q = \frac{x_2 - x_1}{x_{n-1} - x_1} = \frac{14.90 - 14.65}{15.01 - 14.65} = 0.694$$

查表 2-4，当 $n = 10$，$\alpha = 0.01$ 时，$Q_{0.01} = 0.597$，因 $Q > Q_{0.01}$，故判定最小值 14.65 为异常值，应予舍去。

检验最大值 $x_n = 15.02$，$x_{n-1} = 15.01$，$x_2 = 14.90$，$n = 10$，得出

$$Q = \frac{x_n - x_{n-1}}{x_n - x_2} = \frac{15.02 - 15.01}{15.02 - 14.90} = 0.0833$$

查表 2-4，当 $n = 10$，$\alpha = 0.05$ 时，$Q_{0.05} = 0.477$，因 $Q < Q_{0.05}$，故判定最大值 15.02 为正常值，应保留。

2）格拉布斯检验法

此法适用于检验多组测量值均值的一致性和剔除多组测量值中的离群值，也可以检验一组测量值的一致性和剔除一组测量值中的离群值。方法如下：

①有 $L$ 组测定值，每组 $n$ 个测定值的均值分别为 $\bar{x}_1, \bar{x}_2, \cdots, \bar{x}_i, \cdots, \bar{x}_L$，其中最大均值记为 $\bar{x}_{max}$，最小均值记为 $\bar{x}_{min}$。

②由 $n$ 个均值计算总均值 $\bar{\bar{x}}$ 和标准偏差 $S_{\bar{x}}$：

$$\bar{\bar{x}} = \frac{1}{L} \sum_{i=1}^{n} \bar{x}_i$$

$$S_{\bar{x}} = \sqrt{\frac{1}{L-1} \sum_{i=1}^{L} (\bar{x}_i - \bar{\bar{x}})^2}$$

③可疑均值为最大值 $\bar{x}_{max}$ 时,按下式计算统计量 $T$:

$$T = \frac{\bar{x}_{max} - \bar{\bar{x}}}{S_{\bar{x}}}$$

④可疑均值为最小值 $\bar{x}_{min}$ 时,按下式计算 $T$:

$$T = \frac{\bar{\bar{x}} - \bar{x}_{min}}{S_{\bar{x}}}$$

⑤根据测定值组数和给定的显著性水平 $\alpha$,从表 2-5 查得临界值 $T$。

⑥若 $T \leq T_{0.05}$,则可疑均值为正常均值;若 $T_{0.05} < T \leq T_{0.01}$,则可疑均值为偏离均值;若 $T > T_{0.01}$,则可疑均值为离群均值,应予以剔除,即剔除含有该均值的一组数据。

表 2-5 格拉布斯检验临界值 $T$ 表

| $n$ | 显著性水平 $\alpha$ | | | $n$ | 显著性水平 $\alpha$ | | |
|---|---|---|---|---|---|---|---|
| | 0.05 | 0.025 | 0.01 | | 0.05 | 0.025 | 0.01 |
| 3 | 1.153 | 1.155 | 1.155 | 15 | 2.409 | 1.549 | 2.705 |
| 4 | 1.453 | 1.481 | 1.492 | 16 | 2.443 | 2.585 | 2.747 |
| 5 | 1.672 | 1.715 | 1.749 | 17 | 2.475 | 2.620 | 2.785 |
| 6 | 1.822 | 1.887 | 1.944 | 18 | 2.504 | 2.651 | 2.821 |
| 7 | 1.938 | 2.020 | 2.097 | 19 | 2.532 | 2.681 | 2.854 |
| 8 | 2.032 | 2.126 | 2.221 | 20 | 2.557 | 2.709 | 2.884 |
| 9 | 2.110 | 2.215 | 2.323 | 21 | 2.580 | 2.733 | 2.912 |
| 10 | 2.176 | 2.290 | 2.410 | 22 | 2.603 | 2.758 | 2.939 |
| 11 | 2.234 | 2.355 | 2.485 | 23 | 2.624 | 2.781 | 2.963 |
| 12 | 2.285 | 2.412 | 2.550 | 24 | 2.644 | 2.802 | 2.987 |
| 13 | 2.331 | 2.462 | 2.607 | 25 | 2.663 | 2.822 | 3.009 |
| 14 | 2.371 | 2.507 | 2.659 | | ... | | |

例 2-2:各实验室分析同一样品,各实验室 5 次测定的平均值按大小排列为 4.41,4.49,4.50,4.51,4.64,4.75,4.81,4.95,5.01,5.39。检验最大值 5.39 是否为离群均值。

解:

$$\bar{\bar{x}} = \frac{1}{10} \sum_{i=1}^{n} \bar{x}_i = 4.746$$

$$S_{\bar{x}} = \sqrt{\frac{1}{10-1} \sum_{i=1}^{n} (\bar{x}_i - \bar{\bar{x}})^2} = 0.305$$

则统计量

$$T = \frac{\overline{x}_{\max} - \overline{\overline{x}}}{S_{\overline{x}}} = \frac{5.39 - 4.746}{0.305} = 2.11$$

当 $L=10$，给定显著性水平 $\alpha = 0.05$ 时，查表 2-5 得临界值 $T_{0.05} = 2.176$。

因 $T < T_{0.05}$，故 5.39 为正常均值，即均值为 5.39 的一组测定值为正常数据。

**(四)监测结果的表述与统计检验**

对一试样某一指标的测定，监测结果的数值表达方式一般有以下几种。

**1. 算术平均值 $\overline{x}$ 代表集中趋势**

在克服系统误差之后，当测定次数足够多($n \to \infty$)时，其总体均值与真实值很接近。通常测定次数总是有限的，有限测定值的平均值只能近似真实值，算术平均值是代表集中趋势表达监测结果最常用的形式。

**2. 用算术平均值和标准偏差表示测定结果的精密度($\overline{x} \pm s$)**

算术平均值代表集中趋势，标准偏差表示离散程度。算术平均值代表性的大小与标准偏差的大小有关，即标准偏差大，算术平均值代表性小，反之亦然。

**3. 用 $\overline{x} \pm s$，$C_v$ 表示结果**

标准偏差大小还与所测平均数水平或测量单位有关。不同水平或单位的测定结果之间，其标准偏差是无法进行比较的，而变异系数是相对值，故可以在一定范围内用来比较不同水平或单位测定结果之间的变异程度。

**4. 几何平均值 $x_g$**

若一组数据呈偏态分布，此时可用几何平均值来表示该组数据，即

$$x_g = \sqrt[n]{x_1 \cdot x_2 \cdot x_3 \cdots x_n} = (x_1 \cdot x_2 \cdot x_3 \cdots x_n)^{\frac{1}{n}}$$

**5. 平均值的置信区间(置信界限)**

由统计学可以推导出有限次测定的平均值与总体平均值 $\mu$ 的关系为：

$$\mu = \overline{x} \pm t \frac{s}{\sqrt{n}}$$

式中　$s$——标准偏差；

　　　$n$——测定次数；

　　　$t$——在选定的某一置信度下的概率系数。

在选定的置信水平下，可以期望真值在以测定平均值为中心的某一范围出现。这个范围叫平均值的置信区间(置信界限)，它说明了平均值和真实值之间的关系及平均值的可靠性。平均值不是真实值，但可以使真实值落在一定的区间内，并在一定范围内可靠。

各种置信水平和自由度下的 $t$ 值列于表 2-6 中。当自由度 $f(f=n-1)$ 逐渐增大时，$t$ 值随之减小。

表 2-6　$t$ 值

| 自由度 $f$ | $P$(双侧概率) | | | | |
| --- | --- | --- | --- | --- | --- |
| | 0.200 | 0.100 | 0.050 | 0.020 | 0.010 |
| 1 | 3.078 | 6.312 | 12.706 | 31.82 | 63.66 |
| 2 | 1.89 | 2.92 | 4.30 | 6.96 | 9.92 |

续表

| 自由度 $f$ | $P$（双侧概率） | | | | |
|---|---|---|---|---|---|
| | 0.200 | 0.100 | 0.050 | 0.020 | 0.010 |
| 3 | 1.64 | 2.35 | 3.18 | 4.54 | 5.84 |
| 4 | 1.53 | 2.13 | 2.78 | 3.75 | 4.60 |
| 5 | 1.84 | 2.02 | 2.57 | 3.37 | 4.03 |
| 6 | 1.44 | 1.94 | 2.45 | 3.14 | 3.71 |
| 7 | 1.41 | 1.89 | 2.37 | 3.00 | 3.50 |
| 8 | 1.40 | 1.86 | 2.31 | 2.90 | 3.36 |
| 9 | 1.38 | 1.83 | 2.26 | 2.82 | 3.25 |
| 10 | 1.37 | 1.81 | 2.23 | 2.76 | 3.17 |
| 11 | 1.36 | 1.80 | 2.20 | 2.72 | 3.11 |
| 12 | 1.36 | 1.78 | 2.18 | 2.68 | 3.05 |
| 13 | 1.35 | 1.77 | 2.16 | 2.65 | 3.01 |
| 14 | 1.35 | 1.76 | 2.14 | 2.62 | 2.98 |
| 15 | 1.34 | 1.75 | 2.13 | 2.60 | 2.95 |
| 16 | 1.34 | 1.75 | 2.12 | 2.58 | 2.92 |
| 17 | 1.33 | 1.74 | 2.11 | 2.57 | 2.90 |
| 18 | 1.33 | 1.73 | 2.10 | 2.55 | 2.88 |
| 19 | 1.33 | 1.73 | 2.09 | 2.54 | 2.86 |
| 20 | 1.33 | 1.72 | 2.09 | 2.53 | 2.85 |
| 21 | 1.32 | 1.72 | 2.08 | 2.52 | 2.83 |
| 22 | 1.32 | 1.72 | 2.07 | 2.51 | 2.82 |
| 23 | 1.32 | 1.71 | 2.07 | 2.50 | 2.81 |
| 24 | 1.32 | 1.71 | 2.06 | 2.49 | 2.80 |
| 25 | 1.32 | 1.71 | 2.06 | 2.49 | 2.79 |
| 26 | 1.31 | 1.71 | 2.06 | 2.48 | 2.78 |
| 27 | 1.31 | 1.70 | 2.05 | 2.47 | 2.77 |
| 28 | 1.31 | 1.70 | 2.05 | 2.47 | 2.76 |
| 29 | 1.31 | 1.70 | 2.05 | 2.46 | 2.76 |
| 30 | 1.31 | 1.70 | 2.04 | 2.46 | 2.75 |
| 40 | 1.30 | 1.68 | 2.02 | 2.42 | 2.70 |

续表

| 自由度 $f$ | $P$（双侧概率） | | | | |
|---|---|---|---|---|---|
| | 0.200 | 0.100 | 0.050 | 0.020 | 0.010 |
| 60 | 1.30 | 1.67 | 2.00 | 2.39 | 2.66 |
| 120 | 1.29 | 1.66 | 1.98 | 2.36 | 2.62 |
| $\infty$ | 1.28 | 1.64 | 1.96 | 2.33 | 2.58 |
| 自由度 $f$ | 0.100 | 0.050 | 0.025 | 0.010 | 0.005 |
| | $P$（单侧概率） | | | | |

平均值的置信界限取决于标准偏差 $s$、测定次数 $n$ 以及置信度。测定的精密度越高（$s$ 越小），次数越多（$n$ 越大），则置信界限 $\pm\dfrac{ts}{\sqrt{n}}$ 越小，即平均值越准确。置信水平不是一个单纯的数学问题，置信度过大反而无实用价值。通常采用 90% ~ 95% 置信度（0.10 ~ 0.05）。

**（五）直线回归和相关分析**

在水环境监测分析中，常常需要作工作曲线（或作标准曲线），例如，比色分析和原子吸收分光光度法中作吸光度与浓度关系的工作曲线。这些工作曲线通常都是一条直线。一般的做法是把实验点描在坐标纸上，横坐标表示被测物质的浓度，纵坐标表示测量仪表的读数（如吸光度），然后根据坐标纸上的这些实验点的走向，用直尺画出一条直线，即工作曲线，作为定量分析的依据。

但是，在实际工作中，实验点全部落在一条直线上的情况是少见的。当实验点比较分散时，凭直观感觉作图往往会带来主观误差，此时需借助回归处理，求出工作曲线方程。研究变量间关系的统计方法称为回归分析和相关分析，前者主要是找出用于描述变量间关系的定量表达式，以便应用这种关系从一些变量所取的值去估测另一变量所取的值；后者则用于度量变量间关系密切程度，即当自变量变化时，因变量大体上按照某种规律变化。

1. 直线回归方程

在简单的线性回归中，设 $x$ 为已知的自变量（如标准溶液中待测物质的含量），$y$ 为实验中测得的因变量（如吸光度），两者的关系为

$$b = \overline{y} - a\overline{x}$$

式中　$b$——截距；

　　　$a$——斜率（或称 $y$ 对 $x$ 的回归系数）；

　　　$\overline{x}$ 和 $\overline{y}$——变量 $x$ 和 $y$ 的算术平均值。

根据最小二乘法原理，可求得 $a$ 为

$$a = \frac{\sum\limits_{i=1}^{n}(x_i - \overline{x})(y_i - \overline{y})}{\sum\limits_{i=1}^{n}(x_i - \overline{x})^2}$$

式中　$n$——测定次数。

求得 $a$、$b$ 后即可获得最佳直线方程的工作曲线。

2. 相关系数

采用回归处理是为了正确地绘制工作曲线,但在实际工作中,仅有此要求还是不够的,有时还需探索变量 $x$ 与 $y$ 之间有无线性关系以及线性关系的密切程度如何。

相关系数 $r$ 是用来表示两个变量 $y$ 及 $x$ 之间有无固有的数学关系以及这种关系的密切程度如何的参数,其值在-1 与+1 之间。相关系数可由下式求得,即

$$r = \frac{\sum_{i=1}^{n} (x_i - \overline{x})(y_i - \overline{y})}{\sqrt{\sum_{i=1}^{n} (x_i - \overline{x})^2 \sum_{i=1}^{n} (y_i - \overline{y})^2}}$$

$x$ 与 $y$ 的相关关系有如下几种情况:

(1)若 $x$ 增大,$y$ 也相应增大,则称 $x$ 与 $y$ 成正相关。此时 $0<r<1$,若 $r=1$,则称为完全正相关。监测分析中希望 $r$ 值越接近 1 越好。

(2)若 $x$ 增大,$y$ 相应减小,则称 $x$ 与 $y$ 成负相关。此时 $-1<r<0$,若 $r=-1$,则称为完全负相关。

(3)若 $y$ 与 $x$ 的变化无关,则称 $x$ 与 $y$ 不相关,此时 $r=0$。

对于环境监测工作中的标准曲线,应力求相关系数 $|r| \geqslant 0.999$,否则,应找出原因,加以纠正,并重新进行测定和绘制。

**练习题**

1. 监测误差产生的原因有哪些?怎样减小误差?

2. 滴定管的一次读数误差是 0.01 mL,如果滴定时用去标准溶液 2.50 mL,则相对误差为多少?如果滴定时用去标准溶液 25.10 mL,相对误差又为多少?分析两次测定的相对误差,能够说明什么问题?

3. 计算 12.305+1.258+0.520×0.258-10.5。

4. 将 14.650,14.250 0,143 426,14.263 1,14.250 1 修约为 3 位有效数字各是多少?

5. 用分光光度法测定水中氨氮标准系溶液,测定结果见表 2-7。

表 2-7 测定结果

| 序号 | 1 | 2 | 3 | 4 | 5 | 6 | 7 | 8 | 9 |
|------|------|------|------|------|------|------|------|------|------|
| $NH_4^+-N/\mu g$ | 0.000 | 0.200 | 0.500 | 1.00 | 2.00 | 3.00 | 4.00 | 5.00 | 6.00 |
| 吸光度 $A$ | 0.002 | 0.010 | 0.030 | 0.065 | 0.130 | 0.202 | 0.284 | 0.355 | 0.412 |

取 10 mL 水样,在相同条件下测得吸光度为 0.064,用回归直线方程法计算水样中氨氮的含量并用相关系数检验其相关性。

## 任务三 实验室质量保证

水环境监测的质量保证,从大的方面可分为采样系统和测定系统两部分。实验室质量控制是测定系统中的重要部分,目的在于把监测分析的误差控制在允许的限度内,使分析数据合理、可靠,保证测量结果有一定的精密度和准确度。实验室质量控制方法很多,通常分为实验室内质量控制和实验室间质量控制。实验室质量控制必须建立在完善的实验室基础工作之上,以下讨论的前提是假定实验室的各种条件和分析人员是符合一定要求的。

### 一、基本概念

#### (一)准确度

准确度是用一个特定的分析程序所获得的分析结果(单次测定值和重复测定值的均值)与假定的或公认的真值之间符合程度的度量。它是反映分析方法或测量系统存在的系统误差和随机误差的综合指标,并决定其分析结果的可靠性。准确度用绝对误差和相对误差表示。

评价准确度的方法有两种:第一种是用某一方法分析标准物质,根据其结果确定准确度;第二种是"加标回收"法,即在样品中加入标准物质,测定其回收率,以确定准确度,多次进行回收率试验还可发现方法的系统误差,这是目前常用且方便的方法。

1.加标回收率试验

在样品中加入一定量的标准物质,同时测定加标样品,并按下式计算回收率 $P$,以确定监测方法的准确度:

$$P = \frac{A - B}{D} \times 100\%$$

式中　$A$——加标样品测定值;

　　　$B$——样品测定值;

　　　$D$——加标量。

回收率试验简单易行,能综合反映多种因素引起的误差,因此常用来判断某方法是否适合于特定样品的测定。在进行加标回收率试验时,应注意以下问题。

1)加标量的用量确定

加标量的多少应考虑样品中待测物质的浓度和加入标准物质的浓度对回收率的影响。通常以标准物质的加入量与待测物质浓度水平相等或接近为宜。待测物质浓度较高时,加标后的总浓度不能超过该方法线性范围上限的90%,如小于检测限,则可按测定下限量加入标准物质。但应注意,在任何条件下,加标量不得大于样品中待测物含量的3倍,否则会影响加标回收率的准确性和真实性。

2)加标量的干扰

样品中某些干扰物对待测物质产生的正干扰或负干扰,有时会相互叠加或抵消,采用回收率试验方法不易发现,其回收率也不能得到满意结果。

3)标准物质与样品中待测物质的形态

加入的标准物质与样品中待测物质的形态应尽可能一致。即便如此,由于基体效应的存在,用加标回收率评价准确度并非完全可靠。所谓基体效应,就是因基体组成不同,使物理、化学性质差异给实际测定带来的误差。

2. 对照试验——$t$ 检验法

对照试验就是用标准物质进行对比试验,或与标准方法进行比较。前者在进行环境样品测定的同时,对标准物质进行测定,将标准物质的测定结果与标准物质的给定值进行比较检验,确定检测方法的准确度。后者用标准方法对同一环境样品进行测定,检验两种方法的测定结果,判断检测方法的准确度。通过对照试验还可判断操作的准确度。对照试验结果的比较,通常采用 $t$ 检验法,也称显著性检验。

**(二)精密度**

精密度是指用同一方法重复分析一个样品所得测定值之间的接近程度,它反映分析方法或测量系统所存在随机误差的大小。极差、平均偏差、相对平均偏差、标准偏差和相对标准偏差都可用来表示精密度大小,较常用的是标准偏差。

在讨论精密度时,常要遇到如下一些术语。

1. 平行性

平行性是指在同一实验室中,当分析人员、分析设备和分析时间都相同时,用同一分析方法对同一样品进行双份或多份平行样测定时结果之间的符合程度。

2. 重复性

重复性是指在同一实验室内,当分析人员、分析设备和分析时间 3 个因素中至少有一项不同时,用同一分析方法对同一样品测定两次或两次以上时其结果之间的符合程度。

3. 再现性

再现性是指在不同实验室(分析人员、分析设备甚至分析时间都不相同),用同一分析方法对同一样品进行多次测定时结果之间的符合程度。

平行性和重复性反映了实验室内部精密度;再现性反映的是实验室间的精密度,通常用分析标准样品的方法来确定。精密度的评价常用 $F$ 检验法,用于比较不同条件下(不同地点、不同时间、不同分析方法、不同分析人员等)测量的两组数据是否具有相同的精密度。

**(三)灵敏度**

分析方法的灵敏度是指该方法对单位浓度或单位量的待测物质的变化所引起的响应量变化的程度,它可以用仪器的响应量或其他指示量与对应的待测物质的浓度或量之比来描述,因此常用标准曲线的斜率来度量灵敏度。灵敏度因实验条件而变。标准曲线的直线部分以下式表示:

$$A = kc + a$$

式中　$A$——仪器的响应量;

　　　$c$——待测物质的浓度;

　　　$a$——校准曲线的截距;

　　　$k$——方法的灵敏度,$k$ 值大,说明方法灵敏度高。

在原子吸收分光光度法中,国际纯粹与应用化学联合会(IUPAC)建议将以浓度表示的"1% 吸收灵敏度"称为特征浓度,而将以绝对量表示的"1% 吸收灵敏度"称为特征量。特征浓度或特征量越小,方法的灵敏度越高。

### （四）空白试验

空白试验又称空白测定，一般是指用纯水代替样品进行的测定。其所加试剂和操作步骤与样品试验测定完全相同。空白试验应与样品测定同时进行，样品分析时仪器的响应值（如吸光度、峰高等）不仅是样品中待测物质的分析响应值，还包括所有其他因素，如试剂中杂质、环境及操作进程的污染等的响应值。这些因素是经常变化的，为了了解它们对样品测定的综合影响，在每次测定时，均应做空白试验，空白试验所得的响应值称为空白试验值。

该试验对试验用水有一定的要求，即其中待测物质浓度应低于方法的检测限。

当空白试验值偏高时，应全面检查空白试验用水或量器和容器是否被污染、仪器的性能以及环境状况等。

### （五）校准曲线

校准曲线是用于描述待测物质的浓度或含量与相应的测量仪器的响应值或其他指示值之间的定量关系的曲线。校准曲线包括工作曲线（绘制校准曲线的标准溶液的分析步骤与样品分析步骤完全相同）和标准曲线（绘制校准曲线的标准溶液的分析步骤与样品分析步骤相比有所省略，如省略样品的前处理等）。

监测中常用校准曲线的直线部分。某一方法的校准曲线的直线部分所对应的待测物质浓度或含量的变化范围，称为该方法的线性范围。

校准曲线的绘制步骤如下：

①配制在测量范围内的一系列已知浓度的标准溶液，通常需要 7～9 个浓度水平，不得少于 5 个浓度水平。

②按照与样品测定相同（工作曲线）或相近（标准曲线）的步骤测定各浓度水平的标准溶液的响应值。

③绘制以标准溶液浓度为横坐标、测定响应量为纵坐标的关系曲线。

④用最小二乘法的原理统计确定直线回归方程，并检验直线回归方程的相关系数以保证其直线相关性。当相关系数达到 0.999 以上时，可用内插法计算测量结果。

### （六）测定限

测定限分为测定下限和测定上限。测定下限是指在测定误差能满足预定要求的前提下，用特定方法能够准确地定量测定待测物质的最小浓度或量；测定上限是指在限定误差能满足预定要求的前提下，用特定方法能够准确地定量测定待测物质的最大浓度或量。

最佳测定范围也称有效测定范围，指在限定误差能满足预定要求的前提下，特定方法的测定下限至测定上限之间的浓度范围。

方法运用范围是指某一特定方法检测下限至检测上限之间的浓度范围。显然，最佳测定范围应小于方法运用范围。

### 二、实验室内部质量控制

实验室内部质量控制是实验室自我控制质量的常规程序，它能反映分析质量稳定性状况，能及时发现分析中的随机误差和新出现的系统误差，随时采取相应的校正措施，执行者为实验室自身的工作人员，不涉及实验室外的其他人。

### （一）质量控制图的应用

内部质量控制是实验室分析人员对分析质量进行自我控制的过程。对经常性的分析项目常用质量控制图来控制质量。

质量控制图的基本原理:每一个方法都存在着变异,都受到时间和空间的影响,即使在理想的条件下获得的一组分析结果,也会存在一定的随机误差。但当某一个结果超出了随机误差的允许范围时,运用数理统计的方法可以判断这个结果是异常的、不可信的。质量控制图可以起到这种监测作用。因此,实验室内质量控制图是为了监测常规分析过程中可能出现的误差,控制分析数据在一定的精密度范围内,保证常规分析数据质量的有效方法。

质量控制图一般采用直角坐标系,横坐标代表抽样次数或样品序号,纵坐标代表作为质量控制指标的统计值。质量控制图的基本组成如图 2-2 所示。

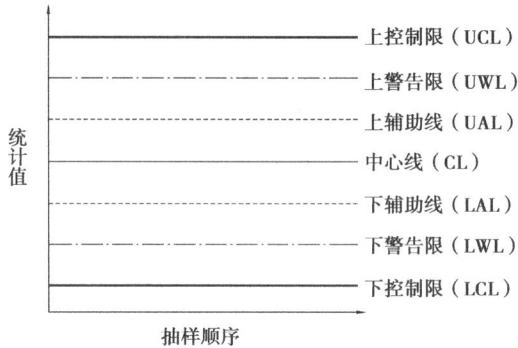

图 2-2    质量控制图的基本组成

预期值——图中的中心线;

目标值——图中上、下警告限之间区域;

实测值的可接受范围——图中上、下控制限之间区域;

辅助线——在中心线两侧与上、下警告限之间各一半处。

质量控制图的类型有很多种,如均值控制图($\bar{x}$ 图)、均值-极差控制图($\bar{x}$-R 图)、移动均值-差值控制图、多样控制图、累积和控制图等。但目前最常用的是均值控制图和均值-极差值控制图。下面主要就均值控制图和均值-极差控制图的绘制及使用进行介绍。

1. 均值控制图($\bar{x}$ 图)

为编制质量控制图,需要准备一份质量控制样品。控制样品的浓度和组成尽量与环境样品相近,并且性质稳定且均匀。编制时,要求在一定期间内,分批地用与分析环境样品相同的分析方法分析此控制样品 20 次以上(不可将 20 个重复实验同时进行,或一天分析 2 次或 2 次以上),其分析数据符合正常的统计分布,然后按下式计算总体均值 $\bar{\bar{x}}$、标准偏差等统计值,以此绘制均值控制图(图 2-3)。

$$\bar{x} = \frac{x_i + x_i'}{2} \qquad \bar{\bar{x}} = \frac{\sum\limits_{i=1}^{n} \bar{x}_i}{n} \qquad s = \sqrt{\frac{\sum\limits_{i=1}^{n} x_i^2 - \dfrac{\left(\sum\limits_{i=1}^{n} x_i\right)^2}{n}}{n-1}}$$

以测定顺序为横坐标、相应的测定值为纵坐标作图,同时作有关控制线。

中心线——以总体均数 $\bar{\bar{x}}$ 估计真值 $\mu$;

上、下警告限——按 $\bar{\bar{x}} \pm 2s$ 值绘制;

上、下控制限——按 $\bar{\bar{x}} \pm 3s$ 值绘制;

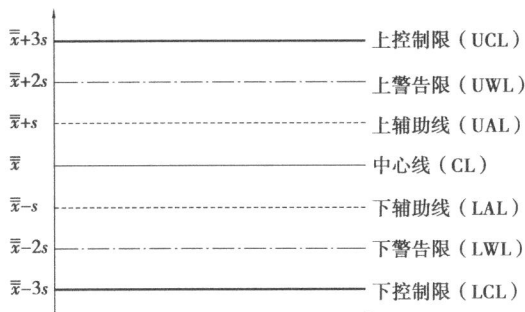

图 2-3 均值控制图

上、下辅助线——按 $\bar{\bar{x}} \pm s$ 值绘制。

在绘制控制图时,落在 $\bar{\bar{x}} \pm s$ 范围内的点数应约占总点数的 68%。若是小于 50%,则分布不合适,此图不可靠。若连续 7 点位于中心线同一侧,则表示数据失控,此图不适用。

均值控制图绘好后,应标明绘制控制图的有关内容和条件,如测定项目、分析方法、溶液控制、温度、操作人员和绘制日期等。

均值控制图主要用来检验常规监测分析数据是否处于控制状态。在常规监测分析中,根据日常工作中该项目的分析频率和分析人员的技术水平,每间隔适当时间,取两份平行的控制样品与环境样品同时测定。对操作技术较低和测定频率低的项目,每次都应同时测定控制样品,将控制样品的测定结果依次点在控制图上,然后根据下列规则检验分析测定过程是否处于控制状态。

①若此点在上、下警告限之间区域,则测定过程处于控制状态,环境样品分析结果有效。

②如果此点超出上述区域,但仍处于上、下控制限之间的区域,则表明分析质量开始变差,可能存在"失控"倾向,应进行初步检查,并采取相应的校正措施,此时环境样品的结果仍然有效。

③若此点落在上、下控制限以外,则表示测定过程已经失控,应立即查明原因并予以纠正,该批环境样品的分析结果无效,必须待方法校正后重新测定。

④若遇有 7 个点连续下降或上升,则表示测定过程有失控倾向,应立即查明原因,予以纠正。

⑤即使测定过程处于控制状态,尚可根据相邻几点的分布趋势来推测分析质量可能发生的问题。

当控制样品测定次数累积更多之后,应利用这些结果和原始结果一起重新计算总体均值、标准偏差,再校正原来的控制图。

2. 均值-极差控制图($\bar{x}$-$R$ 图)

有时,分析平行样品的平均值 $\bar{x}$ 与总均值很接近,但极差较大,属于质量较差的控制图。而采用均值-极差控制图就能同时考察均值和极差的变化情况。在使用均值-极差控制图时,只要两者中有一个超出控制限(不包括 $R$ 图部分的下控制限),即认为是"失控",故其灵敏度较单纯的均值图或极差图高。

均值-极差控制图包括以下内容。

(1)均值控制部分:

中心线——$\bar{\bar{x}}$;

上、下控制限——$\bar{\bar{x}} \pm A_2 \bar{R}$；

上、下警告限——$\bar{\bar{x}} \pm \dfrac{2}{3} A_2 \bar{R}$；

上、下辅助线——$\bar{\bar{x}} \pm \dfrac{1}{3} A_2 \bar{R}$。

（2）极差控制图部分：

上控制限——$D_4 \bar{R}$；

上警告限——$\bar{R} + \dfrac{2}{3}(D_4 \bar{R} - \bar{R})$；

上辅助线——$\bar{R} + \dfrac{1}{3}(D_4 \bar{R} - \bar{R})$；

下控制限——$D_3 \bar{R}$。

系数 $A_2$、$D_3$、$D_4$ 可从表 2-8 查出，均值-极差控制图的绘制方法与均值控制图绘制方法相似。

表 2-8　均值-极差控制图系数（每次测 $n$ 个平行样品）

| 系数 | 2 | 3 | 4 | 5 | 6 | 7 | 8 |
|---|---|---|---|---|---|---|---|
| $A_2$ | 1.88 | 1.02 | 0.73 | 0.58 | 0.48 | 0.42 | 0.37 |
| $D_3$ | 0 | 0 | 0 | 0 | 0 | 0.076 | 0.136 |
| $D_4$ | 3.27 | 2.58 | 2.28 | 2.12 | 2.00 | 1.92 | 1.86 |

因为极差越小越好，故极差控制图部分没有下警告限，但仍有下控制限。在使用过程中，如 $R$ 值稳定下降，甚至 $R \approx D_3 \bar{R}$（即接近下控制限），则表明测定精密度已有提高，原质量控制图失效，应根据新的测定值重新计算 $\bar{x}$、$\bar{R}$ 和各相应统计量，改绘新的 $\bar{x}\text{-}R$ 图。

**（二）其他质量控制方法**

用加标回收率来判断分析的准确度，由于方法简单、结果明确，故而是常用方法。但由于在分析过程中对样品和加标样品的操作完全相同，以致干扰的影响、操作损失或环境污染也很相似，使误差抵消，因而分析方法中某些问题尚难以发现，此时可采用以下方法。

1. 比较实验

对同一样品采用不同的分析方法进行测定，比较结果的符合程度来估计测定准确度。对于难度较大而不易掌握的方法或测定结果有争议的样品，常采用此法。必要时还可以进一步交换操作者、交换仪器设备或两者都交换。将所得结果加以比较，以检查操作稳定性和发现问题。

2. 对照分析

在进行环境样品分析的同时，对标准物质或权威部门制备的合成标准样品进行平行分析，将后者的测定结果与已知浓度进行比较，以控制分析准确度。也可以由他人（上级或权威部门）配制（或选用）标准样品，但不告诉操作人员浓度值——密码样品，然后由上级或权威部门对结果进行检查，这也是考核人员的一种方法。

### 三、实验室间质量控制

实验室间质量控制的目的是检查各实验室是否存在系统误差,找出误差来源,提高监测水平,这一工作通常由某一系统的中心实验室、上级机关或权威单位负责。

**练习题**

1. 什么是准确度? 什么是精密度? 它们在实验室质量控制中有何作用?

2. 简述灵敏度、检测限和测定限的区别。

3. 简述监测质量控制图在空气监测工作中的作用。

4. 用某浓度为 42 mg/L 的质量控制水样,每天分析一次平行样品,共获得 20 个数据(吸光度 $A$),依次为 0.301,0.303,0.304,0.300,0.305,0.300,0.300,0.312,0.308,0.304,0.305,0.313,0.308,0.309,0.313,0.306,0.312,0.309,0.310,0.305。试作控制图,并说明在进行质量控制时如何使用此图。

5. 浓度为 0.05 mg/L 的铅标准液,每天分析平行样一次,连续 20 次,数值如下。

| 序号 | 吸光度 $A$ | | $\bar{x}$ | $R$ | 序号 | 吸光度 $A$ | | $\bar{x}$ | $R$ |
|---|---|---|---|---|---|---|---|---|---|
| | 平行样品 1# | 平行样品 2# | | | | 平行样品 1# | 平行样品 2# | | |
| 1 | 0.117 | 0.120 | | | 11 | 0.120 | 0.120 | | |
| 2 | 0.118 | 0.112 | | | 12 | 0.126 | 0.124 | | |
| 3 | 0.117 | 0.116 | | | 13 | 0.123 | 0.127 | | |
| 4 | 0.122 | 0.127 | | | 14 | 0.120 | 0.118 | | |
| 5 | 0.125 | 0.123 | | | 15 | 0.128 | 0.113 | | |
| 6 | 0.126 | 0.114 | | | 16 | 0.122 | 0.130 | | |
| 7 | 0.120 | 0.125 | | | 17 | 0.120 | 0.122 | | |
| 8 | 0.120 | 0.124 | | | 18 | 0.123 | 0.123 | | |
| 9 | 0.125 | 0.118 | | | 19 | 0.122 | 0.127 | | |
| 10 | 0.112 | 0.120 | | | 20 | 0.126 | 0.128 | | |

# 模块三
# 水环境调查及监测方案制订

## 任务一 地表水监测方案的制订

地表水是指地球表面的江、河、湖、海、运河、渠道和水库水。为了掌握水环境质量状况和水系中污染物浓度的动态变化及其变化规律，需要选择全流域或部分流域中有代表性的采样点进行水质监测。目前世界上许多国家对地表水的水质特性指标采样、测定等过程均有具体的规范化要求，这样可保证监测数据的代表性、完整性、可比性和有效性。我国于 2022 年颁布了《地表水环境质量监测技术规范》(HJ 91.2—2022)，本标准规定了地表水环境质量监测的布点与采样、监测项目与分析方法、监测数据处理、质量保证与质量控制、原始记录等内容；本标准适用于江河、湖泊、水库和渠道等地表水的水环境质量手工监测。在制订地表水监测方案时必须执行这一规范，并且要充分考虑监测对象的具体情况。

| 采样点的布设 | 地表水监测方案的制订 | 地表水环境质量监测技术规范 |
|---|---|---|

水质监测时，我们不可能也没必要对全部水体进行测定，只能取水体中的很少一部分进行分析，这种用来反映水体水质状况的水就是水样。将水样从水体中分离出来的过程就是采样，采集的水样必须具有代表性，否则之后的任何操作都是徒劳的。为了正确反映水体的水质状况，必须控制以下几个步骤：采样前的现场调查研究和资料收集、采样断面和采样点的设置、采样频率的确定、水样容器的洗涤、采样设备和采样方法、水样的保存方法、水样的运输和管理等。

采样地点的选择和监测网点的建立称为布点。只有合理地布点，并根据实际需要按一定的时间间隔准确而及时地采样，迅速送往实验室分析测定（对于易发生变化的项目，在实验室又不能及时测定的情况下，采取一定的保护措施，以防止污染物的存在状态和含量发生变化），利用实验室正确的分析结果，才能如实地反映水质情况。

为了顺利地达到上述目的，在监测之前，必须根据具体情况制订监测方案，并按方案的内容有条不紊地实施,才能保证合格地完成任务。

## 一、基础资料的收集

样品的代表性首先取决于采样断面和采样点的代表性。为了合理地确定采样断面和采样点,必须做好调查研究和资料收集工作。收集的主要资料如下所述。

(1)相关的环境保护方面的法律、法规、标准和规范。

(2)目标水体的水文、气候、地质和地貌等自然背景资料,如水位、水量、流速及其流向的变化、支流、污染情况等;年平均降雨量、蒸发量及其历史上的水情;河流的宽度和深度、河床结构及其地质状况;湖泊沉积物的特性、间温层分布、等深线等。

(3)水体沿岸城市分布、人口分布、工业分布、污染源及排污情况等。

(4)水体沿岸的资源情况和水资源的用途,饮用水水源地分布和重点水源保护区,水体流域土地功能及近期使用计划等。

(5)历年水资源资料,如目标水体的丰水期、枯水期、平水期等情况。

(6)地面径流污水、雨污水分流情况,以及农田灌溉排水、农药和化肥等使用情况等。

(7)深入现场调查,了解以往进行水质监测时所设置的监测断面或采样点是否需要进行增减或调整。

(8)现场调查工作还要进行针对目标水体对其周围居民的健康影响的公众调查。如调查沿岸居民有没有因饮用该水、食用该水生生物或食用所灌溉的作物而影响健康的情况。

(9)目标水体作为当地的饮用水水源时,应开展一定数量的公众调查,必要时还要进行流行病学的调查,并与历史数据和文献资料信息进行综合分析。例如,周围居民怀疑有慢性汞中毒可能时,可做头发中汞、尿汞或血汞的化验检查,并与正常值进行比较。

## 二、监测断面和采样点的布设

监测断面是指为测量或采集水质样品,设置在江河或渠道上垂直于水流方向上的整个剖面。监测断面包括背景断面、对照断面、控制断面和消减断面等。

### (一)监测断面的布设

1.监测断面的布设原则

监测断面在总体和宏观上须能反映目标水体水环境质量状况。各断面的具体位置须能反映所在区域环境的污染特征,尽可能以最少的断面获取足够的有代表性的环境信息,同时还须考虑实际采样时的可行性和方便性。

(1)监测断面的布设在宏观上能反映流域(水系)或所在区域的水环境质量状况和污染特征。

(2)监测断面的布设应避开死水区、回水区、排污口处,尽量设置在顺直河段上,选择河床稳定、水流平稳、水面宽阔、无急流或浅滩且方便采样处。

(3)监测断面的布设应考虑采样活动的可行性和方便性,尽量利用现有的桥梁和其他人工构筑物。

(4)监测断面的布设应考虑社会经济发展、监测工作的实际状况和需要,要具有相对的长远性。

(5)监测断面力求与水文测流断面一致,以便利用其水文参数,实现水质监测与水量监测的结合。

（6）监测断面的设置数量，应考虑人类活动的影响，通过优化以最少的监测断面、垂线和监测点位获取具有充分代表性的监测数据，有助于了解污染物时空分布和变化规律。

（7）监测断面布设后应在地图上标明准确位置，在岸边设置固定标志。同时，以文字说明断面周围环境的详细情况，并配以照片，相关图文资料均应存入断面档案。

（8）流域（水系）可布设背景断面、控制断面、消减断面和河口断面。

（9）行政区域可在水系源头设置背景断面，或在过境河流设置入境断面或对照断面、控制断面、消减断面、出境断面或河口断面。

2. 监测断面的布设方法

为评价完整江河水系的水质，需要设置背景断面、对照断面、控制断面和削减断面；对于某一河段，只需设置对照断面、控制断面和削减断面。监测断面如图 3-1 所示。

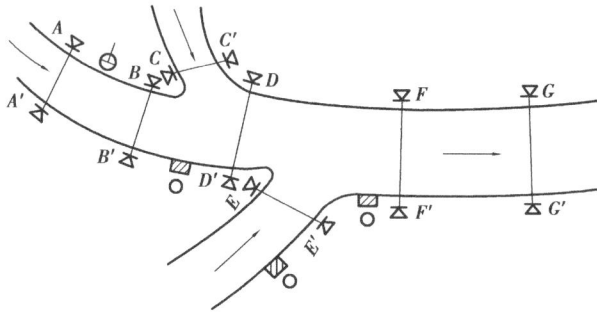

图 3-1　监测断面

（1）对照断面：具体判断某一区域水环境污染程度时，位于该区域所有污染源上游处，能够反映这一区域水环境本底值的监测断面。应设置在河流流经本区域大型污染源之前，便于了解该水体在大型污染源汇入之前的水质状况，避开废水、污水流入或回流处。通常设置在该区域所有污染源上游处，一个河段一般只设置一个对照断面。有主要支流时可酌情增加。

（2）控制断面：用来反映水环境受污染程度及其变化情况的监测断面。

控制断面应设置在排污区（口）下游，污水与地表水基本混匀处。控制断面的数量、控制断面与排污区（口）的距离可根据以下因素决定：主要污染区数量及其间距、各污染源实际情况、主要污染物迁移转化规律和其他水文特征等。此外，还应考虑对纳污量的控制程度，即各控制断面控制的纳污量应不小于该河段总纳污量的 80%。如果某河段的各控制断面均有至少 5 年的监测资料，可根据现有资料优化断面，确定控制断面的位置和数量。

控制断面的数量应根据城市的工业布局和排污口分布情况而定，通常设在各排污区（口）下游 500~1 000 m 处；较大支流汇合口上游和汇合后与干流充分混合处；河流入河口处（河流汇入海洋、湖泊或其他河流的河段）；国际河流出入国境交界口处。对有特殊要求的地区，如城市饮用水水源区、水产集中养殖区、风景游览区、自然保护区、与水源有关的地方病发病区、严重水土流失区及地球化学异常区等的河段上也应设置控制断面。

（3）消减断面：河流受纳废水和污水后，经稀释扩散和自净作用，使污染物浓度显著降低的断面。通常设在城市或工业区最后一个排污口下游 1 500 m 以外的河段上。

（4）背景断面：原则上设置在水系源头，未受或很少受人类活动影响，远离城市居民区、工业区、农药化肥施用区及主要交通路线。如果拟定断面处于地球化学异常区，应在地球化学异常区上、下游分别设置;如果水土流失情况较严重,应设置在水土流失区上游。

3. 潮汐河流监测断面的布设

潮汐河流监测断面的布设原则与其他河流相同。设有防潮桥闸的潮汐河流,根据需要在桥闸上游设置断面;根据潮汐河流水文特征,潮汐河流的对照断面一般设在潮区界以上。若潮区界在该城市管辖区域之外,则在城市河段上游设置 1 个对照断面;潮汐河流监测断面应设置在水面退平时可采集到地表水(盐度小于 2‰)样品处,当河流水量减少,长期在水面退平时不能采集到地表水(盐度小于 2‰)样品时应调整断面。

4. 湖泊、水库采样垂线(或断面)的布设

(1)湖泊和水库通常只设置监测垂线,如有特殊情况可参照河流的有关规定设置监测断面;湖(库)区的不同水域,如进水区、出水区、深水区、浅水区、湖心区、岸边区,按水体类别设置监测垂线。

(2)湖(库)区若无明显功能区别,可用网格法均匀设置监测垂线。

(3)受污染物影响较大的重要湖泊和水库,应在污染物主要迁移途径上设置控制断面。

(4)监测垂线上采样点的布设一般与河流的规定相同,但在有可能出现温度分层现象时,应做水温、溶解氧的探索性实验后再定。

湖泊、水库通常只设监测垂线,遇有如下情况可参照河流的有关原则设置监测断面。

①受污染影响较大的重要湖泊、水库,应在污染物扩散途径上设置监测断面。

②渔业作业区、水产养殖区等应布设监测断面。

③以湖(库)的各功能区为中心,如饮用水水源、排污口、风景游览区、游乐场等,在其辐射线上布设弧形监测断面。

**(二)地表水监测垂线及采样点位的确定**

在监测范围内合理布设了各种监测断面后,由于各监测断面的水面宽度不尽相同,因此应根据各监测断面宽度在监测断面上再合理布设采样垂线,依次再进一步确定每条采样垂线上的采样点数量和位置。在一个监测断面上设置的采样垂线条数和每条采样垂线上的采样点数量和位置应按表 3-1 和表 3-2 确定。

表 3-1　每个采样断面上采样垂线条数的设置

| 断面宽 | 垂线条数 | 说明 |
|---|---|---|
| ≤50 m | 1 条(中泓垂线) | 1. 垂线布设应避开污染带,要测污染带应另加垂线;<br>2. 确能证明该断面水质均匀时,可仅设中泓垂线;<br>3. 凡在该断面要计算污染物通量时,必须按本表设置垂线 |
| 50~100 m | 2 条(左、右近岸有明显水流处) | |
| >100 m | 3 条(左、中、右 3 条垂线<br>中泓及左、右近岸有明显水流处) | |
| >1 500 m | 至少设 5 条等距离垂线 | |

表 3-2　每条采样垂线上采样点的设置

| 水深 | 采样点数 | 采样点位置 |
|---|---|---|
| ≤5 m | 1 | 水面下 0.3~0.5 m 处和水底以上 0.5 m 处 |

续表

| 水深 | 采样点数 | 采样点位置 |
|------|---------|-----------|
| 5～10 m | 2 | 水面下 0.3～0.5 m 处和水底以上 0.5 m 处 |
| 10～50 m | 3 | 水面下 0.3～0.5 m 处、1/2 水深处和水底以上 0.5 m 处 |
| >50 m | 酌情增加 | |

对于水量大、水流湍急和河面宽大于 100 m 的较大河流,所设的 3 条采样垂线如图 3-2 所示。

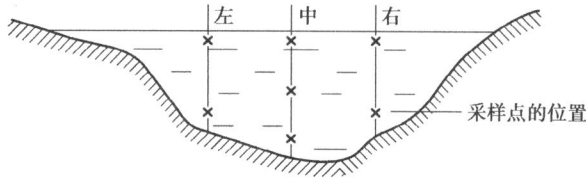

图 3-2　采样垂线和采样点布设示意图

中线应设在除去河流两岸浅滩部分后的中间位置,左、右两垂线应布设于由中线至岸边的中间部分。

湖泊、水库监测垂线上采样点的布设与河流相同,但如果存在温度分层现象,应先测定不同水深处的水温、溶解氧等参数,确定分层情况后,再决定垂线上采样点位和数目,一般除在水面下 0.5 m 处和水底以上 0.5 m 处设点外,还要在每一斜温分层 1/2 处设点。

监测断面和采样点位确定后,其所在位置应有固定的天然标志物;如果没有天然标志物,则应设置人工标志物,或采样时用定位仪定位,使每次采集的样品都取自同一位置,保证其代表性和可比性。

**(三)采样时间和采样频率的确定**

为使采集的水样能够反映水质在时间和空间上的变化规律,必须合理地安排采样时间和采样频率,力求以最低的采样频次取得最有代表性的样品,既要满足反映水质状况的要求,又要切实可行。

(1)饮用水水源地全年采样监测 12 次,采样时间根据具体情况选定。

(2)对于较大水系干流和中、小河流,全年采样监测次数不少于 6 次。采样时间为丰水期、枯水期和平水期,每期采样 2 次。流经城市或工业区、污染较重的河流、游览水域,全年采样监测不少于 12 次。采样时间为每月一次或视具体情况选定。底质每年枯水期采样监测一次。

(3)潮汐河流全年在丰、枯、平水期采样监测,每期采样 2 天,分别在大潮期和小潮期进行,每次应采集当天涨、退潮水样分别测定。

(4)设有专门监测站的湖泊、水库,每月采样监测 1 次,全年不少于 12 次。其他湖泊、水库全年采样监测两次,枯、丰水期各 1 次。有废(污)水排入、污染较重的湖、库应酌情增加采样次数。

(5)背景断面每年采样监测 1 次,在污染可能较重的季节进行。

(6)排污渠每年采样监测不少于 3 次。

(7)海水水质常规监测,每年按丰、平、枯水期或季度采样监测 2～4 次。

**练习题**

**(一)填空题**

1. 水系的背景断面须能反映水系未受污染时的背景值,原则上应设在_____或_____。

2. 在采样(水)断面同一条垂线上,水深5~10 m时,设2个采样点,即_____m 处和河底上_____m 处;当水深≤5 m时,采样点在水面_____m 处。

3. 沉积物采样点位通常为水质采样垂线的_____,沉积物采样点应避开_____、沉积物沉积不稳定及水草茂盛、_____之处。

4. 湖(库)区若无明显功能区别,可用_____法均匀设置监测垂线。

5. 通常设在城市或工业区最后一个排污口下游1 500 m以外的河段上是指_____断面。

6. 饮用水水源地全年采样监测_____次,采样时间根据具体情况选定;背景断面每年采样_____次。

**(二)选择题**

1. 具体判断某一区域水环境污染程度时,位于该区域所有污染源上游、能够提供这一区域水环境本底值的断面称为(　　)。

　　A. 控制断面　　　　　　B. 对照断面　　　　　　C. 消减断面

2. 受污染物影响较大的重要湖泊和水库,应在污染物主要输送路线上设置(　　)。

　　A. 控制断面　　　　　　B. 对照断面　　　　　　C. 消减断面

3. 当水面宽大于100 m时,在一个监测断面上设置的采样垂线数是(　　)条。

　　A. 5　　　　　　　　　　B. 2　　　　　　　　　　C. 3

4. 饮用水水源地、省(自治区、直辖市)交界断面中需要重点控制的监测断面采样频次为(　　)。

　　A. 每年至少一次　　　　B. 逢单月一次　　　　　C. 每月至少一次

5. 为了解河流受污染程度及其变化情况而设置的断面称为(　　)。

　　A. 控制断面　　　　　　B. 对照断面　　　　　　C. 背景断面

6. 当河流监测垂线深度大于12 m时,在一条采样垂线上应设置(　　)个采样点。

　　A. 3　　　　　　　　　　B. 4　　　　　　　　　　C. 5

7. 下列关于水样的采样时间和频率说法不正确的是(　　)。

　　A. 较大水系干流全年采样不少于12次

　　B. 背景断面每年采样不少于1次

　　C. 采样时应选在丰水期,而不是枯水期

8. 湖泊和水库的水质有季节性变化,采样频次取决于水质变化的状况及特性,对于水质控制监测,采样时间间隔可为(　　),如果水质变化明显,则每天都需要采样,甚至连续采样。

　　A. 一周　　　　　　　　B. 两周　　　　　　　　C. 一个月

9. 下列关于饮用水水源布设生物监测垂线的说法不正确的是(　　)。

　　A. 根据各类水生生物的生长和分布的特点布设采样垂线

　　B. 水深<3 m,水体混合均匀、透光可到达水底层时,在水面以下0.5 m处布设采样点

　　C. 水深3~5 m,水体混合均匀、透光可到达水底层时,在水面以下0.5 m处和最大透光处布设采样点

## 任务二　地下水监测方案的制订

储存在土壤和岩石空隙(孔隙、裂隙、溶隙)中的水统称为地下水。地下水埋藏在地层的不同深度,相对于地面水而言,其流动性和水质参数的变化比较缓慢。《地下水环境监测技术规范》(HJ 164—2020)规定了地下水环境监测点布设、环境监测井建设与管理、样品采集与保存、监测项目和分析方法、监测数据处理、质量保证和质量控制以及资料整编等方面的要求。本标准适用于区域层面、饮用水水源保护区和补给区、污染源及周边等区域的地下水环境的长期监测。其他形式的地下水环境监测可参照执行。

地下水环境监测技术规范

地下水监测方案的制订过程与地面水基本相同。

### 一、地下水的特征

地下水的形成主要取决于地质条件和自然地理条件。此外,人类活动对地下水也有一定影响。地质因素对地下水形成的影响,主要表现在岩石性质和结构方面,岩石和土壤空隙是地下水储存与运动的先决条件。自然地理条件中主要是气候、水文和地貌的影响最为显著。地下水的物理、化学性质随空间和时间而变化,地下水的化学成分和理化特性在循环运动过程中受气候、岩石性质和生物作用的影响,受补给条件和水运动强弱的约束。地下水化学成分的形成过程,实际上是一个不断变化的过程。

地下水按埋藏条件不同可分为潜水、承压水和自流水 3 类,也可分为上层滞水、潜水和自流水 3 类;按含水层性质的差别,又分为孔隙水、裂隙水、岩溶水。

欲采集有代表性的水样,应运用地理、地质、气象、水文、生态、环境等综合性的知识,并应首先考虑地下水的类型和下列因素。

(1)地下水流动较慢,所以水质参数的变化慢,一旦污染很难恢复,甚至无法恢复。

(2)地下水埋藏深度不同,温度变化规律也不同。近地表的地下水温度受气温的影响,具有周期性变化,较深的年常温层中地下水温度比较稳定,水温变化不超过 0.1 ℃;但水样一经取出,其温度即可能有较大的变化。这种变化能改变化学反应速度,从而改变原来的化学平衡,也能改变微生物的生长速度。

(3)地下水所受压力较大,面对的环境条件与地面水不同,一旦取出,可溶性气体的溶入和逃逸,带来一系列的化学变化,改变水质状况。例如,地下水富含 $H_2S$,但溶解氧含量较低,取出后 $H_2S$ 的逃逸、大气中 $O_2$ 的溶入,会发生一系列氧化还原反应;水样吸收或放出 $CO_2$ 可引起 pH 变化。

(4)由于采水器的吸附或沾污及某些组分的损失,水样的真实性将受到影响。

### 二、调查研究和收集资料

地下水的特性决定了地下水布点的复杂性,因此布点前的调查研究和资料收集尤其重要,内容包括以下方面。

(1)收集、汇总区域内有关水文、地质方面的资料和以往的监测资料,包括地质图、剖面图、现有水井的有关参数(井位、钻井日期、井深、成井方法、含水层位置、抽水试验数据、钻探单位、使用价值、水质资料等)。

(2)收集作为地下水补给水源的江、河、湖、海的地理分布及其水文特征(水位、水深、流速、流量等)以及地下水径流和排泄方向、水质类型,水利工程设施,地表水的利用情况及其水质状况。对泉水出露位置,了解泉的成因、类型、补给来源、流量、水温、水质和利用情况。

(3)了解水污染源类型及其分布情况,水质现状和地下水的开发利用情况。含水层和地质阶梯可用开孔钻探和调查的方法进行了解。

(4)调查区域内城市近期、中长期的发展规划、人口密度、工业分布、地下水资源开发和土地利用等情况;了解化肥和农药的施用面积与施用量;查清污水灌溉、排污、纳污及地表情况。

(5)对地下水水位和水深进行实际测量。明确水位和水深即可决定采水器和采水泵的类型以及所需费用与采样程序。

在完成上述调查研究的基础上,确定主要污染源和污染物。根据地区特点及地下水的主要类型,将地下水分为若干个水文地质单元。

### 三、地下水监测网点布设

由于地下水水文地质因素等的复杂性和特殊性,地下水监测网点设计较为复杂。各监测井采集的水样只代表含水层平行和垂直的局部水质。因此,科学、合理地布设监测井位置和数量就显得尤为重要。

**(一)监测网点布设原则**

(1)监测点总体上能反映监测区域内的地下水环境质量状况。

(2)监测点不宜变动,尽可能保持地下水监测数据的连续性。

(3)综合考虑监测井的成井方法、当前科技发展和监测技术水平等因素,考虑实际采样的可行性,使地下水监测点布设切实可行。

(4)定期(如每5年)对地下水质监测网的运行状况进行一次调查评价,根据最新情况对地下水质监测网进行优化调整。

地下水监测井优化布点的目的在于以最少的监测站位,最小的人力、物力代价,获取最大的地下水环境信息量,反映地下水的水质动态及其总体环境质量,从而取得对污染源进行有效控制的最佳方法。

**(二)监测网点布设要求**

(1)对于面积较大的监测区域,沿地下水流向为主与垂直地下水流向为辅相结合布设监测点;对同一个水文地质单元,可根据地下水的补给、径流、排泄条件布设控制性监测点。地下水存在多个含水层时,监测井应为层位明确的分层监测井。

(2)饮用水地下水源地的监测点布设,以开采层为监测重点;存在多个含水层时,应在与目标含水层存在水力联系的含水层中布设监测点,并将与地下水存在水力联系的地表水纳入监测。

(3)对地下水构成影响较大的区域,如化学品生产企业以及工业集聚区,在地下水污染源的上游、中心、两侧及下游区分别布设监测点;尾矿库、危险废物处置场和垃圾填埋场等区域在地下水污染源的上游、两侧及下游分别布设监测点,以评估地下水的污染状况。污染源位于地下水水源补给区时,可根据实际情况加密地下水监测点。

（4）污染源周边地下水监测以浅层地下水为主，如浅层地下水已被污染且下游存在饮用水地下水源地，需增加主开采层地下水的监测点。

（5）岩溶区监测点的布设重点在于追踪地下暗河出入口和主要含水层，按地下河系统径流网形状和规模布设监测点，在主管道与支管道间的补给、径流区适当布设监测点，在重大或潜在的污染源分布区适当加密地下水监测点。

（6）裂隙发育区的监测点尽量布设在相互连通的裂隙网络上。

（7）可以选用已有的民井和生产井或泉点作为地下水监测点，但须满足地下水监测设计的要求。

### （三）监测点（监测井）设置方法

1. 饮用水地下水源保护区和补给区监测点布设方法

1）孔隙水和风化裂隙水

饮用水地下水源保护区和补给区面积小于 50 km$^2$ 时，水质监测点不少于 7 个；面积为 50 ~ 100 km$^2$ 时，监测点不得少于 10 个；面积大于 100 km$^2$ 时，每增加 25 km$^2$ 监测点至少增加 1 个；监测点按网格法布设在饮用水地下水源保护区和补给区内。

2）岩溶水

饮用水地下水源保护区和补给区岩溶主管道上水质监测点不少于 3 个，一级支流管道长度大于 2 km 布设 2 个监测点，一级支流管道长度小于 2 km 布设 1 个监测点。

2. 污染源地下水监测点布设方法

1）工业污染源

（1）工业集聚区：

①对照监测点布设 1 个，设置在工业集聚区地下水流向上游边界处。

②污染扩散监测点至少布设 5 个，垂直于地下水流向呈扇形布设不少于 3 个，在集聚区两侧沿地下水流方向各布设 1 个监测点。

③工业集聚区内部监测点要求 3 ~ 5 个/10 km$^2$，当面积大于 100 km$^2$ 时，每增加 15 km$^2$ 监测点至少增加 1 个；监测点布设在主要污染源附近的地下水下游，同类型污染源布设 1 个监测点，工业集聚区内监测点布设总数不少于 3 个。

（2）工业集聚区外工业企业：

①对照监测点布设 1 个，设置在工业企业地下水流向上游边界处。

②污染扩散监测点布设不少于 3 个，地下水下游及两侧的监测点均不得少于 1 个。

③工业企业内部监测点要求 1 ~ 2 个/10 km$^2$，当面积大于 100 km$^2$ 时，每增加 15 km$^2$ 监测点至少增加 1 个；监测点布设在存在地下水污染隐患区域。

2）矿山开采区

（1）采矿区、分选区、冶炼区和尾矿库位于同一个水文地质单元：

①对照监测点布设 1 个，设置在矿山影响区上游边界。

②污染扩散监测点不少于 3 个，地下水下游及两侧的地下水监测点均不得少于 1 个。

③尾矿库下游 30 ~ 50 m 处布设 1 个监测点，以评价尾矿库对地下水的影响。

（2）采矿区、分选区、冶炼区和尾矿库位于不同水文地质单元：

①对照监测点布设 2 个，设置在矿山影响区和尾矿库影响区上游边界 30 ~ 50 m 处。

②污染扩散监测点不少于 3 个，地下水下游及两侧的地下水监测点均不得少于 1 个。

③尾矿库下游 30~50 m 处设置 1 个监测点,以评价尾矿库对地下水的影响。

④采矿区与分选区分别设置 1 个监测点以确定其是否对地下水产生影响,如果地下水已污染,应加密布设监测点,以确定地下水的污染范围。

3)加油站

①地下水流向清楚时,污染扩散监测点至少布设 1 个,设置在地下水下游距离埋地油罐 15~30 m 处。

②地下水流向不清楚时,布设 3 个监测点,呈三角形分布,设置在距离埋地油罐 5~30 m 处。

4)农业污染源

(1)再生水农用区:

①对照监测点布设 1 个,设置在再生水农用区地下水流向上游边界。

②污染扩散监测点布设不少于 6 个,分别在再生水农用区两侧各 1 个,再生水农用区及其下游不少于 4 个。

③面积大于 100 km² 时,监测点不少于 20 个,且面积以 100 km² 为起点每增加 15 km²,监测点数量增加 1 个。

(2)畜禽养殖场和养殖小区:

①对照监测点布设 1 个,设置在养殖场和养殖小区地下水流向上游边界。

②污染扩散监测点不少于 3 个,地下水下游及两侧的地下水监测点均不得少于 1 个。

③若养殖场和养殖小区面积大于 1 km²,在场区内监测点数量增加 2 个。

**(四)采样频次和采样时间**

1. 确定原则

依据具体水文地质条件和地下水监测井使用功能,结合当地污染源、污染物排放实际情况,争取用最低的采样频次,取得最有代表性的样品,达到全面反映调查对象的地下水水质状况、污染原因和迁移规律的目的。

2. 采样频次和采样时间的确定

(1)背景值监测井和区域性控制的孔隙承压水井在每年枯水期采样 1 次。

(2)污染控制监测井逢单月采样 1 次,全年 6 次。污染控制监测井的某一监测项目如果连续两年均低于控制标准值的 1/5,在监测井附近确实无新增污染源,且现有污染源排污量未增加的情况下,该项目可每年在枯水期采样 1 次进行监测。一旦监测结果大于控制标准值的 1/5,或在监测井附近有新的污染源或现有污染源新增排污量时,即恢复正常采样频次。

(3)饮用水地下水源取水井常规指标采样宜不少于每月 1 次,非常规指标采样宜不少于每年 1 次。饮用水地下水源保护区和补给区采样宜不少于每年 2 次(枯、丰水期各 1 次)。

(4)同一水文地质单元的监测井采样时间尽量相对集中,日期跨度不宜过大。

(5)遇到特殊情况或发生污染事故,可能影响地下水水质时,应随时增加采样频次。

**练习题**

**(一)填空题**

1. 工业集聚区监测点布设在_____的地下水下游,同类型污染源布设_____个监测点,工业集聚区内监测点布设总数不少于_____个。

2. 饮用水地下水源取水井常规指标采样宜不少于每月_____次,非常规指标采样宜不少于每年_____次。

3. 储存在土壤和岩石空隙(孔隙、裂隙、溶隙)中的水统称为_____。

4. 当工业废水和生活污水等污染物沿河渠排放或渗漏以带状污染扩散时,地下水污染控制监测点(井)采用_____布点法布设垂直于河渠的监测线。

5. 采集地下水水样时,样品唯一性标签中应包括_____、采样日期、_____编号、序号和监测项目等信息。

6. 畜禽养殖场和养殖小区对照监测点布设_____个,设置在养殖场和养殖小区地下水流向上游边界处。

7. 工业集聚区污染扩散监测点至少布设_____个,垂直于地下水流向呈扇形布设不少于_____个。

8. 污染源周边地下水监测以_____为主,如浅层地下水已被污染且_____存在饮用水地下水源地,须增加主开采层地下水的监测点。

9. 裂隙发育区的监测点尽量布设在相互连通的裂隙_____上。

10. 对于面积较大的监测区域,沿地下_____与_____向为辅相结合布设监测点。

**(二)判断题**

1. 地下水环境监测时的气温、地下水水位、水温、pH 等监测项目为每次监测的现场必测项目。                                      (  )

2. 地下水监测点网可根据需要随时变动。                              (  )

3. 地下水监测点网布设密度的原则为主要供水区密,一般地区稀;城区密,农村稀。                                                      (  )

4. 任何污染区对照监测点只能布设 2 个。                            (  )

5. 地下水监测井的警示标和警示柱,企业可根据自身情况自行拆除。        (  )

6. 地下水监测用车一般停放在监测点(井)下风向 30 m 处。             (  )

7. 饮用水地下水源保护区和补给区面积小于 50 km² 时,水质监测点为 7 个。 (  )

8. 《地下水环境监测技术规范》(HJ 164—2020)是 2021 年实施颁发的。   (  )

9. 地下水按埋藏条件不同可分为潜水、承压水和泉水 3 类。             (  )

10. 在地下水监测中,不得将现场测定后的剩余水样作为分析样品送往实验室。 (  )

11. 地下水流动较慢,所以水质参数的变化慢,一旦污染无法恢复。        (  )

12. 饮用水地下水源保护区和补给区采样宜枯水期、丰水期各 1 次。       (  )

# 任务三　水污染源及底质监测方案的制订

## 一、水污染源监测方案的制订

水污染源包括工业废水、生活污水、医院污水等。在制订监测方案时,首先要进行调查研究,收集有关资料,查明用水情况、废(污)水的类型、主要污染物及排污去向和排放量,车间、工厂或地区的排污口数量及位置,废(污)水处理情况,是否排入江、河、湖、海,流经区域是否有渗坑等。然后进行综合分析,确定监测项目、采样点、采样时间和频率,选择采样方法和监测方法,制订质量保证程序、措施和实施计划等。

**(一)采样点位**

排放口设置要求:

(1)污染源排放口应满足现场采样和流量测定的要求,原则上设在厂界内,或厂界外不超过10 m的范围内。

(2)污水排放管道或渠道监测断面应为矩形、圆形、梯形等规则形状。测流段水流应平直、稳定、有一定水位高度。用暗管或暗渠排污的,须设置一段能满足采样条件和流量测量的明渠。

(3)污水面在地面以下超过1 m的排放口,应配建取样台阶或梯架。监测平台面积应不小于1 m²,平台应设置不低于1.2 m的防护栏。

(4)排放口应按照《环境保护图形标志排放口(源)》(GB 15562.1—1995)的要求设置明显标志,并应加强日常管理和维护,确保监测人员的安全,经常进行排放口的清障、疏通工作;保证污水监测点位场所通风、照明正常;产生有毒有害气体的监测场所应强制设置通风系统,并安装相应的气体浓度安全报警装置。

(5)经生态环境主管部门确认的排放口不得随意改动。因生产工艺或其他原因需变更排放口时,须按本要求重新确认。

**(二)监测点位设置**

1.污染物排放监测点位

在污染物排放(控制)标准规定的监控位置设置监测点位。对于环境中难以降解或能在动植物体内蓄积,对人体健康和生态环境产生长远不良影响,具有致癌、致畸、致突变的,根据环境管理要求确定的应在车间或生产设施排放口监控的水污染物,在含有此类水污染物的污水与其他污水混合前的车间或车间预处理设施的出水口设置监测点位,如果含此类水污染物的同种污水实行集中预处理,则车间预处理设施排放口是指集中预处理设施的出水口。如环境管理有要求,还可同时在排污单位的总排放口设置监测点位。

对于其他水污染物,监测点位设在排污单位的总排放口。如环境管理有要求,还可同时在污水集中处理设施的排放口设置监测点位。

2.污水处理设施处理效率监测点位

监测污水处理设施的整体处理效率时,在各污水进入污水处理设施的进水口和污水处理设施的出水口设置监测点位;监测各污水处理单元的处理效率时,在各污水进入污水处理单元的进水口和污水处理单元的出水口设置监测点位。

3.雨水排放监测点位

排污单位应雨污分流,雨水经收集后由雨水管道排放,监测点位设在雨水排放口。如环境管理要求雨水经处理后排放的,监测点位按污染物排放监测点位设置。

**(三)采样频次**

(1)排污单位的排污许可证、相关污染物排放(控制)标准、环境影响评价文件及其审批意见、其他相关环境管理规定等对采样频次有规定的,按规定执行。

(2)如未明确采样频次的,按照生产周期确定采样频次。生产周期在8 h以内的,采样时间间隔应不小于 2 h;生产周期大于 8 h,采样时间间隔应不小于 4 h;每个生产周期内采样频次应不少于 3 次。如无明显生产周期、稳定、连续生产,采样时间间隔应不小于 4 h,每个生产日内采样频次应不少于 3 次。排污单位间歇排放或排放污水的流量、浓度、污染物种类有明显变化的,应在排放周期内增加采样频次。雨水排放口有明显水流动时,可采集一个或多个瞬时水样。

(3)为确认自行监测的采样频次,排污单位也可在正常生产条件下的一个生产周期内进行加密监测:周期在 8 h 以内的,每小时采 1 次样;周期大于 8 h 的,每 2 h 采 1 次样;但每个生产周期采样次数不少于 3 次;采样的同时测定流量。

**二、底质监测方案的制订**

底质监测是水环境监测的一部分,作为水环境监测的补充,在水环境监测中占据着特别重要的地位。

(1)通过底质监测,不仅可以了解水系污染现状,还可以追溯水系的污染历史,研究污染物的沉积规律、污染物归宿及其变化规律。

(2)根据各类水文因素,能研究并预测水质变化趋势及沉积污染物质对水体的潜在危害。

(3)从底质中可检测出因浓度过低而在水中不易被检测出的污染物质,特别是能检测出因形态、价态及微生物转化而生成的某些新的污染物质,可为发现、解释和研究某些特殊的污染现象提供科学依据。

因此,底质监测对于研究水系中各种污染物的沉积转化规律,确定水系的纳污能力,研究水体污染对水生生物特别是底栖生物的影响,制订污染物排放标准及环境预测等均具有重要价值。

**(一)底质采样点的设置**

底质监测断面的设置原则与水质监测断面相同,其位置尽可能和水质监测断面重合,以便于将沉积物的组成及其物理化学性质与水质监测情况进行比较。

(1)底质采样点应尽量与水质采样点一致。底质采样点位通常位于水质采样点位垂线的正下方。当正下方无法采样时,如水浅时,因船体或采泥器冲击搅动底质,或河床为砂卵石时,应另选采样点重采。采样点不能偏移原设置的断面(点)太远。采样后应对偏移位置做好记录。

(2)底质采样点应避开河床冲刷、底质沉积不稳定、水草茂盛表层及底质易受搅动之处。

(3)湖(库)底质采样点一般应设在主要河流及污染源排放口与湖(库)水混合均匀处。

**(二)底质采样频率的确定**

由于底质比较稳定,受水文、气象条件影响较小,故采样频率远低于水质采样频率,一般每年枯水期采样 1 次,必要时可在丰水期加采 1 次。

**练习题**

**(一)判断题**

1.污染源排放口应满足现场采样和流量测定的要求,必须在厂界内不超过 10 m 的范围内。
(　　)

2.生产周期在 8 h 以内的,采样时间间隔应不小于 2 h。
(　　)

3.第一类污染物应为对环境和人体健康产生长期不良影响的污染物,应在车间或生产设施排放口设置采样点。 （ ）

4.排污单位应雨污分流,雨水经收集后由雨水管道排放,监测点位设在雨水排放口,环境管理要求雨水经处理后排放的,监测点位按污染物排放监测点位设置。 （ ）

5.底质监测断面必须和水质监测断面重合。 （ ）

6.湖(库)底质采样点一般应设在主要河流及污染源排放口与湖(库)水混合均匀处。
　　　　　　　　　　　　　　　　　　　　　　　　　　　　　　　　　（ ）

7.底质采样频率和水质采样频率一样。 （ ）

8.监测污水处理单元效率时,可在进、出口分别设置采样点。 （ ）

9.生活污水采样点根据管网位置和污水排放情况设置。 （ ）

10.第一类污染物对环境产生的影响远小于第二类污染物。 （ ）

（二）简单题

1.简述底质监测的意义。

2.简述水污染排放口的设置要求。

# 模块四
# 水样采集、保存及预处理

## 任务一　水样的采集

水样的采集和保存是水质分析的重要环节。水样采集和保存的主要原则是：水样必须具有足够的代表性；水样必须避免受到任何可能的污染。

水样的类型　　　　　　　实验水样的采集过程　　　　　　　相关标准文件

### 一、水样的类型和盛样容器的选择及清洗

#### （一）水样的类型

对于天然水体，为了采集具有代表性的水样，应根据监测目的和现场实际情况来选定采集样品的类型和采样方法；对于工业废水和生活污水，应根据生产工艺、排污规律和监测目的，针对其流量和浓度都随时间而变化的非稳态流体特性，科学、合理地设计水样采集的种类和方法。归纳起来，水样类型有以下5种。

1. 瞬时水样

瞬时水样是指在某一时间和地点从水中（天然水体或废水排水口）随机采集的分散水样。

当监测水体的水质比较稳定，瞬时采集的水样已具有很好的代表性时，瞬时水样才可作为监测水样。

2. 平均混合水样（或等时混合水样）

平均混合水样是指某一时段内（一般为一个昼夜或一个生产周期），在同一采样点按照相等时间间隔采集等体积的多个水样，经混合均匀后得到的水样。

此类水样适用于采集排放污水的流量较稳定（变化小于20%），但水体中污染物浓度随时间有变化的废水的情况。

3.综合水样

综合水样是指在不同采样点同时采集的各个瞬时水样经混合后所得到的水样。这类水样在某些情况下更具有实际意义,适用于在河流主流、多个支流和多个排污点处同时采样,或在工业企业内各个车间排放口同时采集水样的情况。以分析综合水样得到的水质参数作为水处理工艺设计的依据更有价值。

4.平均比例混合水样

平均比例混合水样也称流量比例混合水样,分为连续比例混合水样和间隔比例混合水样两种。在水流量不稳定时,连续比例混合水样是在选定采样时段内,根据废水排放流量,按一定比例连续采集的混合水样。间隔比例混合水样是根据一定的排放量间隔,分别采集与排放量有一定比例关系的水样混合而成的水样。

多支流河流、有多个废水排放口的工业企业等经常需要采集平均比例混合水样,因为平均比例混合水样可以保证监测结果具有代表性,且工作量不会过多增加,从而节省人力和财力。

5.单独水样

单独水样是为分析测定某单项指标而单独存放的水样。

有些天然水和废水中,某些成分的分布很不均匀,如油类或悬浮固体;某些成分在放置过程中很容易发生变化,如溶解氧或硫化物;某些成分的现场固定方式相互影响,如氯化物或COD等综合指标。如果从采样大瓶中取出部分水样来进行这些项目的分析测定,其结果往往已失去了代表性。这时必须采集单独水样,分别进行现场固定,用于后续分析。

**(二)盛样容器的选择及清洗**

1.盛样容器的准备

盛装水样的容器有聚四氟乙烯塑料容器、聚乙烯塑料容器、硼硅玻璃容器和石英玻璃容器等。容器的材质对水样运贮期间的稳定性有影响,其与水样之间的相互作用有3个方面。

(1)溶解作用:容器材质可溶于水中,如从塑料容器中溶解下来的有机质、填料,从玻璃容器中溶解下来的钠、硅和硼等。

(2)吸附作用:容器材质吸附水中的某些组分,如玻璃吸附金属元素,塑料吸附有机质和金属元素。

(3)化学作用:水与容器材质发生化学反应,如氟化物与玻璃材质的反应等。

近年来的研究和试验结果表明,材质本身的稳定性顺序为:聚四氟乙烯>聚乙烯>石英玻璃>硼硅玻璃。其中,高压低密度聚乙烯塑料(P,Plastic)容器和玻璃(G,Glass)容器都能基本达到盛装水样的材质要求。

塑料容器可用作测定金属、放射性元素和其他无机物的盛样容器;玻璃容器可用作测定有机物和生物类等的盛样容器。我国颁布的《污水监测技术规范》(HJ 91.1—2019)对每种监测项目要使用的容器材质都做了具体规定。其总的要求是容器材质不能引起水样的污染。

容器的封口塞材质要尽量与容器材质一致。塑料容器用塑料螺口盖,玻璃容器通常情况下用玻璃磨口塞,在特殊情况下需要用木塞或橡皮塞时,必须用稳定的金属箔包裹。有机物和某些细菌监测样的样品容器不能用橡皮塞。碱性的液体样品容器不能用玻璃塞。禁止用纸和不稳定金属做塞盖。

### 2. 容器的洗涤

采样前,选择合适的盛样容器和采样器具后,对盛样容器和采样器具要进行清洗。

容器的洗涤是处理容器内壁,以减少其对样品的污染或其他相互作用。要根据水样测定项目的要求来确定清洗容器的方法。通用的洗涤方法是,玻璃瓶和塑料瓶首先用自来水和清洗剂清洗,以除去灰尘和油垢,再用自来水冲洗干净后用去离子水充分荡洗3次。对有特殊要求的容器的洗涤方法是,首先用自来水和清洗剂清洗,以除去灰尘和油垢,并用自来水冲洗干净后,再分别按特殊要求进行处理。用于测定金属类的容器,使用前先用洗涤液清洗,再用自来水冲洗干净,必要时用10%硝酸或盐酸剧烈振荡或浸泡,再用自来水冲净后用蒸馏水清洗干净;测定有机物的玻璃容器,先用洗涤剂清洗,再用自来水冲洗,然后再用蒸馏水清洗干净,加盖存放备用;测定铬的容器,不能用铬酸洗液或盐酸洗液,只能用10%硝酸泡洗;测定总汞的采样容器,用1:3硝酸洗后放置数小时,然后用自来水和蒸馏水漂洗干净;测定油类的容器,按通常洗涤方法洗涤后,还要用萃取的洗涤液洗2~3次;细菌检验的采样容器,除普通清洗外,还要做灭菌处理,并在14 d内使用。

对盛样容器的洗涤方法,《水质样品的保存和管理技术规定》(HJ 493—2009)中进行了统一规范。容器的洗涤方法分为Ⅰ、Ⅱ、Ⅲ、Ⅳ类。常见监测项目的容器洗涤要求见表4-1。

**表4-1 常见监测项目的保存及容器洗涤**

| 序号 | 测试项目/参数 | 采样容器 | 保存方法及保存剂用量 | 可保存时间 | 最少采样量/mL | 容器洗涤方法 | 备注 |
|---|---|---|---|---|---|---|---|
| 1 | pH | P 或 G | | 12 h | 250 | Ⅰ | 尽量现场测定 |
| 2 | 色度 | P 或 G | | 12 h | 250 | Ⅰ | 尽量现场测定 |
| 3 | 浊度 | P 或 G | | 12 h | 250 | Ⅰ | 尽量现场测定 |
| 4 | 气味 | G | 1~5 ℃冷藏 | 6 h | 500 | | 大量测定可带离现场 |
| 5 | 电导率 | P 或 BG | | 12 h | 250 | Ⅰ | 尽量现场测定 |
| 6 | 悬浮物 | P 或 G | 1~5 ℃暗处 | 14 d | 500 | Ⅰ | |
| 7 | 酸度 | P 或 G | 1~5 ℃暗处 | 30 d | 500 | Ⅰ | |
| 8 | 碱度 | P 或 G | 1~5 ℃暗处 | 12 h | 500 | Ⅰ | |
| 9 | 二氧化碳 | P 或 G | 水样充满容器,低于取样温度 | 24 h | 500 | | 最好现场测定 |
| 10 | 溶解性固体(干残渣) | 见"总固体(总残渣)" | | | | | |
| 11 | 总固体(总残渣) | P 或 G | 1~5 ℃冷藏 | 24 h | 100 | | |
| 12 | 化学需氧量 | G | 用 $H_2SO_4$,pH≤2 | 2 d | 500 | Ⅰ | |
| | | P | -20 ℃冷冻 | 1 m | 100 | | 最长 6 m |

续表

| 序号 | 测试项目/参数 | 采样容器 | 保存方法及保存剂用量 | 可保存时间 | 最少采样量/mL | 容器洗涤方法 | 备注 |
|---|---|---|---|---|---|---|---|
| 13 | 高锰酸盐指数 | G | 1~5 ℃暗处冷藏 | 2 d | 500 | I | 尽快分析 |
| | | P | -20 ℃冷冻 | 1 m | 500 | | |
| 14 | 五日生化需氧量 | 溶解氧瓶 | 1~5 ℃暗处冷藏 | 12 h | 250 | I | |
| | | P | -20 ℃冷冻 | 1 m | 1 000 | | 冷冻最长可保持6 m（质量浓度<50 mg/L保存1 m） |
| 15 | 总有机碳 | G | 用 $H_2SO_4$, pH≤2, 1~5 ℃ | 7 d | 250 | I | |
| | | P | -20 ℃冷冻 | 1 m | 100 | | |
| 16 | 溶解氧 | 溶解氧瓶 | 加入硫酸锰, 碱性KI叠氮化钠溶液, 现场固定 | 24 h | 500 | I | 尽量现场测定 |
| 17 | 总磷 | P 或 G | 用 $H_2SO_4$、HCl 酸化至 pH≤2 | 24 h | 250 | IV | |
| | | P | -20 ℃冷冻 | 1 m | 250 | | |
| 18 | 溶解性正磷酸盐 | | | 见"溶解磷酸盐" | | | |
| 19 | 总正磷酸盐 | | | 见"总磷" | | | |
| 20 | 溶解磷酸盐 | P 或 G 或 BG | 1~5 ℃冷藏 | 1 m | 250 | | 采样时现场过滤 |
| | | P | -20 ℃冷冻 | 1 m | 250 | | |
| 21 | 氨氮 | P 或 G | 用 $H_2SO_4$, pH≤2 | 24 h | 250 | I | |
| 22 | 总氮 | P 或 G | 用 $H_2SO_4$, pH=1~2 | 7 d | 250 | I | |
| | | P | -20 ℃冷冻 | 1 m | 500 | | |
| 23 | 硫化物 | P 或 G | 水样充满容器。1 L水样加 NaOH 至 pH=9,加入5%抗坏血酸5 mL,饱和乙二胺四乙酸(EDTA) 3 mL,滴加饱和 $Zn(Ac)_2$ 至胶体产生,常温避光 | 24 h | 250 | I | |

续表

| 序号 | 测试项目/参数 | 采样容器 | 保存方法及保存剂用量 | 可保存时间 | 最少采样量/mL | 容器洗涤方法 | 备注 |
|---|---|---|---|---|---|---|---|
| 24 | 阴离子表面活性剂 | P 或 G | 1~5 ℃冷藏,用 $H_2SO_4$,pH=1~2 | 2 d | 500 | IV | 不能用溶剂清洗 |
| 25 | 六价铬 | P 或 G | NaOH,pH=8~9 | 14 d | 250 | 酸洗III | |
| 26 | 铜 | P | 1 L 水样中加浓 $HNO_3$ 10 mL | 14 d | 250 | III | |
| 27 | 锌 | P | 1 L 水样中加浓 $HNO_3$ 10 mL | 14 d | 250 | III | |
| 28 | 汞 | P 或 G | HCl,1%,如水样为中性,1 L 水样中加浓 HCl 10 mL | 14 d | 250 | III | |
| 29 | 铅 | P 或 G | $HNO_3$,1%,如水样为中性,1 L 水样中加浓 $HNO_3$ 10 mL | 14 d | 250 | III | 如用溶出伏安法测定,可改用 1 L 水样中加浓 $HClO_4$ 19 mL |
| 30 | 砷 | P 或 G | 1 L 水样中加浓 $HNO_3$ 10 mL(DDTC 法,HCl 2 mL) | 14 d | 250 | III | 使用氢化物技术分析砷用盐酸 |
| 31 | 硒 | P 或 G | 1 L 水样中加浓 HCl 2 mL | 14 d | 250 | III | |
| 32 | 镉 | P 或 G | 1 L 水样中加浓 $HNO_3$ 10 mL | 14 d | 250 | III | 如用溶出伏安法测定,可改用 1 L 水样中加浓 $HClO_4$ 19 mL |
| 33 | 总氰化物 | P 或 G | 加 NaOH,pH≥9,1~5 ℃冷藏 | 7 d,如果硫化物存在,保存 12 h | 250 | I | |

备注:

①P 为聚乙烯瓶(桶),G 为硬质玻璃瓶,BG 为硼硅酸盐玻璃瓶。

②y 表示年,m 表示月,w 表示周,d 表示天,h 表示小时,min 表示分。

③I、II、III、IV 表示 4 种洗涤方法。具体如下:

I:洗涤剂洗 1 次,自来水洗 3 次,蒸馏水洗 1 次。对于采集微生物和生物的采样容器,须经 160 ℃干热灭菌 2 h。经灭菌的微生物和生物采样容器必须在两周内使用,否则应重新灭菌。经 121 ℃高压蒸汽灭菌 15 min 的采样容器,如不立即使用,应于 60 ℃将瓶内冷凝水烘干,两周内使用。细菌检测项目采样时不能用水样冲洗采样容器,不能采混合水样,应单独采样 2 h 后送实验室分析。

II:洗涤剂洗 1 次,自来水洗 2 次,(1+3)$HNO_3$ 荡洗 1 次,自来水洗 3 次,蒸馏水洗 1 次。

III:洗涤剂洗 1 次,自来水洗 2 次,(1+3)$HNO_3$ 荡洗 1 次,自来水洗 3 次,去离子水洗 1 次。

IV:铬酸洗液洗 1 次,自来水洗 3 次,蒸馏水洗 1 次。如果采集污水样品则可省去用蒸馏水、去离子水清洗的步骤。

## 二、水样采集

### (一)地表水水样采集

**1. 采样方法**

**1)船只采样**

利用船只到指定的地点,按深度要求,把采水器浸入水面下采样,该方法比较灵活,适用于一般河流和水库的采样,但不容易固定采样地点,往往使数据不具有可比性。同时,一定要注意采样人员的安全。

**2)桥梁采样**

确定采样断面时应考虑交通方便,并应尽量利用现有的桥梁采样。在桥上采样安全、可靠、方便,不受天气和洪水的影响,适合于频繁采样,并能在横向和纵向上准确控制采样点位置。

**3)涉水采样**

较浅的小河和靠近岸边水浅的采样点可涉水采样,但要避免搅动沉积物而使水样受污染。涉水采样时,采样者应站在下游向上游方向采集水样。

**4)索道采样**

在地形复杂、险要,地处偏僻处的小河流,可架设索道采样。

**2. 采样器**

采集表层水时,可用桶、瓶等容器直接采取。一般将其沉至水面下 $0.3 \sim 0.5\ m$ 处采集。采集深层水时,可使用如图 4-1 所示的带重锤采样器沉入水中采集。将采样器沉降至所需深度(可从绳上的标度看出),打开瓶塞上提细绳,待水样充满容器后提出。对于水流急的河段,宜采用如图 4-2 所示的急流采样器。它是将一根长钢管固定在铁框上,管内装一橡胶管,其上部用夹子夹紧,下部与瓶塞上的短玻璃管相连,瓶塞上另有一长玻璃管通至采样瓶底部。采样前塞紧橡胶塞,然后沿船身垂直伸入要求水深处,打开上部橡胶管夹,水样即沿长玻璃管流入样品瓶中,瓶内空气由短玻璃管沿橡胶管排出。这样采集的水样也可用于测定水中溶解性气体,因为它是与空气隔绝的。

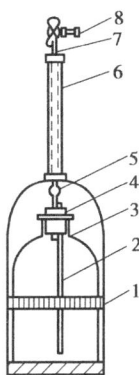

测定溶解气体(如溶解氧)的水样常用如图 4-3 所示的双瓶采样器采集。将采样器沉入要求水深处后,打开上部的橡胶管夹,水样进入小瓶(采样瓶)并将空气驱入大瓶,从连接大瓶短玻璃管的橡胶管排出,直到大瓶中充满水样,提出水面后迅速密封。

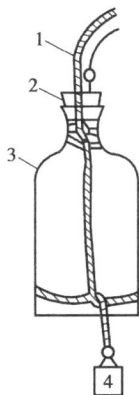

图 4-1　带重锤采样器　　　图 4-2　急流采样器　　　图 4-3　双瓶采样器

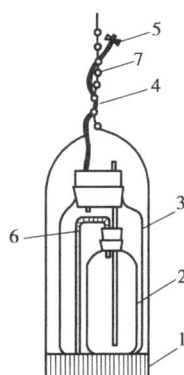

**（二）地下水样的采集**

**1. 井水**

从监测井中采集水样常利用抽水机设备。启动后，先放水数分钟，将积留在管道内的陈旧水排出，然后用采样容器（已预先洗净）接取水样。对于无抽水设备的水井，可选择适合的采水器采集水样，如深层采样器、自动采样器等。

**2. 泉水、自来水**

对于自喷泉水，在涌水口处直接采样。对于不自喷泉水，用采集井水水样的方法采样。

对于自来水，先将水龙头完全打开，将积存在管道中的陈旧水排出后再采样。

地下水的水质比较稳定，一般采集瞬时水样即能有较好的代表性。

**3. 采样器**

**1）简易采样器**

简易采样器由塑料水壶和钢丝架组成，如图 4-4 所示。将采样器放到预定深度，拉开塑料水壶（洗净晾干的）进水口的软塞，待水灌满后提出水面，即可采集到水样。

**2）改良的 Kemmerer 采样器**

改良的 Kemmerer 采样器由带有软塞的滑动螺杆和水桶等部件组成，如图 4-5 所示。常用于采集地面水和地下水。

**3）深层采样器**

深层采样器如图 4-6 所示。采样时，将采样器下沉一定深度。扯动挂绳，打开瓶塞，待水灌满后，迅速提出水面，弃去上层水样，盖好瓶盖，并同步测定水深。

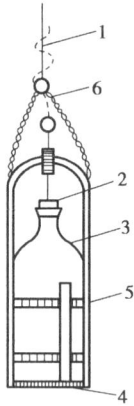

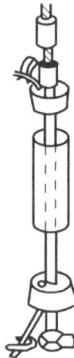

图 4-4　简易采样器　　　图 4-5　改良的 Kemmerer 采样器　　　图 4-6　深层采样器

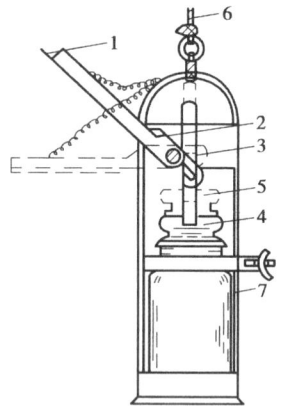

**（三）废水水样的采集**

**1. 采样方法**

污水一般流量较小，且都有固定的排污口，所处位置也不复杂，因此所用采样方法和采样器也较简单。

（1）浅水采样：水面距地面很近时，可用容器直接灌注，或用聚乙烯塑料长把勺采样，注意手不要接触污水。

（2）深水采样:水面距地面较远时,可将聚乙烯塑料样品容器固定于负重架内,沉入一定深度的污水中采样,也可用塑料手摇泵或电动采水泵采样。

（3）自动采样:在企业内部监测中,利用自动采样器或连续自动定时采样器采样,有利于为生产部门提供生产情况信息,也为环保提供有价值的数据。

2.废水水样类型

1）瞬时水样

对于生产工艺连续、稳定的工厂,所排放废水中的污染组分及浓度变化不大,采集瞬时水样具有较好的代表性。瞬时水样也适用于某些特定要求,如某些平均浓度合格,而高峰排放浓度超标的污水,可隔一定的时间采集瞬时水样,分别测定,根据所得资料绘制浓度—时间关系曲线,计算其平均浓度和高峰排放时的浓度。

2）平均水样

生产的周期性影响排污的规律性,使工业废水的排放量和污染组分的浓度随时间大幅度变化,只有增大采样和测定频率,才能使监测结果具有代表性,此时最好在不增加采样频次的基础上采集平均混合水样,即在污水流量比较稳定时,每隔相同时间采集等量污水样混合而成的水样;以及采集平均比例混合水样,即在污水流量不稳定时,在不同时间依据流量大小按比例采集污水样混合而成的水样。有时需要同时采集几个排污口的污水样,按比例混合,其监测结果代表采样时的综合排放浓度。

**（四）底质（沉积物）的采集**

水、底质和水生生物组成了一个完整的水环境系统。底质的污染,是由工厂、矿山等排放的废弃物,以及大气中污染物的沉降和蓄积引起的,这些污染物通过农作物和底栖生物对人体健康产生有害影响。

水质监测所得的数据只能代表采样时那一短暂时期内的水质状况,而对一些间隔时间较长、不连续排放的污染物,取样时不一定能够采集到,因此有必要进行水体底部沉积底泥测定。底质的分析,有助于了解水体在过去较长的一段时间内都有哪些污染物质,它们富集的程度怎样,这些污染物将会对水体造成怎样的危害。所以测定底质,是了解水体的一种有效手段。

水体沉积过程,也就是污染物的运动过程,有着一定的规律。在同一条河,不同的河段有不同的沉积过程,上游以冲刷为主,平缓的下游以沉积为主,在不同的季节亦然,丰水期沉淀的物质粗,枯水期沉淀的物质细,沉积物分层,越靠下面的层年代越久,色越深,因此监测下部的沉积物有哪些物质,就可以知道过去污染的情况。而且,一年形成一层,可以采集各层沉积物,进行分层化验,了解污染的历史,这不仅有助于评价水质污染程度,而且可以根据水文学等特点,预测未来发展趋势。底质的采集、监测是水环境监测的重要组成部分。

1.采样断面和频率

底质监测断面的设置原则与水质监测断面相同,其位置应尽可能与水质监测断面重合,以便将沉积物的组成及其物理化学性质与水质监测情况进行比较。

由于底质比较稳定,受水文、气象条件影响较小,故采样频率较低,一般每年枯水期采样一次,必要时可在丰水期增采一次。

2.采样方法和采样器

采集底质表层样品采用挖掘方法,研究底质污染物垂直分布时,采用管式泥芯采样器采集柱状样品。

挖掘式采样器适用于采样量较大的表层底质样品。挖掘器装有一个斗,上面带有几个张口的爪,内装弹簧,用一根绳将采样器降到河底,采样时爪合上,如图4-7所示。采样量较少时用锥式采样器。

管式泥芯采样器适用于采集柱状样品,以保持底质的分层结构。采样器是一个管,把管降到河底加以钻探,取得圆柱形样品。管上端有一活塞,防止管提起时样品溢出,如图4-8所示。如水深小于3 m,可将粗的一端削成尖头斜面,插入底质采样。

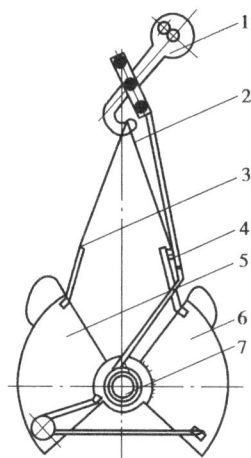

图4-7 挖掘式采样器

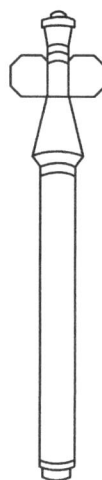

图4-8 管式泥芯采样器

水深小于0.6 m时,可用长柄塑料勺直接采集表层底质样品。

**(五)采样记录和水样标签(HJ 493—2009、HJ 91.2—2022)**

样品采集后要及时将样品编号,贴上标签,并将底质的外观性状,如泥质状态、颜色、嗅味、生物现象等情况填入采样记录表。采集的样品和采样记录表运回后一并交实验室,并办理交接手续。

采样时,水质采样记录表(表4-2)需用签字笔或硬质铅笔在现场记录,一式三份。书写时用硬质铅笔和不溶性墨水,字迹应端正、清晰,项目完整,忌涂改。现场测试的样品应记下平行样的份数和体积,同时记录现场空白样和现场加标样的处置情况。

1.现场采样原始记录表

底质采样记录表、污水采样记录表分别如表4-3、表4-4所示。

表 4-2　水质采样记录表

| 编号 | 河流（湖库）名称 | 采样月日 | 断面名称 | 采样位置 | | | | 气象参数 | | | | | 流速 | 流量 | 现场测定记录 | | | | | | 备注 |
|---|---|---|---|---|---|---|---|---|---|---|---|---|---|---|---|---|---|---|---|---|---|
| | | | | 断面号 | 垂线号 | 点位号 | 水深/m | 气温/℃ | 气压/kPa | 风向 | 风速/(m·s⁻¹) | 相对湿度 | | | 水温 | pH值 | 溶解氧 | 透明度 | 电导率 | 感观指标描述 | |
| | | | | | | | | | | | | | | | | | | | | | |
| | | | | | | | | | | | | | | | | | | | | | |
| | | | | | | | | | | | | | | | | | | | | | |
| | | | | | | | | | | | | | | | | | | | | | |
| | | | | | | | | | | | | | | | | | | | | | |
| | | | | | | | | | | | | | | | | | | | | | |
| | | | | | | | | | | | | | | | | | | | | | |
| | | | | | | | | | | | | | | | | | | | | | |
| | | | | | | | | | | | | | | | | | | | | | |
| | | | | | | | | | | | | | | | | | | | | | |
| | | | | | | | | | | | | | | | | | | | | | |
| | | | | | | | | | | | | | | | | | | | | | |

采样人员：　　　　　　　　　　　　　　　　　记录人员：

表 4-3 底质采样记录表

监测站名：　　　　　　　　　　　　　　　　　　　　　　　　　　　　　　　　　　　年度：

| 序号 | 河流（湖库）名称 | 采样断面（点） | 采样时间 | 水深/m | 采样工具 | 编号 | 底质类型 | 颜色 | 嗅 | 其他特征 | 备注 |
|------|------|------|------|------|------|------|------|------|------|------|------|
|  |  |  |  |  |  |  |  |  |  |  |  |
|  |  |  |  |  |  |  |  |  |  |  |  |
|  |  |  |  |  |  |  |  |  |  |  |  |
|  |  |  |  |  |  |  |  |  |  |  |  |
|  |  |  |  |  |  |  |  |  |  |  |  |

现场情况描述：

采样人员：　　　　　　　　　　　　　　　　　　　　　　记录人员：

表 4-4 污水采样记录表

监测站名：　　　　　　　　　　　　　　　　　　　　　　　　　　　　　　　　　　　年度：

| 序号 | 企业名称 | 行业名称 | 采样口 | 车间或出厂口采样口位置 | 采样口流量/(m³·s⁻¹) | 采样时间 | 颜色 | 嗅 | 备注 |
|------|------|------|------|------|------|------|------|------|------|
|  |  |  |  |  |  |  |  |  |  |
|  |  |  |  |  |  |  |  |  |  |
|  |  |  |  |  |  |  |  |  |  |
|  |  |  |  |  |  |  |  |  |  |

现场情况描述：

治理设施运行状况：

采样人员：　　　　　　　　　企业接待人员：　　　　　　　　　记录人员：

2. 水样标签

水样采集后,往往根据不同的分析要求,分装成数份,并分别加入保存剂,对每一份样品都应附一张完整的水样标签。水样标签应事先设计打印,内容一般包括采样目的,项目唯一性编号,监测点数目、位置,采样时间、日期,采样人员,保存剂的加入量等。标签应用不褪色的墨水填写,并牢固地粘贴于盛装水样的容器外壁上。对于未知的特殊水样以及危险或潜在危险物质,如酸等,应用记号标出,并将现场水样情况作详细描述。水样标签如表 4-5 所示。

表 4-5　水样标签

| 样品编号: | | 业务代号: |
|---|---|---|
| 样品名称: | | |
| 采样断面: | | 采样地点: |
| 添加保存剂种类和数量: | | |
| 检测项目: | | |
| 采样者: | | 采样者: |
| 采样时间: | | |

3. 样品送检单(水样登记表)

样品运到监测室后,应填写水样登记表和送检表。收样人仔细核对,与采样人、送样人各执一份。送检表格式如表 4-6—表 4-8 所示。

表 4-6　水样送检表

监测站名＿＿＿＿＿＿＿＿＿＿＿＿＿＿＿＿＿＿　　　　　年度＿＿＿＿＿＿＿＿＿＿＿＿

| 样品编号 | 采样河流(湖、库) | 采样断面及采样点 | 采样时间 | 添加剂种类 | 数量 | 分析项目 | 备注 |
|---|---|---|---|---|---|---|---|
| | | | | | | | |
| | | | | | | | |
| | | | | | | | |
| | | | | | | | |

| 送样人员: | 接样人员: | 送检时间: |
|---|---|---|

表 4-7　底质送检表

监测站名＿＿＿＿＿＿＿＿＿＿＿＿＿＿＿＿＿＿　　　　　年度＿＿＿＿＿＿＿＿＿＿＿＿

| 样品编号 | 采样河流(湖、库) | 采样断面及采样点 | 采样时间 | 分析项目 | 备注 |
|---|---|---|---|---|---|
| | | | | | |
| | | | | | |
| | | | | | |

| 送样人员: | 接样人员: | 送检时间: |
|---|---|---|

表 4-8　污水送检表

监测站名_____　　　　　　　　年度_____

| 样品编号 | 企业名称 | 行业名称 | 采样口名称 | 采样时间 | 备注 |
|---|---|---|---|---|---|
|  |  |  |  |  |  |
|  |  |  |  |  |  |
|  |  |  |  |  |  |
|  |  |  |  |  |  |
| 送样人员： | | 接样人员： | | 送检时间： | |

**练习题**

**(一)填空题**

1. 废水样品采集时,在某一时间段,在同一采样点按等时间间隔采集等体积水样的混合水样,称为_____。此废水流量变化应为_____%。

2. 比例采样器是一种专用的自动水质采样器,采集的水样量随_____与_____成一定比例,使其在任一时段所采集的混合水样的污染物浓度反映该时段的平均浓度。

3. 采集表层水时,可用桶、瓶等容器直接采取。一般将其沉至水面下_____处采集。

4. _____是指在某一时间和地点从水中随机采集的分散水样。

5. 容器的材质与水样之间的相互作用有_____、_____和_____。

6. 塑料容器可用作测定_____、_____和其他无机物的盛样容器;_____容器可用作测定有机物和生物类等的盛样容器。

7. 综合水样是指在_____采样点_____采集的各个瞬时水样经混合后所得到的水样。

8. 测定金属类的容器,使用前先用洗涤液清洗后,再用自来水冲洗干净,必要时用_____剧烈振荡或浸泡,再用_____后用蒸馏水清洗干净。

9. 测定_____的玻璃容器,先用洗涤剂清洗,再用自来水冲洗,然后再用蒸馏水清洗干净,加盖存放备用。

10. 一般的玻璃容器吸附_____,聚乙烯等塑料吸附_____、磷酸盐和油类。

**(二)判断题**

1. 清洗采样容器的一般程序是,用铬酸-硫酸洗液,再用水和洗涤剂洗,然后用自来水、蒸馏水冲洗干净。　　　　　　　　　　　　　　　　　　　　　　　(　　)

2. 测定水中重金属的采样容器通常用铬酸-硫酸洗液洗净,并浸泡 1~2 d,然后用蒸馏水或去离子水冲洗。　　　　　　　　　　　　　　　　　　　　　　　(　　)

3. 测定氟化物的水样应贮存在玻璃瓶或塑料瓶中。　　　　　　　　　　(　　)

4. 为测定水污染物的平均浓度,一定要采集混合水样。　　　　　　　　(　　)

5. 在封闭管道中采集水样,采样器探头或采样管应妥善地放在进水的上游,采样管不能靠近管壁。　　　　　　　　　　　　　　　　　　　　　　　　　　　　　(　　)

6.对于开阔水体,调查水质状况时,应考虑到成层期与循环期的水质明显不同。了解循环期水质,可采集表层水样;了解成层期水质,应按深度分层采样。　　　　　　　　　　　(　　)

7.等比例混合水样为在某一时段内,在同一采样点所采水样量随时间与流量成比例的混合水样。　　　　　　　　　　　　　　　　　　　　　　　　　　　　　　　　　　(　　)

8.废水中第一类污染物采样点设置在车间处理设施入口。　　　　　　　　　　(　　)

9.溶解氧样品需用双瓶采样器采集单独水样才能分析测定。　　　　　　　　(　　)

10.船只采样数据不具备准确性。　　　　　　　　　　　　　　　　　　　　(　　)

11.测定 BOD 和 COD 的,如果其浓度较低,最好用玻璃瓶保存。　　　　　　(　　)

**(三)简答题**

1.采集水中挥发性有机物和汞样品时,采样容器应如何洗涤?

2.选择采集地下水的容器应遵循哪些原则?

3.重金属铬的样品采集时,采样容器如何洗涤?

# 任务二　水样的保存与运输

各种水质的水样,从采集到分析这段时间里,由于物理的、化学的、生物的作用会发生不同程度的变化,这些变化使得进行分析时的样品已不再是采样时的样品,为了使这种变化降低到最小的程度,必须在采样时对样品加以保护。

水样的保存与运输

## 一、水样变化的原因

1.物理作用

光照、温度、静置或振动、敞露或密封等保存条件及容器材质都会影响水样的性质。如温度升高或强振动会使得一些物质如氧、氰化物及汞等挥发;长期静置会使 $Al(OH)_3$、$CaCO_3$ 及 $Mg_3(PO_4)_2$ 等沉淀。某些容器的内壁能不可逆地吸附或吸收一些有机物或金属化合物等。

2.化学作用

水样各组分间可能发生化学反应,从而改变某些组分的含量与性质。例如,溶解氧或空气中的氧能使二价铁、硫化物等氧化,聚合物可能解聚,单体化合物也有可能聚合。

3.生物作用

细菌、藻类及其他生物体的新陈代谢会消耗水样中的某些组分,产生一些新的组分,改变一些组分的性质,生物作用会对样品中待测的一些项目如溶解氧、二氧化碳、含氮化合物、磷及硅等的含量及浓度产生影响。

## 二、水样的保存方法

### (一)水样保存的要求

适当的保护措施虽然能降低水样变化的程度和减缓其变化速度,但并不能完全抑制其变化。有些特别容易发生变化的项目,如水温、溶解氧、二氧化碳等必须在采样现场进行测定。有一部分项目可在采样现场对水样进行简单的预处理,使之能够保存一定的时间。水样允许保存的时间与水样的性质、分析的项目、溶液的酸度、贮存容器的材质和比表面积以及存放的温度等多种因素有关。保存水样的基本要求是：

①抑制微生物作用；

②减缓化合物或配合物的水解和氧化还原等化学作用；

③减少组分的挥发和吸附损失。

**（二）水样保存的意义**

水样在贮存期内发生变化的程度主要取决于水样的类型及水样的化学性质和生物学性质，也取决于保存条件、容器材质、运输气候变化等因素。这些变化往往非常快，样品常在很短的时间里发生明显的变化，因此必须采取必要的保存措施，并尽快地进行分析。保存措施在降低变化的程度或减缓变化的速度方面是有作用的，但到目前为止，所有的保存措施还不能完全抑制这些变化。而且对于不同类型的水样，保存效果也不同。饮用水很容易贮存，因其对生物或化学的作用很不敏感，一般的保存措施即可有效地贮存，但废水则不同，废水性质或废水采样地点不同，其保存的效果也就不同，如采自城市排水管网和污水处理厂的废水其保存效果不同，采自生化处理厂的废水及未经处理的废水其保存效果也不同。

分析项目决定废水样品的保存时间，有的分析项目要求单独取样，有的分析项目要求在现场分析，有些分析项目的样品能保存较长时间。由于采样地点和样品成分的不同，迄今为止还没有找到适用于一切场合和情况的绝对准则。在各种情况下，保存方法应与使用的分析技术相匹配。

**（三）水样保存的方法**

1. 选择适宜的水样贮存容器并按要求清洗干净准备妥当

参见模块四任务一中盛样容器的选择及清洗。

2. 将水样充满容器至溢流并密封

为避免样品在运输途中振荡，以及空气中的氧气、二氧化碳对容器内样品和待测项目的干扰，应使水样充满容器至溢流并密封保存。但准备冷冻保存的样品不能充满容器，否则水冻成冰之后体积膨胀易致容器破裂。

3. 冷藏

水样冷藏时的温度应低于采样时水样的温度，水样采集后应立即放在冰箱或冰水浴中，置暗处保存，一般于 $2 \sim 5$ ℃冷藏。但冷藏法不适用于要长期保存的水样。

4. 冷冻（ $-20$ ℃）

$-20$ ℃的冷冻温度一般能延长贮存期。分析挥发性物质不适合用冷冻程序。如果样品包含细胞、细菌或微藻类，在冷冻过程中细胞组分会破裂、损失，同样不适合冷冻。冷冻需要掌握冻结和熔融的技术，以使样品在融解时能迅速地、均匀地恢复至原始状态。用干冰快速冷冻是较常用的方法。水样结冰时，体积膨胀，一般都选用塑料容器。

5. 加入化学试剂

1）加入生物抑制剂

为了抑制生物作用，可在样品中加入生物抑制剂。如在测定氨氮、硝酸盐氮、化学需氧量的水样中加入 $HgCl_2$，可抑制生物的氧化还原作用；对测定酚的水样，用 $H_3PO_4$ 调整溶液的 pH 值，加入 $CuSO_4$ 可控制苯酚菌的分解活动。

2）调节 pH 值

测定金属离子的水样常用 $HNO_3$ 酸化至 pH 值为 $1 \sim 2$，这既可防止重金属离子水解沉淀，又可避免金属被器壁吸附,同时在 pH 值为 1~2 的酸性介质中还能抑制生物的活动;测定氰化物或挥发酚的水样加入 NaOH 调至 pH=12,使之生成稳定的酚盐等。测定六价铬的水样应加 NaOH 调至 pH=8,因为在酸性介质中,六价铬的氧化电位高,易被还原。测定总铬的水样,则应加 $HNO_3$ 酸化至 pH 值为 1~2。

3)加入氧化剂或还原剂

例如,测定汞的水样需加入 $HNO_3$(pH<1)和 $K_2Cr_2O_7$(0.05%),使汞保持高价态;测定硫化物的水样,加入抗坏血酸,可以防止被氧化;测定溶解氧的水样则需加入少量 $MnSO_4$ 和 KI 固定溶解氧等。应当注意,加入的保存剂不能干扰测定;保存剂的纯度必须达到分析的要求,还应做相应的空白试验,对测定结果进行校正。

6.水样的过滤或离心分离

如欲测定水样中组分的全量,采样后立即加入保存剂,分析测定时充分摇匀后再取样。如果测定可滤(溶解)态无机组分的含量,国内外均采用以 0.45 μm 微孔滤膜过滤的方法,这样可以有效地除去藻类和细菌,滤后的水样稳定性好,有利于保存。测定不可过滤的金属时,应保留过滤水样用的滤膜备用。如没有 0.45 μm 微孔滤膜,对泥沙型水样可用离心方法处理。测定有机项目的水样,可用砂芯漏斗或玻璃纤维漏斗过滤。

### 三、水样的运输

#### (一)水样运输管理

采集的水样,除供一部分监测项目在现场测定使用外,大部分水样要运回实验室进行分析测试。必须根据采样点的位置和每个项目分析前的最长可保存时间,选用适当的运输方式,在现场工作开始之前,就要安排好水样的运输工作。在水样运输过程中,要保持水样的完整性,使之不受污染、损坏和丢失。

(1)水样运输前应将容器的外(内)盖盖紧,装有水样的容器必须妥善保存和密封,并装在包装箱内固定,以防在运输途中破损。除了防震、避免日光照射和低温运输外,还要防止新的污染物进入容器和沾污瓶口使水样变质。

(2)同一采样点的样品应装在同一包装箱内,如需分装在两个或几个箱子中,则需在每个箱内放入相同的现场采样记录表。

(3)运输前应检查现场记录上的所有水样是否全部装箱。要用醒目色彩在包装箱顶部和侧面标上"切勿倒置"的标记。

(4)每个水样瓶均须贴上标签,内容有采样点位编号、采样日期和时间、测定项目、保存方法,并写明用何种保存剂。

(5)在水样运送过程中,应有押运人员,每个水样都要附一张程序管理卡。在转交水样时,转交人和接收人都必须清点和检查水样并在卡上签字,注明日期和时间。

(6)如果在运输途中水样超过了保质期,管理员应对水样进行检查。如果决定仍然进行分析,那么在出报告时,应明确标出采样和分析时间。

#### (二)运输注意事项

(1)根据采样记录和样品登记表清点样品,防止出错。

(2)塑料容器要塞紧内塞,旋紧外盖。

(3)玻璃瓶要塞紧磨口塞,然后用细绳将瓶塞与瓶颈拴紧或用封口胶、石蜡封口(测油类水样除外)。

(4)防止样品在运输过程中因振动、碰撞而导致损失或污染,最好将样品装桶运送。装运箱和盖要用泡沫塑料或瓦楞纸板作衬里和隔板。样品按顺序装入箱内,加盖前要垫一层塑料膜,再在上面放泡沫塑料或干净的纸条使盖能压住样品瓶。

(5)需冷藏的样品,应配备专门的隔热容器,放入制冷剂,将样品置于其中保存。

(6)冬季应采取保温措施,以免冻裂样品瓶。

(7)防止日光直射。

### (三)样品的交接

在水样运送过程中,应有押运人员。水样送至实验室时首先要检查水样是否冷藏,冷藏温度是否保持在 1~5 ℃。其次要验明标签,清点样品数量,确认无误后签字验收,交接双方填写好样品交接单。

**练习题**

**(一)选择题**

1.测定农药或除草剂等项目的样品瓶按一般规则清洗后,在烘箱内(　　)下烘干 4 h。冷却后再用纯化过的己烷或石油醚冲洗数次。

    A. 180 ℃　　　　　　　　　B. 150 ℃　　　　　　　　　C. 200 ℃

2.测定水中铝或铅等金属时,采集样品后加酸酸化至 pH<2,但酸化时不能使用(　　)。

    A. HCl　　　　　　　　　　B. $H_2SO_4$　　　　　　　　C. $HNO_3$

3.测定水中余氯时,最好在现场分析,如果做不到现场分析,需在现场用过量 NaOH 固定,且保存时间不应超过(　　)h。

    A. 6　　　　　　　　　　　B. 24　　　　　　　　　　　C. 48

4.采集测定微生物的水样时,采样设备与容器不能用(　　)冲洗。

    A. 蒸馏水　　　　　　　　　B. 自来水　　　　　　　　　C. 水样

5.水样中加入(　　)可以防止沉淀。

    A. $H_2SO_4$　　　　　　　　B. $HNO_3$　　　　　　　　　C. NaOH

6.油类物质要单独采样,采样时,应连同表层水一并采集。当只测定水中乳化状态和溶解性油类物质时,应避开漂浮在水体表面的油膜层,在水面下(　　)处取样。

    A. 10 cm　　　　　　　　　B. 10~15 cm　　　　　　　C. 20~50 cm

7.测定汞的水样需加入(　　)和 $K_2Cr_2O_7$,使汞保持高价态。

    A. $HNO_3$　　　　　　　　　B. $H_2SO_4$　　　　　　　　C. $HClO_4$

**(二)判断题**

1.测定溶解氧的水样应带回实验室再进行固定。　　　　　　　　　　　　　　(　　)

2.采集溶解氧水样时,要使用专门的溶解氧瓶,溶解氧瓶上可以用水密封。　　(　　)

3.玻璃瓶要塞紧磨口塞,然后用细绳将瓶塞与瓶颈拴紧或用封口胶、石蜡封口。(　　)

4.采用以 0.45 μm 微孔滤膜过滤的方法,可以有效地除去藻类和细菌。　　　(　　)

5.测定重金属的水样只能用酸调节水样 pH,保存水样。　　　　　　　　　　(　　)

6.冷冻和冷藏可以有效地减缓水样变质,延长保存时间。　　　　　　　　　　(　　)

7.光照、温度、静置、敞露或密封等保存条件都不会影响水样的性质。　　　　(　　)

8. NaOH 与挥发化合物形成盐类。　　　　　　　　　　　　　　　　（　　）

9. 加入氧化剂可以减缓配合物的水解和还原等化学作用。　　　　　　（　　）

10. 样品运输中冬季应采取保温措施，以免冻裂样品瓶。　　　　　　　（　　）

**（三）简单题**

1. 简述水样保存的意义。

2. 水样有哪几种保存方法？试举几个实例说明怎样根据被测物质的性质选用不同的保存方法。

# 任务三　水样的预处理

　　环境水样所含组分复杂，并且多数污染组分含量低，存在形态各异，所以在分析测定之前，往往需要进行预处理，以得到待测组分适合测定方法要求的形态、浓度和消除共存组分干扰的试样体系。在预处理过程中，常由挥发、吸附、污染等原因，造成待测组分含量的变化，故应对预处理方法进行回收率考核。水样的预处理 下面介绍常用的预处理方法。

**一、水样的消解**

　　当测定含有机物水样中的无机元素时，需进行消解处理。消解处理的目的是破坏有机物，溶解悬浮性固体，将各种价态的待测元素氧化成单一高价态或转变成易于分离的无机化合物。消解后的水样应清澈、透明、无沉淀。消解水样的方法有湿式消解法和干式分解法（干灰化法）。

**（一）湿式消解法**

1. 硝酸消解法

　　对于较清洁的水样，可用硝酸消解。其方法要点是：取混匀的水样 50～200 mL 于烧杯中，加入 5～10 mL 浓硝酸，在电热板上加热煮沸，蒸发至小体积，试液应清澈透明，呈浅色或无色，否则，应补加硝酸继续消解。蒸至近干，取下烧杯，稍冷后加 2% 硝酸（或盐酸）20 mL，温热溶解可溶盐。若有沉淀，应过滤，滤液冷至室温后于 50 mL 容量瓶中定容，备用。

2. 硝酸-高氯酸消解法

　　两种酸都是强氧化性酸，联合使用可消解含难氧化有机物的水样。方法要点是：取适量水样于烧杯或锥形瓶中，加 5～10 mL 硝酸，在电热板上加热、消解至大部分有机物被分解。取下烧杯，稍冷，加 2～5 mL 高氯酸，继续加热至开始冒白烟，如试液呈深色，再补加硝酸，继续加热至浓厚白烟将尽（不可蒸至干涸）。取下烧杯冷却，加 2% 硝酸溶解可溶性盐，如有沉淀，应过滤，滤液冷至室温定容备用。

　　因为高氯酸能与羟基化合物反应生成不稳定的高氯酸酯，有发生爆炸的危险，故先加入硝酸，氧化水样中的羟基化合物，稍冷后再加高氯酸处理。

3. 硝酸-硫酸消解法

　　两种酸都有较强的氧化能力，其中硝酸沸点低，而硫酸沸点高，二者结合使用，可提高消解温度和消解效果。常用的硝酸与硫酸的比例为 5∶2。

　　消解时，先将硝酸加入水样中，加热蒸发至小体积，稍冷，再加入硫酸、硝酸，继续加热蒸发至冒大量白烟,冷却,加适量水,温热溶解可溶盐,若有沉淀,应过滤。为提高消解效果,常加入少量过氧化氢。

该方法不适用于处理测定易生成难溶硫酸盐组分(如铅、钡、锶)的水样。

**4. 硫酸-磷酸消解法**

两种酸的沸点都比较高,其中,硫酸氧化性较强,磷酸能与一些金属离子如 $Fe^{3+}$ 等络合,故二者结合消解水样,有利于测定时消除 $Fe^{3+}$ 等金属离子的干扰。

**5. 硫酸-高锰酸钾消解法**

该方法常用于消解测定汞的水样。高锰酸钾是强氧化剂,在中性、碱性、酸性条件下都可以氧化有机物,其氧化产物多为草酸根,但在酸性介质中还可继续氧化。消解要点是:取适量水样,加适量硫酸和5%高锰酸钾溶液,混匀后加热煮沸,冷却,滴加盐酸羟胺溶液破坏过量的高锰酸钾。

**6. 多元消解方法**

为提高消解效果,在某些情况下需要采用三元以上酸或氧化剂消解体系。例如,处理测总铬的水样时,用硫酸、磷酸和高锰酸钾消解。

**7. 碱分解法**

当用酸体系消解水样会造成易挥发组分损失时,可改用碱分解法,即在水样中加入氢氧化钠和过氧化氢溶液,或者氨水和过氧化氢溶液,加热煮沸至近干,用水或稀碱溶液温热溶解。

**(二)干灰化法**

干灰化法又称高温分解法。其处理过程是:取适量水样于白瓷或石英蒸发皿中,置于水浴上蒸干,移入马弗炉内,于 $450 \sim 550$ ℃灼烧到残渣呈灰白色,使有机物完全分解。取出蒸发皿,冷却,用适量2%硝酸(或盐酸)溶解样品灰分,过滤,滤液定容后供测定。

本方法不适用于处理测定易挥发组分(如砷、汞、镉、硒、锡等)的水样。

### 二、水样的富集与分离

当水样中的待测组分含量低于分析方法的检测限时,必须进行富集或浓缩;当有共存干扰组分时,必须采取分离或掩蔽措施。富集和分离往往是不可分割、同时进行的。常用的方法有过滤、挥发、蒸馏、溶剂萃取、离子交换、吸附、共沉淀、层析、低温浓缩等,要结合具体情况选择使用。

**(一)挥发和蒸发浓缩**

挥发分离法是利用某些污染组分挥发度大,或者将待测组分转变成易挥发物质,然后用惰性气体带出而达到分离的目的。例如,用冷原子荧光法测定水样中的汞时,先将汞离子用氯化亚锡还原为原子态汞,再利用汞易挥发的性质,通入惰性气体将其带出并送入仪器测定,该吹气分离装置如图4-9所示;用分光光度法测定水中的硫化物时,先使之在磷酸介质中生成硫化氢,再用惰性气体将其载入乙酸锌-乙酸钠溶液吸收,从而达到与母液分离的目的。测定废水中的砷时,将其转变成砷化氢气体($H_3As$),用吸收液吸收后用分光光度法测定。

蒸发浓缩是指在电热板上或水浴中加热水样,使水分缓慢蒸发,达到缩小水样体积,浓缩待测组分的目的。该方法无须化学处理,简单易行,尽管存在缓慢、易吸附、有损失等缺点,但无更适宜的富集方法时仍可采用。据有关资料介绍,用这种方法浓缩饮用水样,可使铬、锂、钴、铜、锰、铅、铁和钡的浓度提高30倍。

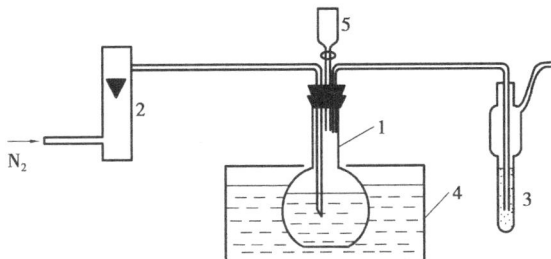

图 4-9　吹气分离装置

## (二) 蒸馏法

蒸馏法是利用水样中各污染组分具有不同沸点而使其彼此分离的方法。测定水样中的挥发酚、氰化物、氟化物时,均需先在酸性介质中进行预蒸馏分离。在此,蒸馏具有消解、富集和分离 3 个作用。图 4-10 为挥发酚和氰化物的蒸馏装置示意图。氟化物可用直接蒸馏装置,也可用水蒸气蒸馏装置,如图 4-11 所示;后者虽然对控温要求较严格,但排除干扰效果好,不易发生暴沸,使用较安全。

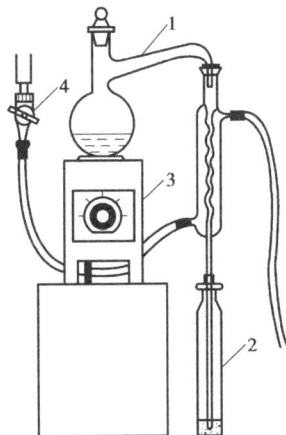

图 4-10　挥发酚、氰化物的蒸馏装置

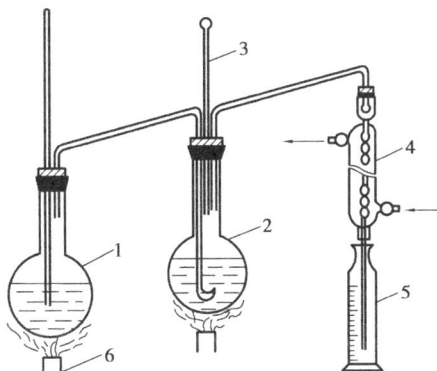

图 4-11　氟化物水蒸气蒸馏装置

## (三) 溶剂萃取法

1. 原理

溶剂萃取法是基于物质在不同的溶剂相中分配系数不同而达到组分的富集与分离的目的,在水相-有机相中的分配系数 $K$ 用下式表示:

$$K = \frac{\text{有机相中被萃取物浓度}}{\text{水相中被萃取物浓度}}$$

当溶液中某组分的 $K$ 值大时,则容易进入有机相,而 $K$ 值很小的组分仍留在溶液中。

分配系数 $K$ 中所指待分离组分在两相中的存在形式相同,而实际并非如此,故通常用分配比 $D$ 表示:

$$D = \frac{\sum [A]_{\text{有机相}}}{\sum [A]_{\text{水相}}}$$

式中　$\sum [A]_{\text{有机相}}$——待分离组分 $A$ 在有机相中各种存在形式的总浓度;

$\sum [A]_{水相}$——待分离组分 $A$ 在水相中各种存在形式的总浓度。

分配比和分配系数不同,它不是一个常数,而随被萃取物的浓度、溶液的酸度、萃取剂的浓度及萃取温度等条件而变化。只有在简单的萃取体系中,被萃取物质在两相中存在形式相同时,$K$ 才等于 $D$。分配比反映萃取体系达到平衡时的实际分配情况,具有较大的实用价值。被萃取物质在两相中的分配还可以用萃取率 $E$ 表示,其表达式为:

$$E = \frac{有机相中被萃取物的量}{水相和有机相中被萃取物的总量} \times 100\%$$

分配比 $D$ 和萃取率 $E$ 的关系如下:

$$E = \frac{D}{D + \dfrac{V_{水}}{V_{有机}}} \times 100\%$$

式中　$V_{水}$——水相的体积;

　　　$V_{有机}$——有机相的体积。

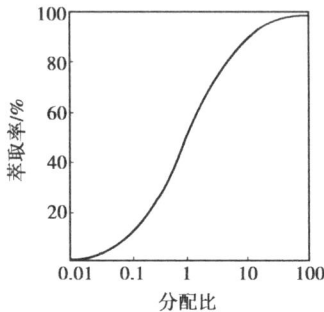

图4-12　$D$ 与 $E$ 的关系

当水相和有机相的体积相同时,二者的关系如图4-12所示。可见,当 $D = \infty$ 时,$E = 100\%$,一次即可萃取完全;当 $D = 100$ 时,$E = 99\%$,一次萃取不完全,需要萃取几次;当 $D = 10$ 时,$E = 90\%$,需连续萃取才趋于完全;当 $D = 1$ 时,$E = 50\%$,要萃取完全相当困难。

2. 类型

1)有机物质的萃取

分散在水相中的有机物质易被有机溶剂萃取,利用此原理可以富集分散在水样中的有机污染物质。例如,用4-氨基安替比林分光光度法测定水样中的挥发酚时,当酚含量低于0.05 mg/L时,则水样经蒸馏分离后须再用三氯甲烷进行萃取浓缩;用紫外-可见分光光度法测定水中的油和用气相色谱法测定有机农药(666、DDT)时,须先用石油醚萃取等。

2)无机物的萃取

由于有机溶剂只能萃取水相中以非离子状态存在的物质(主要是有机物质),而多数无机物质在水相中均以水合离子状态存在,故无法用有机溶剂直接萃取。为实现用有机溶剂萃取,须先加入一种试剂,使其与水相中的离子态组分相结合,生成一种不带电、易溶于有机溶剂的物质。该试剂与有机相、水相共同构成萃取体系。根据生成可萃取物类型的不同,可分为螯合物萃取体系、离子缔合物萃取体系、三元络合物萃取体系和协同萃取体系等。在环境监测中,螯合物萃取体系用得较多。

螯合物萃取体系是指在水相中加入螯合剂,与被测金属离子生成易溶于有机溶剂的中性螯合物,从而被有机相萃取出来。例如,用分光光度法测定水中的 $Cd^{2+}$、$Hg^{2+}$、$Zn^{2+}$、$Pb^{2+}$、$Ni^{2+}$、$Bi^{2+}$ 等,双硫腙(螯合剂)能使上述离子生成难溶于水的螯合物,可用三氯甲烷(或四氯化碳)从水相中萃取后测定,构成双硫腙-三氯甲烷-水萃取体系。

**(四)吸附法**

吸附法是利用多孔性的固体吸附剂将水样中一种或数种组分吸附于表面,再用适宜的溶剂加热或吹气等方法将待测组分解吸,达到分离和富集的目的。

按照吸附机理可分为物理吸附和化学吸附。物理吸附的吸附力是范德华力;化学吸附是在吸附过程中发生了化学反应,如氧化、还原、化合、络合等反应。常用于水样预处理的吸附剂有活性炭、氧化铝、多孔高分子聚合物和巯基棉等。活性炭可用于吸附金属离子或有机物。例如,对含微量 $Cu^{2+}$、$Cd^{2+}$、$Pb^{2+}$、$Fe^{3+}$ 的水样,将其 pH 值调节到 $4.0 \sim 5.5$,加入适量活性炭,置于振荡器上振荡一定时间后过滤,取下炭层滤纸,在 $60\ ℃$ 下烘干,再将其放入烧杯中用少量浓热硝酸处理,蒸干后加入稀硝酸,使被测金属溶解,将所得悬浮液进行离心分离,上清液供原子吸收光谱测定。试验结果表明,该方法的回收率可达 93% 以上。

多孔高分子聚合物吸附剂大多是具有多孔且孔径均一的网状结构树脂,如 CDX(高分子多孔小球)、Tenax、PorapaK、XAD 等。这类吸附剂主要用于吸附有机物。例如,对测定痕量三卤甲烷等多种卤代烃的水样进行预处理时,先用气提法将水样中的卤代烃吹出,送入内装 Tenax 的吸附柱进行富集。此后,将吸附柱加热,使被吸附的卤代烃解吸,并用氮气吹出,经冷冻浓集柱后,转入气相色谱质谱(GC—MS)分析系统。

水样预处理过程是:将 pH 值调至 $3 \sim 4$ 的水样以一定流速通过巯基棉管,待吸附完毕,加入适量氯化钠盐酸解吸液,把富集在巯基棉上的烷基汞解吸下来,并收集在离心管内。向离心管中加入甲苯,振荡提取后静置分层,离心分离,所得有机相供色谱测定。

**(五)离子交换法**

该方法是利用离子交换剂与溶液中的离子发生交换反应进行分离的方法。离子交换剂分为无机离子交换剂和有机离子交换剂两大类,广泛应用的是有机离子交换剂,即离子交换树脂。

离子交换树脂是一种具有渗透性的三维网状高分子聚合物小球,在网状结构的骨架上含有可电离的活性基团,与水样中的离子发生交换反应。根据官能团不同,可分为阳离子交换树脂、阴离子交换树脂和特殊离子交换树脂。其中,阳离子交换树脂按照所含活性基团酸性强弱,又分为强酸型和弱酸型阳离子交换树脂;阴离子交换树脂按其所含活性基团碱性强弱,又分为强碱型和弱碱型阴离子交换树脂。在水样预处理中,最常用的是强酸型阳离子交换树脂和强碱型阴离子交换树脂。

强酸性阳离子交换树脂含有活性基团—$SO_3H$、—$SO_3Na$ 等,一般用于富集金属阳离子。强碱性阴离子交换树脂含有—$N(CH_3)_3X$ 基团,其中 X—为 $OH^-$、$Cl^-$、$NO_3^-$ 等,能在酸性、碱性和中性溶液中与强酸或弱酸阴离子交换,应用较广泛。

用离子交换树脂进行分离的操作程序如下。

(1)交换柱的制备:如分离阳离子,则选择强酸性阳离子交换树脂。首先将其在稀盐酸中浸泡,以除去杂质并使之溶胀和完全转变成 H 型,然后用蒸馏水洗至中性,装入充满蒸馏水的交换柱中;注意防止气泡进入树脂层。需要其他类型的树脂时,均可用相应的溶液处理。如用 NaCl 溶液处理强酸性树脂,可转变成 Na 型;用 NaOH 溶液处理强碱性树脂,可转变成 OH 型等。

(2)交换:将试液以适宜的流速倾入交换柱,则待分离离子从上到下一层层地发生交换过程。交换完毕,用蒸馏水洗涤,洗下残留的溶液及交换过程中形成的酸、碱或盐类等。

(3)洗脱:将洗脱溶液以适宜速度倾入洗净的交换柱,洗下交换在树脂上的离子,达到分离的目的。对阳离子交换树脂,常用盐酸溶液作为洗脱液;对阴离子交换树脂,常用盐酸溶液、氯化钠或氢氧化钠溶液作为洗脱液。对于分配系数相近的离子,可用含有机络合剂或有机溶剂的洗脱液,以提高洗脱过程的选择性。

离子交换技术在富集和分离微量或痕量元素方面得到了较广泛的应用。例如,测定天然水中 $K^+$、$Na^+$、$Ca^{2+}$、$Mg^{2+}$、$SO_4^{2-}$、$Cl^-$ 等组分,可取数升水样,让其流过阳离子交换柱,再流过阴离子交换柱,则各组分交换在树脂上。用几十至一百毫升稀盐酸溶液洗脱阳离子,用稀氨液洗脱阴离子,这些组分的浓度能增加数十倍至百倍。又如,废水中的 $Cr^{3+}$ 以阳离子形式存在,$Cr^{6+}$ 以阴离子形式存在,用阳离子交换树脂分离 $Cr^{3+}$,而 $Cr^{6+}$ 不能进行交换,留在流出液中,可测定不同形态的铬。

### (六)共沉淀法

共沉淀是指溶液中一种难溶化合物在形成沉淀的过程中,将共存的某些痕量组分一起沉淀出来的现象。共沉淀现象在常量分离和分析中是力图避免的,但却是一种分离富集微量组分的手段。例如,在形成硫酸铜沉淀的过程中,可使水样中浓度低至 $0.02\ \mu g/L$ 的 $Hg^{2+}$ 共沉淀出来。

共沉淀的原理包括表面吸附、形成混晶、异电核胶态物质相互作用及包藏等。

(1)利用吸附作用的共沉淀分离:该方法常用的载体有氢氧化铁、氢氧化铝、氢氧化锰及硫化物等。由于它们是表面积大、吸附力强的非晶形胶体沉淀,故吸附和富集效率高。

例如,分离含铜溶液中的微量铝,仅加氨水不能使铝以氢氧化铝沉淀析出,若加入适量 $Fe^{3+}$ 和氨水,则利用生成的氢氧化铁沉淀作载体,吸附氢氧化铝转入沉淀,与溶液中的 $[Cu(NH_3)_4]^{2+}$ 分离;用吸光光度法测定水样中的 $Cr^{6+}$ 时,当水样有色、浑浊、$Fe^{3+}$ 含量低于 $200\ mg/L$ 时,可于 $pH=8\sim9$ 条件下用氢氧化锌作共沉淀剂吸附分离干扰物质。

(2)利用生成混晶的共沉淀分离:当待分离微量组分及沉淀剂组分生成沉淀时,如具有相似的晶格,就可能生成混晶而共同析出。

例如,硫酸铅和硫酸锶的晶形相同,如分离水样中的痕量 $Pb^{2+}$,可加入适量 $Sr^{2+}$ 和过量可溶性硫酸盐,则生成 $PbSO_4$-$SrSO_4$ 的混晶,将 $Pb^{2+}$ 共沉淀出来。

(3)用有机共沉淀剂进行共沉淀分离:有机共沉淀剂的选择性较无机共沉淀剂高,得到的沉淀也较纯净,并且通过灼烧可除去有机共沉淀剂,留下待测元素。

例如,在含痕量 $Zn^{2+}$ 的弱酸性溶液中,加入硫氰酸铵和甲基紫,由于甲基紫在溶液中电离成带正电荷的阳离子 $B^+$,它们之间发生如下共沉淀反应:

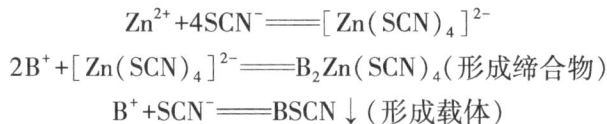

$$Zn^{2+}+4SCN^- =\!=\!=[Zn(SCN)_4]^{2-}$$

$$2B^++[Zn(SCN)_4]^{2-}=\!=\!=B_2Zn(SCN)_4(形成缔合物)$$

$$B^++SCN^- =\!=\!=BSCN\downarrow(形成载体)$$

$B_2Zn(SCN)_4$ 与 BSCN 发生共沉淀,因而将痕量 $Zn^{2+}$ 富集于沉淀之中。又如,痕量 $Ni^{2+}$ 与丁二酮肟生成螯合物,分散在溶液中,若加入丁二酮肟二烷酯(难溶于水)的乙醇溶液,则析出固相的丁二酮肟二烷酯,便将丁二酮肟镍螯合物共沉淀出来。丁二酮肟二烷酯只起载体作用,称为惰性共沉淀剂。

**练习题**

**(一)判断题**

1. 消解后的水样总是澄清、透明、无色的。　　　　　　　　　　　　( 　 )

2. 检测水样中的任何无机元素都须进行消解处理。　　　　　　　　( 　 )

3. 评价预处理方法的主要原则是去除干扰性物质的能力和待测组分的回收率。( 　 )

4. 硝酸-高氯酸消解法中应先加入硝酸,氧化水样中的羟基化合物,稍冷后再加高氯酸处理。
　　　　　　　　　　　　　　　　　　　　　　　　　　　　　　( 　 )

5. 硝酸-硫酸消解法中硝酸与硫酸的比例为 2∶5。　　　　　　　　( 　 )

6. 水样消解中磷酸能与一些金属离子如 $Fe^{3+}$ 等络合,故有 $Fe^{3+}$ 存在的水样不能用磷酸消解。
　　　　　　　　　　　　　　　　　　　　　　　　　　　　　　( 　 )

7. 当水样中的待测组分含量低于分析方法的检测限时,就必须进行分离。( 　 )

8. 蒸馏具有富集、分离和消解的作用。　　　　　　　　　　　　　( 　 )

9. 分配比 $D$ 越大,萃取越容易;反之,萃取越困难。　　　　　　　( 　 )

10. 相同体积的萃取剂分多次萃取比一次萃取效率高。　　　　　　( 　 )

11. 吸附法是利用多孔性的固体吸附剂将水样中一种或数种组分吸附于表面,从而达到分离和富集的目的,是一种化学吸附方法。　　　　　　　　　　　　( 　 )

12. 强酸性阳离子树脂含有活性基团—$SO_3H$、—$SO_3Na$ 等,一般用于富集金属阳离子。
　　　　　　　　　　　　　　　　　　　　　　　　　　　　　　( 　 )

13. 溶液中某组分的 $K$ 值大时,则容易萃取,而 $K$ 值很小的组分仍留在溶液中。( 　 )

14. 用吸光光度法测定水样中的 $Cr^{6+}$ 时,当水样有色、浑浊、$Fe^{3+}$ 含量低于 200 mg/L 时,可于 pH=8~9 条件下用氢氧化锌作共沉淀剂吸附分离干扰物质。　　( 　 )

15. 干灰化法不适用于处理测定易挥发组分的水样,对半挥发的组分适用。( 　 )

16. 测定废水中的砷时,利用萃取的原理将其转变成砷化氢气体。( 　 )

**(二)简单题**

1. 水样在分析测定之前,为什么要进行预处理? 预处理包括哪些内容?

2. 25 ℃时,$Br_2$ 在 $CCl_4$ 和水中的分配比 $D$ 为 29.0,试问:①水溶液中的 $Br_2$ 用等体积的 $CCl_4$ 萃取;②水溶液中的 $Br_2$ 用 1/2 水溶液体积的 $CCl_4$ 萃取,其萃取率各为多少?

3. 怎样用萃取法从水样中分离待测有机污染物质和无机污染物质? 各举一实例。

4. 简要说明用离子交换法分离和富集水样中阳离子和阴离子的原理,各举一实例。

# 模块五
# 水质指标的测定

## 任务一 水样的感官物理指标测定

水样的感官物理指标是水质评价的重要指标,主要包括水温、臭和味、色度、浊度、透明度和残渣等。

水样的感官物理
指标测定

### 一、水温

水温对水中进行的化学和生物化学反应速度有明显影响。在一定范围内,化学和生物化学反应的速度随温度的升高而加快,温度每升高 10 ℃,反应速率约可增加一倍。水中生物和微生物的活动会受水温变化影响,如水温变化能引起水中鱼类品种的改变,稍高的水温还可使一些藻类大量滋生,影响水体的景观,也可导致污水中霉菌大量繁殖,从而影响水质。

水温对水中气体溶解度的影响,以氧为例,随着水温的升高,氧在水中的溶解度逐渐降低。在 1 atm(1.01×10⁵ Pa)的气压下,氧在淡水中的溶解度 10 ℃时为 11.33 mg/L,20 ℃时为 9.17 mg/L,30 ℃时为 7.63 mg/L。

水的温度因水源不同而有很大差异。通常,地下水的温度比较稳定,一般为 8~12 ℃;地表水的温度随季节和气候而变化,大致变化范围为 0~30 ℃;生活污水的温度通常为 10~15 ℃;工业废水的温度因工业类型、生产工艺的不同而差别较大。水温的测定对水体自净、水中的碳酸盐平衡、各种碱度的计算和对水处理过程的运行控制都有重要的意义。

水温为现场观测项目之一。常用的测量仪器有水温计、深水温度计和颠倒温度计,水温计适用于测量水的表层温度,深水温度计适用于水深 40 m 以内的水温的测量,颠倒温度计适用于测量水深在 40 m 以上的各层水温。此外,还有热敏电阻温度计。

### 二、臭和味

清洁的地表水、地下水和生活饮用水都要求不得有异臭、异味,而被污染的水往往会有异臭、异味。水中异臭和异味主要来源于工业废水和生活污水中的污染物、天然物质的分解或与之有关的微生物活动等。无臭无味的水虽然不能

相关标准文件

94

保证不含污染物,但有利于使用者对水质的信任。其主要测定方法有定性描述法和嗅阈值法。

### (一)定性描述法

臭检验方法:取 100 mL 水样于 250 mL 锥形瓶中,检验人员依靠自己的嗅觉,分别在 20 ℃和煮沸稍冷后闻其气味,用适当的词语描述臭特征,如芳香、氯气、硫化氢、泥土、霉烂等气味或没有任何气味,并按表 5-1 划分的等级报告臭强度。

表 5-1 臭强度等级

| 等级 | 强度 | 说明 |
|------|------|------|
| 0 | 无 | 无任何气味 |
| 1 | 微弱 | 一般人难以觉察,嗅觉灵敏者可以觉察 |
| 2 | 弱 | 一般人刚能觉察 |
| 3 | 明显 | 已能明显觉察 |
| 4 | 强 | 有显著的臭味 |
| 5 | 很强 | 有强烈的臭味或异味 |

只有清洁的水样或已确认经口接触对人体健康无害的水样才能进行味的检验。其检验方法是分别取少量 20 ℃ 和煮沸冷却后的水样放入口中,尝其味道,用适当词语(酸、甜、咸、苦、涩等)描述,并参照表 5-1 等级记录味的强度。

### (二)嗅阈值法

用无臭水稀释水样,当稀释到刚能闻出臭味时的稀释倍数称为"嗅阈值",即

$$嗅阈值(TON) = \frac{水样的体积 + 无臭水体积}{水样体积}$$

检验操作要点:用水样和无臭水在具塞锥瓶中配制系列稀释水样,在水浴上加热至 $(60 \pm 1)$ ℃;取下锥瓶,振荡 2~3 次,去塞,闻其气味,与无臭水比较,确定刚好闻出臭味的稀释水样,计算嗅阈值。如水样含余氯,应在脱氯前后各检验一次。由于不同检验人员嗅觉的敏感程度有差异,检验结果会不一致,因此,一般选择 5 名以上嗅觉灵敏的检验人员同时检验,取其检验结果的几何平均值作为代表值。此外,要求检臭人员在检臭前避免外来气味的刺激。

一般用自来水通过颗粒状活性炭吸附制取无臭水;自来水中含余氯时,用硫代硫酸钠溶液滴定脱除。也可将蒸馏水煮沸除臭后作无臭水。

### 三、色度

水是无色透明液体,清洁水在水层较浅时为无色,水层较深时为浅蓝绿色。通常情况下,天然水体中存在各种杂质,如腐殖质、泥土、浮游生物、金属离子、矿物质等,均可使水体着色,从而显示不同颜色。生活污水和工业废水如纺织、印染、造纸、食品、有机合成工业废水中,常含有大量的染料、生物色素和有色悬浮颗粒等,此类环境水体通常因污染源不同而显示不同颜色。水质标准对颜色的规定主要是基于有色废水常让人有感观上的不适,若排入环境使水体着色,则会减弱水体透光性,影响水生生物的生长。

水的颜色分为表色和真色。真色指去除悬浮物后的水的颜色,没有去除悬浮物的水具有

的颜色称为表色。对于清洁或浊度很低的水,真色和表色相近;对于着色深的工业废水或污水,真色和表色差别较大。水的色度一般是指真色。水的颜色常用以下方法测定。

测定较清洁水、轻度污染并略带黄色的天然水和饮用水,比较清洁的地面水、地下水和饮用水等的色度,用铂钴标准比色法,以度数表示结果。如水样混浊则于测定前将水样放置澄清、离心分离或用 0.45 μm 滤膜除去悬浮物,但不能用滤纸过滤,因滤纸会吸附部分颜色。有些水样含有颗粒太细的有机物或无机物质,不能用离心分离,只能测定表色,这时须在结果报告上注明。

对受工业废水污染的地表水和工业废水,可用文字描述颜色的种类和深浅程度,并以稀释倍数法测定色度。

要注意水样的代表性。所取水样应无树叶、枯枝等漂浮杂物。将水样盛于清洁、无色的玻璃瓶内,尽快测定。否则应在约 4 ℃冷藏保存,48 h 内测定。

色度是衡量水体颜色深浅的度量指标,单位用"度"来表示,即在每升溶液中含有 2 mg 六水合氯化钴(Ⅱ)和 1 mg 铂[以六氯铂(Ⅳ)酸的形式]时产生的颜色为 1 度。注:此标准单位导出的标准度有时称为"Hazen 标"或"Pt-Co 标"[《液体化学产品颜色测定法(Hazen 单位——铂-钴色号)》(GB 3143—1982)]或毫克铂/升。

### 四、浊度

浊度是指水中悬浮物对光线透过时所阻碍的程度,美国公共卫生协会将浊度定义为"样品使穿过其中的光发生散射或吸收光线而不是沿直线穿透的光学特性的表征"。水的浊度大小与水中悬浮物质含量及其粒径等性质有关。一般情况下,浊度的测定主要用于天然水、饮用水和部分工业用水。尽管生活污水和工业废水主要通过悬浮固体这一指标反映水中悬浮物质的多少,但在实际污水处理过程中,因为浊度测定较之于悬浮固体更为简便、快捷,易于实现在线监测,所以也经常通过测定浊度达到随时调整所投加化学药剂的量,获得好的出水水质的目的。

水体浊度高,会明显阻碍光线的投射,从而影响水生生物的生存。测定浊度的方法有目视比浊法、分光光度法、浊度计法。其中,目视比浊法的测定依赖于通过 0.1 mm 筛孔(150 目)并经烘干的硅藻土和蒸馏水配制而成的浊度标准贮备液。根据水样浊度高低,用浊度标准贮备液和具塞比色管或具塞无色玻璃瓶配制系列浊度标准溶液。取与系列浊度标准溶液等体积的摇匀水样或稀释水样,置于与之同规格的比浊器皿中,与系列浊度标准溶液比较,选出与水样产生视觉效果相近的标准液,即可得水样的浊度。如用稀释水样,测得浊度应再乘以稀释倍数。

### 五、透明度

透明度是指水样的澄清程度,洁净的水样是透明的。影响水样透明度的因素有颜色、悬浮物和藻类等。由于供水和环境条件不同,其透明度可能不断变化,透明度与浊度相反,一般来说,颜色越深,悬浮物越多,透明度就越低。

常用的透明度测定方法有铅字法和塞氏盘法。

#### (一)铅字法

根据检验人员的视力观察水样的澄清程度。从透明度计筒口垂直向下观察,清楚看到透明度计底部标准铅字印刷符号时,水柱的高度即为透明度,单位是 cm。透明度计是一种长 33 cm、内径 2.5 cm 的玻璃筒,筒壁有以 cm 为单位的刻度,筒底有一磨光的玻璃片。筒与玻璃片之间有一个胶皮圈,用金属夹固定。距玻璃筒底部 1～2 cm 处侧面有一放水管,如图 5-1 所示。筒底有标准铅字印刷符号。本法受检验人员的主观影响较大,测量条件应尽可能一致,最好取多次,或数人测定结果的平均值。

测定时,透明度计应在光线充足的实验室内,放在离直射阳光窗户约 1 m 的地点。将振荡均匀的水样立即倒入筒内至 30 cm 处,从筒口垂直向下观察,如不能清楚地看见印刷符号,则缓慢放出水样,直到刚好能辨认出符号为止,记录此时水柱高度,估计至 0.5 cm。该法适用于天然水和处理后水样的测定。

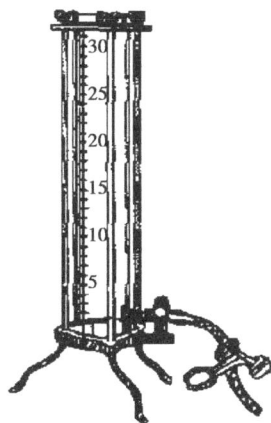

图 5-1　透明度计　　　　　　　　图 5-2　塞氏盘

### (二)塞氏盘法

常用的塞氏盘(又称透明度盘)是以较厚的白铁片剪成直径为 20 cm 的圆板,在板的一面从中心平分为 4 个部分,以黑白漆相间涂布制成。正中间开小孔,穿一铅丝,下面加一铅锤,上面系小绳;在绳上每 10 cm 处用有色丝线或漆做上一个标记即成,如图 5-2 所示。

塞氏盘法是一种现场测定透明度的方法,测定时,将塞氏盘沉入水中,以刚好看不到它时的水深(cm)表示透明度。塞氏盘法的优点是既经济又方便。用来测定海水的塞氏盘采用直径为 30 cm 的全白圆盘。测定时,将塞氏盘在船的背光处放入水中,逐渐下沉,至恰好不能看见盘面的白色时,记录其刻度,观察时需反复 2～3 次。

注意:塞氏盘使用较长时间后,白漆的颜色会逐渐变黄,必须重新涂漆。

### 六、固体物(残渣)

水中的残渣分为总残渣、可滤残渣和不可滤残渣。它们是表征水中溶解性物质、不溶解性物质含量的指标。

### (一)总残渣

总残渣是水或污水样在一定的温度下蒸发、烘干后剩余的物质,包括不可滤残渣和可滤残渣。其测定方法是取适量(如 50 mL)振荡均匀的水样于称至恒重的蒸发皿中,在蒸汽浴或水浴上蒸干,移入 103～105 ℃烘箱内烘至恒重,增加的质量即为总残渣。计算式如下:

$$\rho(总固体物)(mg/L) = \frac{(m_A - m_B) \times 1\ 000 \times 1\ 000}{V}$$

式中    $m_A$——总固体物和总蒸发量,g;

         $m_B$——蒸发皿质量,g;

         $V$——水样体积,mL。

### (二)可滤残渣

可滤残渣量是指将过滤后的水样放在称至恒重的蒸发皿内蒸干,再在一定温度下烘至恒重所增加的质量。一般测定103~105 ℃烘干的可滤残渣,但有时要求测定(180±2)℃烘干的可滤残渣。水样在此温度下烘干,可将吸着水全部去除,所得结果与化学分析结果所计算的总矿物质含量较接近。计算方法同总残渣。

### (三)不可滤残渣(悬浮物)

水样经过滤后留在过滤器上的固体物质,于103~105 ℃烘至恒重得到的物质量称为不可滤残渣量。它包括不溶于水的泥沙和各种污染物、微生物及难溶无机物等。常用的滤器有滤纸、滤膜、石棉坩埚。由于它们的滤孔大小不一致,故报告结果时应注明。石棉坩埚通常用于过滤酸或碱浓度高的水样。

地面水中存在悬浮物,使水体浑浊,透明度降低,影响水生生物呼吸和代谢;工业废水和生活污水含大量无机、有机悬浮物,易堵塞管道、污染环境,因此,为必测指标。

## 七、矿化度

矿化度是水化学成分测定的重要指标,用于评价水中总含盐量,是农田灌溉用水适用性评价的主要指标之一。该指标一般只用于天然水。对无污染的水样,测得的矿化度值与该水样在103~105 ℃时烘干的可滤残渣量值相近。矿化度的测定方法有重量法,电导法,阴、阳离子加和法,离子交换法,比重计法等。重量法含义明确,是较简单、通用的方法。

重量法的测定原理是取适量经过滤除去悬浮物及沉降物的水样于已称至恒重的蒸发皿中,在水浴上蒸干,加过氧化氢除去有机物并蒸干,移至105~110 ℃烘箱中烘干至恒重,计算出矿化度(以 mg/L 为单位)。

## 实验一　水温的测定( GB 13195—1991 )

【知识目标】

了解水温变化的主要来源及影响,熟悉水温的测定。

【技能目标】

熟悉、掌握水温的测定方法及原理,会配制测定中所使用的试剂,能用检测仪器对水体的温度进行测定,会计算、分析检测结果和数据。

相关标准文件

【素质目标】

培养敬业爱岗、严格遵守操作规范的职业道德。

## 一、水温计法

水温计法适用于测量水的表层温度。水温计是安装于金属半圆槽壳内的水银温度表,下端连接一金属贮水杯,水温计水银球部悬于杯中,其顶端的壳带圆环,用于拴以一定长度的绳子。水温计通常测量范围为-6~+40 ℃,分度值为0.2 ℃。测定时,将水温计(图5-3)投入水中至待测深度,放置5 min后,迅速提出水面并读取温度值,至读数完毕应不超过20 s。读数完毕后,将贮水杯内水倒净。当气温与水温相差较大时,尤应注意立即读数,避免受气温的影响。必要时,重复插入水中,再一次读数。

注意事项:

(1)当现场气温高于35 ℃或低于-30 ℃时,水温计在水中的停留时间要适当延长,以达到温度平衡。

(2)在冬季的东北地区读数应在3 s内完成,否则水温计表面形成一层薄冰,影响读数的准确性。

### 二、深水温度计法

深水温度计(图5-4)适用于水深40 m以内的水温的测量,测量范围为-2~40 ℃,分度值为0.2 ℃。深水温度计构造与水温计相似,贮水杯较大,并有上、下活门,利用其放入水中和提升时活门的自动开启和关闭,使杯内装满所测温度的水样。

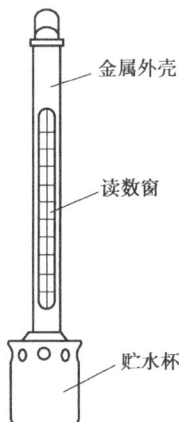

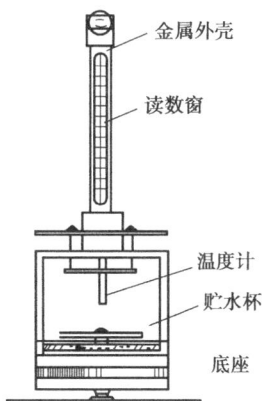

图5-3　水温计　　　　　图5-4　深水温度计

### 三、颠倒温度计法

颠倒温度计法适用于测量水深40 m以上的各层水温,测量范围为主温表-2~32 ℃,分度值为0.1 ℃,辅温表-20~50 ℃,分度值为0.5 ℃。颠倒温度计(图5-5)由主温表和辅温表组装在厚壁玻璃套管内构成,主温表是双端式水银温度计。前者用于测量水温,后者与前者配合使用,用于校正由环境温度改变而引起的主温表读数的变化。测量时,一般将其装在采水器上沉入预定深度的水层,放置10 min,由于"盲枝"作用,采水器完成颠倒动作。

感温时,温度计的贮泡向下,断点以上的水银柱高度取决于现场温度,当温度计颠倒时,水银在断点断开,分成上、下两部分,此时接受泡一端的水银柱显示温度即为所测温度。

上提采水器,立即读取主温表上的温度。根据主、辅温表的读数,分别查主、辅温表的器差表(由温度计检定证中的检定值线性内插作成)得相应的校正值。

颠倒温度表的还原校正值 $K$ 的计算公式为:

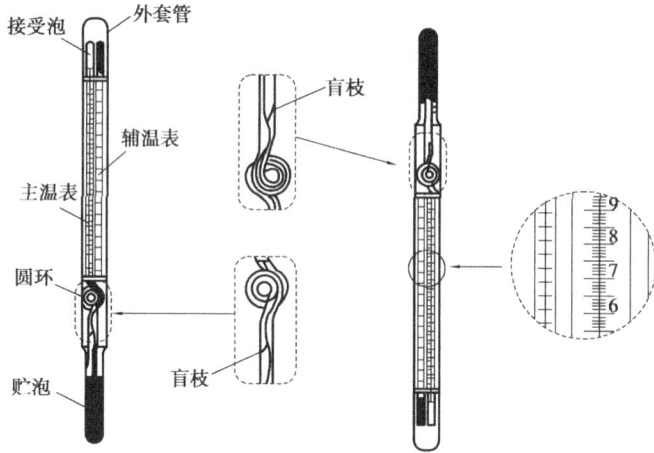

图 5-5　颠倒温度计

$$K = \frac{(T - t)(T + V_0)}{n}\left(1 + \frac{T + V_0}{n}\right)$$

式中　$T$——主温表经器差校正后的读数；

　　　$t$——辅温表经器差校正后的读数；

　　　$V_0$——主温表自接受泡至刻度 0 ℃处的水银容积,以温度度数表示；

　　　$\dfrac{1}{n}$——水银与温度计玻璃的相对膨胀系数,$n$ 通常取值为 6 300。

主温表经器差校正后的读数 $T$ 加还原校正值 $K$,即为实际水温。

以上各种水温计应定期由计检部门校核。

## 实验二　色度的测定

色度的测定

相关标准文件

【知识目标】

了解水体颜色的主要来源及水体颜色的监测指标,熟悉真色、表色的含义,了解表色的去除方法。

【技能目标】

熟悉、掌握水体浊度的测定方法及原理,会配制测定中所使用的试剂,能用检测仪器对水体的色度进行测定,会计算、分析检测结果和数据。

【素质目标】

树立安全环保意识；

培养吃苦耐劳、无私奉献、担当有为的精神；

培养精益求精、科学严谨、实事求是、团结协作的精神。

一、色度的测定——铂钴比色法(GB 11903—1989)

**(一)方法原理**

铂钴比色法用六氯铂酸钾($K_2PtCl_6$)和六水氯化钴($CoCl_2 \cdot 6H_2O$)的混合溶液作为标准溶液,将待测水样与标准色列进行目视比色,以确定其色度。该法所配成的标准色列,性质稳定,可较长时间存放。

由于氯铂酸钾价格较贵,可以用铬钴比色法代替进行色度的测定,即将一定量重铬酸钾和硫酸钴溶于水中制成标准色列,进行目视比色确定待测水样的色度。该法所制成标准色列保存的时间比较短。本测定方法采用《水质 色度的测定》(GB 11903—1989)(部分有效)。

**(二)仪器试剂**

1.试剂及药品

(1)六水氯化钴、浓盐酸($\rho=1.18$ g/mL)、氯铂酸钾,除另有说明外,测定中仅使用光学纯水(蒸馏水)及分析纯试剂(AR,红标签)。

(2)光学纯水:将 0.2 μm 的滤膜(细菌学研究中所采用的)在 100 mL 蒸馏水或去离子水中浸泡 1 h,用它过滤 250 mL 蒸馏水或去离子水,弃去最初的 250 mL,之后用这种水配制全部标准溶液并作为稀释水。

(3)色度标准贮备液,相当于 500 度:将($1.245\pm0.001$)g 六氯铂(Ⅳ)酸钾($K_2PtCl_6$)及($1.000\pm0.001$)g 六水氯化钴(Ⅱ)($CoCl_2 \cdot 6H_2O$)溶于约 100 mL 水中,加($100\pm1$)mL 浓盐酸($\rho=1.18$ g/mL)并在 1 000 mL 的容量瓶内用水稀释容到标线。

(4)保存条件:将溶液放在密封的玻璃瓶中,存放在暗处,温度不能超过 30 ℃。这些溶液至少能稳定保存 6 个月。

(5)色度标准溶液:在一组 50 mL 的比色管中,用移液管分别加入 0,2.50,5.00,7.50,10.00,12.50,15.00,17.50,20.00,30.00 及 35.00 mL 色度标准贮备液,并用水稀释至标线。溶液色度分别为 0,5,10,15,20,25,30,35,40,60 和 70 度。

溶液放在密封好的玻璃瓶中,存放于暗处。温度不能超过 30 ℃。这些溶液至少可稳定保存 1 个月。

2.仪器

(1)常用实验室仪器:不同型号的烧杯 3 个、胶头滴管 3 个、玻璃棒、量筒。

(2)具塞比色管 1 套,50 mL。规格一致,光学透明玻璃底部无阴影。

(3)pH 计,精度±0.1 pH 单位。

(4)容量瓶,250 mL。

(5)离心机。

**(三)操作步骤**

(1)样品处理:将样品倒入 250 mL(或更大)的量筒中,静置 15 min,用烧杯倾取上层液体作为样品进行测定。(如果水样浑浊,可以先进行离心处理,取上清液测定)

(2)样品测定:

①将烧杯中上层清液加入 50 mL 比色管中至刻度线,将试样与色度标准系列进行目视比色,将比色管置于白纸上,在日光下目光垂直管口向下观察,记录试样与铂-钴色度标准系列的色度,记录数据。

②垂直向下观察液柱,找出与水样色度最接近的标准溶液。标准溶液色度对照表如表5-2所示。如色度≥70度,用光学纯水将水样适当稀释后,使色度落入标准溶液范围之中再行测定。

表5-2　标准溶液色度对照表

| 标准溶液/mL | 0 | 2.5 | 5 | 7.5 | 10 | 12.5 | 15 | 17.5 | 20 | 30 | 35 |
|---|---|---|---|---|---|---|---|---|---|---|---|
| 色度/度 | 0 | 5 | 10 | 15 | 20 | 25 | 30 | 35 | 40 | 60 | 70 |

(3)另取试样测定 pH 值。

**(四)结果表示**

以色度的标准单位报告与水样最接近的标准溶液的值,在 0 ~ 40 度(不包括40度)的范围内,准确到5度;40 ~ 70度范围内,准确到10度。

在报告样品色度的同时报告 pH 值。

稀释过的样品色度 $A_0$ 以度计,用下式计算:

$$A_0 = \frac{V_1}{V_0} A_1$$

式中　$V_1$——样品稀释后的体积,mL;

　　　$V_0$——样品稀释前的体积,mL;

　　　$A_1$——稀释样品色度的观察值,度。

**二、色度的测定——稀释倍数法(HJ 1182—2021)**

**(一)方法原理**

将样品稀释至与水相比无视觉感官区别,用稀释后的总体积与原体积的比表达颜色的强度,单位为倍。

本测定方法采用《水质 色度的测定 稀释倍数法》(HJ 1182—2021)。本标准适用于生活污水和工业废水色度的测定,方法检出限和测定下限为2倍。

**(二)试剂、人员、环境和设备**

1.试剂

去离子水或纯水。

2.人员、环境和设备

(1)人员:检测人员必须视力正常,具备能准确分辨色彩的能力,不能有色觉障碍和色盲。检测人员应熟练掌握色度测定基本知识和测定步骤,能够正确地识别和描述样品。

(2)测定背景:实验房间墙体的颜色应为白色,检测人员应穿着白色实验服。

(3)具塞比色管:50 mL、100 mL,内径一致,无色透明,底部均匀无阴影。

(4)光源:在光线充足的条件下可使用自然光,否则应在光源下进行测定。光源为荧光灯或 LED 灯,2 种光源发出的光均要求为冷白色。两根灯管并排放置,灯管下无任何遮挡,每根灯管长度至少1.2 m。光源悬挂于实验台面上方1.5 ~ 2.0 m处,开启光源时,应关闭室内其他所有光源。荧光灯功率≥40 W 或 LED 灯功率≥26 W。

（5）容量瓶：100 mL。

（6）量筒：25 mL、100 mL、250 mL。

（7）pH 计：精度±0.1 pH 单位或更高精度。

（8）采样瓶：250 mL 具塞磨口棕色玻璃瓶。

（9）一般实验室常用仪器和设备。

**（三）样品保存**

样品采集后应在 4 ℃以下冷藏、避光保存，24 h 内测定。对于可生化性差的样品，如染料和颜料废水等样品，可冷藏保存 15 d。

**（四）操作步骤**

**1. 试样制备**

将样品倒入 250 mL 量筒中，静置 15 min，取上层非沉降部分作为试样进行测定。

**2. 颜色描述**

取已制备好的试样倒入 50 mL 具塞比色管中，至 50 mL 标线，将具塞比色管垂直放置在白色表面上，垂直向下观察液柱。用文字描述样品的颜色特征：颜色（红、橙、黄、绿、蓝、紫、白、灰、黑）、深浅（无色、浅色、深色）、透明度（透明、浑浊、不透明）。

**3. pH 值的测定**

对水样进行 pH 值的测定。

**4. 初级稀释**

准确移取 10.0 mL 已制备好的试样于 100 mL 比色管或 100 mL 容量瓶中，用去离子水或纯水稀释至 100 mL 刻度，混匀后按目视比色法观察，如果还有颜色，则继续取稀释后的试样 10.0 mL，再稀释 10 倍，依次类推，直到刚好与水无法区别为止，记录稀释次数 $n$。

**5. 自然倍数稀释**

用量筒取第 $n-1$ 次初级稀释的试样，按照表 5-3 的稀释方法由小到大逐级按自然倍数进行稀释，每稀释 1 次，混匀后按目视比色法观察，直到刚好与水无法区别时停止稀释，记录稀释倍数 $D_1$。

表 5-3　稀释方法及结果表示

| 稀释倍数（$D_1$） | 稀释方法 | 结果表示 |
|---|---|---|
| 2 倍 | 取 25 mL 试样加水 25 mL，混匀备用 | $2\times10^{n-1}$ 倍（$n=1,2\cdots$） |
| 3 倍 | 取 20 mL 试样加水 40 mL，混匀备用 | $3\times10^{n-1}$ 倍（$n=1,2\cdots$） |
| 4 倍 | 取 20 mL 试样加水 60 mL，混匀备用 | $4\times10^{n-1}$ 倍（$n=1,2\cdots$） |
| 5 倍 | 取 10 mL 试样加水 40 mL，混匀备用 | $5\times10^{n-1}$ 倍（$n=1,2\cdots$） |
| 6 倍 | 取 10 mL 试样加水 50 mL，混匀备用 | $6\times10^{n-1}$ 倍（$n=1,2\cdots$） |
| 7 倍 | 取 10 mL 试样加水 60 mL，混匀备用 | $7\times10^{n-1}$ 倍（$n=1,2\cdots$） |
| 8 倍 | 取 10 mL 试样加水 70 mL，混匀备用 | $8\times10^{n-1}$ 倍（$n=1,2\cdots$） |
| 9 倍 | 取 10 mL 试样加水 80 mL，混匀备用 | $9\times10^{n-1}$ 倍（$n=1,2\cdots$） |

6. 目视比色

将稀释后的试样和水分别倒入 50 mL 具塞比色管至 50 mL 标线,将具塞比色管垂直放置在白色表面上,垂直向下观察液柱,比较试样和水的颜色。

（五）结果计算与表示

1. 结果计算

样品的稀释倍数 $D$ 按下式进行计算：

$$D = D_1 \times 10^{n-1}$$

式中　$D$——样品稀释倍数；

　　　$n$——稀释次数；

　　　$D_1$——稀释倍数。

2. 结果表示

结果以稀释倍数值表示。在报告样品色度的同时,报告颜色特征和 pH 值。

## 实验三　浊度的测定

浊度的测定

相关标准文件

【知识目标】

了解水体浊度的主要来源及水体浊度的监测指标,熟悉浊度的含义,了解浊度的检测方法。

【技能目标】

熟悉、掌握水体浊度的测定方法及原理,会配制测定中所使用的试剂,能用检测仪器对水体的浊度进行测定,会计算、分析检测结果和数据。

【素质目标】

培养环保意识和节约意识,不浪费药品试剂,不造成环境污染；

树立诚信意识、质量意识和规范意识；

有较强的集体意识、团队合作精神、敬业精神和诚实守信的职业素养。

### 一、浊度的测定——分光光度法（GB 13200—1991）

（一）方法原理

在适当温度下,硫酸肼与六次甲基四胺聚合,形成白色高分子聚合物。以此作为浊度标准液,在一定条件下与水样浊度相比较。本法适用于测定天然水、饮用水的浊度,最低检测浊度为 3 度。

（二）仪器试剂

1. 试剂

（1）无浊度水

将蒸馏水通过 0.2 μm 滤膜过滤,收集于用滤过水荡洗两次的烧瓶中。

（2）浊度贮备液

①硫酸肼溶液：称取 1.000 g 硫酸肼 $[(NH_2)_2H_2SO_4]$ 溶于水中，定容至 100 mL。

②六次甲基四胺溶液：称取 10.00 g 六次甲基四胺 $[(CH_2)_6N_4]$ 溶于水中，定容至 100 mL。

③浊度标准溶液：吸取 5.00 mL 硫酸肼溶液与 5.00 mL 六次甲基四胺溶液于 100 mL 容量瓶中，混匀。于 $(25\pm3)℃$ 下静置反应 24 h。冷却后用水稀释至标线，混匀。此溶液浊度为 400 度，可保存一个月。

2. 仪器

50 mL 比色管，3 cm 比色皿，分光光度计。

（三）水样的采集与保存

样品收集于具塞玻璃瓶内，应在取样后尽快测定。如需保存，可在 4 ℃ 冷藏、暗处保存 24 h，测试前要激烈振摇水样并恢复到室温。

（四）操作步骤

1. 标准曲线的绘制

吸取浊度标准溶液 0、0.50、1.25、2.50、5.00、10.00 和 12.50 mL，置于 50 mL 比色管中，加无浊度水至标线。摇匀后即得浊度为 0、4、10、20、40、80、100 度的标准系列。在 680 nm 波长下，用 3 cm 比色皿测定吸光度，绘制标准曲线。

2. 水样的测定

吸取 50.0 mL 摇匀水样（无气泡，如浊度超过 100 度可酌情少取，用无浊度水稀释至 50.0 mL）于 50 mL 比色管中，按绘制标准曲线的步骤测定吸光度，从标准曲线上查得水样浊度。

水样应无碎屑及易沉降的颗粒。器皿不清洁及水中溶解的空气泡会影响测定结果。如在 680 nm 波长下测定，天然水中存在的淡黄色、淡绿色无干扰。

（五）结果表示

$$浊度 = \frac{A(B+C)}{C}$$

式中　$A$——稀释后水样的浊度，度；

　　　　$B$——稀释水体积，mL；

　　　　$C$——原水样体积，mL。

不同浊度范围测试结果的精度要求如表 5-4 所示。

表 5-4　不同浊度范围测试结果的精度要求

| 浊度范围/度 | 精度/度 | 浊度范围/度 | 精度/度 |
|---|---|---|---|
| 1 ~ 10 | 1 | 10 ~ 100 | 5 |
| 100 ~ 400 | 10 | 400 ~ 1 000 | 50 |
| 大于 1 000 | 100 | | |

注意：硫酸肼毒性较强，属致癌物质，取用时须注意。

### 二、浊度的测定——目视比浊法（GB 13200—1991）

**（一）方法原理**

将水样与由硅藻土（或白陶土）配制的浊度标准溶液进行比较。规定相当于 1 mg 一定粒度的硅藻土（白陶土）在 1 000 mL 水中所产生的浊度为 1 度。

**（二）仪器试剂**

1. 试剂

（1）称取 10 g 通过 0.1 mm 筛孔（150 目）的硅藻土于研钵中，加入少许蒸馏水调成糊状并研细，移至 1 000 mL 量筒中，加水至刻度。充分搅拌，静置 24 h，用虹吸法仔细将上层 800 mL 悬浮液移至第二个 1 000 mL 量筒中。向第二个量筒内加水至 1 000 mL，充分搅拌后再静置 24 h。

（2）吸出上层含较细颗粒的 800 mL 悬浮液，弃去。下部沉积物加水稀释至 1 000 mL。充分搅拌后贮于具塞玻璃瓶中，其中含硅藻土颗粒直径为 400 μm 左右。

（3）取上述悬浊液 50.0 mL 置于已恒重的蒸发皿中，在水浴上蒸干。于 105 ℃ 烘箱内烘 2 h，置干燥器中冷却 30 min，称重。重复以上操作，即烘 1 h，冷却，称重，直至恒重。求出每毫升悬浊液中含硅藻土的质量（mg）。

（4）吸取含 250 mg 硅藻土的悬浊液，置于 1 000 mL 容量瓶中，加水至刻度，摇匀。此溶液浊度为 250 度。

（5）吸取浊度为 250 度的标准液 100 mL 置于 250 mL 容量瓶中，用水稀释至标线。此溶液浊度为 100 度。

2. 仪器

（1）100 mL 具塞比色管。

（2）250 mL 无色具塞玻璃瓶，玻璃质量和直径均需一致。

（3）分光光度计。

**（三）采样**

浊度最好在采样后立即测定。

**（四）操作步骤**

1. 浊度低于 10 度的水样

（1）吸取浊度为 100 度的标准液 0、1.0、2.0、3.0、4.0、5.0、6.0、7.0、8.0、9.0 及 10.0 mL 于 100 mL 比色管中，加水稀释至标线，混匀，配制成浊度为 0、1.0、2.0、3.0、4.0、5.0、6.0、7.0、8.0、9.0、10.0 度的标准液。

（2）取 100 mL 摇匀水样置于 100 mL 比色管中，与浊度标准液进行比较。可在黑色板上由上往下垂直观察。

2. 浊度为 10 度以上的水样

（1）吸取浊度为 250 度的标准液 0、10、20、30、40、50、60、70、80、90 及 100 mL 置于 250 mL 容量瓶中，加水稀释至标线，混匀，即得浊度为 0、10、20、30、40、50、60、70、80、90 和 100 度的标准液，移入成套的 250 mL 具塞玻璃瓶中，密塞保存。

（2）取 250 mL 摇匀水样置于成套的 250 mL 具塞玻璃瓶中，瓶后放一有黑线的白纸作为判别标志。从瓶前向后观察，根据目标清晰程度，选出与水样产生视觉效果相近的标准液，记下其浊度值。

（3）水样浊度超过100度时，用无浊度水稀释后测定。

（五）结果表示

同分光光度法。

## 【知识拓展】水的电导率

电导率表示的是水溶液传导电流的能力。电导率的大小取决于溶液中所含离子的种类、总浓度、迁移性和价态，还与测定时的温度有关。温度每升高1 ℃，电导率增加约2%，通常规定25 ℃为测定电导率的标准温度。由于水溶液中绝大部分无机化合物都有良好的导电性，而有机化合物分子难以离解，基本不具备导电性，因此，电导率又可以间接表示水中溶解性总固体的含量和含盐量。

水溶液的电导率是指将相距1 cm，横截面积各为1 cm$^2$的两片平行电极插入水中所测得的电阻值，电导率的单位是西门子/米（S/m）或毫西门子/米（mS/m）。

超纯水的电导率小于0.01 mS/m；新鲜蒸馏水的电导率约为0.05～0.2 mS/m，放置一段时间后，由于吸收了空气中的$CO_2$可上升至0.2～0.4 mS/m；饮用水为5～150 mS/m；天然水的电导率多为5～50 mS/m；矿化水可达50～100 mS/m；含酸、碱、盐的工业废水电导率往往超过1 000 mS/m；海水大约为3 000 mS/m。

实验室中一般采用电导率仪来测定水的电导率。它的基本原理是：已知标准KCl溶液的电导率，用电导率仪测某一浓度KCl溶液的电导值，根据下式可求得电导池常数$C$。

$$C = \frac{G_S}{K_S}$$

式中　$G_S$——标准KCl溶液的电导，S；

　　　$K_S$——标准KCl溶液的电导率，S/cm。

用电导率仪测待测水样的电导，根据公式$K = \frac{G}{C}$即可求得水样的电导率。常见的电导率仪经校正后可以直接读出水的电导率值。不同浓度KCl溶液的电导率见表5-5。

表5-5　不同浓度KCl溶液的电导率

| 浓度/(mol·L$^{-1}$) | 0.000 1 | 0.000 5 | 0.001 | 0.005 | 0.01 | 0.02 | 0.05 | 0.1 | 0.2 | 0.5 | 1 |
|---|---|---|---|---|---|---|---|---|---|---|---|
| 电导率/(μS·cm$^{-1}$) | 14.9 | 73.9 | 146.9 | 717.5 | 1 412 | 2 765 | 6 667 | 12 890 | 24 800 | 58 670 | 111 900 |

## 练习题

（一）填空题

1.定性描述法适用于天然水、_____水_____水和_____水中臭的检验。

2.水中的臭主要来源于_____水或_____水中的污染物、天然物质的分解或与之有关的微生物活动等。

3.嗅阈值法适用于_____水至嗅阈值_____水中臭的检验。

4.嗅阈值法检验水中臭时，其检验人员的嗅觉敏感程度可用_____或_____

测试。

5. 用"嗅阈值"表示水中臭检验结果时,闻出臭气的最低浓度称为"_____",水样稀释到闻出臭气浓度的稀释倍数称为"_____"。

6. 在冬季的东北地区用水温计测水温时,读数应在_____ s 内完成,避免水温计表面形成薄冰,影响读数的准确性。

7. 水温测定时,当气温与水温相差较大时,尤应注意立即_____,避免受_____影响。

8. 透明度是指水样的澄清程度,洁净的水样是透明的,水样中存在_____ 和_____时,透明度便降低。

9. 铅字法适用于_____水和_____水样的透明度测定。

10. 铅字法测定水的透明度,透明度度数记录以_____ 表示,估计至_____ cm。

11. 塞氏盘又称_____,常用的塞氏盘是用较厚的白铁片剪成直径为 200 mm 的圆板,在板的一面从中心平分为 4 个部分,以_____制成。

12. 水中的残渣一般分为_____、_____和_____ 3 种,其中_____也称为悬浮物。

13. 水中的悬浮物是指水样通过孔径为_____ μm 的滤膜,截留在滤膜上并于_____℃下烘干至恒重的固体物质。

(二)判断题

1. 定性描述法测定水样臭时选用适当的词语描述臭的特征。　　　　（　　）
2. 测定水的浊度时,气泡和振动将会破坏样品的表面,会干扰测定。　（　　）
3. 测定浊度的水样,可用具塞玻璃瓶采集,也可用塑料瓶采集。　　（　　）
4. 重量法适用于农田灌溉水质、地下水和城市污水中全盐量的测定。（　　）
5. 文字描述法是粗略的检臭法,由于各人的嗅觉感受程度不同,所得结果会有一定出入。

　　　　　　　　　　　　　　　　　　　　　　　　　　　　（　　）
6. 检验水样中臭使用的无臭水,可以通过自来水煮沸的方式获取或直接使用市售蒸馏水。

　　　　　　　　　　　　　　　　　　　　　　　　　　　　（　　）
7. 嗅阈值法检验水中臭时,检验试样的温度应保持在(60±2)℃。　　（　　）
8. 重量法测定水中全盐量时,如果蒸干的残渣有色(含有机物),则应用过氧化氢溶液处理。

　　　　　　　　　　　　　　　　　　　　　　　　　　　　（　　）
9. 重量法适用于生活污水和工业废水中悬浮物的测定,不适用于地表水和地下水中悬浮物的测定。　　　　　　　　　　　　　　　　　　　　　　　　（　　）
10. 一般现场测定浊度的水样如需保存,应于 4 ℃冷藏。测定时要恢复至室温后立即进行测试。　　　　　　　　　　　　　　　　　　　　　　　　　（　　）
11. 水温计和颠倒温度计用于湖库等深层水温的测量。　　　　　　（　　）
12. 水温计或颠倒温度计需要定期校核。　　　　　　　　　　　　（　　）
13. 水的透明度与浊度成正比,水中悬浮物越多,其透明度就越低。　（　　）
14. 测定水样透明度时,铅字法使用的仪器是透明度计,塞氏盘法使用的是透明度盘。

　　　　　　　　　　　　　　　　　　　　　　　　　　　　（　　）

15.没有去除悬浮物的水具有的颜色称为真色。　　　　　　　　　　　　　(　　)

16.铅字法测定透明度必须将所取的水样静置后,再倒入透明度计内至 30 cm 处。

(　　)

17.铅字法测定水样透明度时,观察者应从透明度计筒口垂直向下观察水下的印刷符号。

(　　)

18.用塞氏盘法测定水样的透明度,记录单位为 m。　　　　　　　　　　　(　　)

19.现场测定透明度时,将塞氏盘直接放入水中,记录圆盘下沉的长度。　　(　　)

20.稀释倍数法和铂钴比色法对色度的测定结果是一样的。　　　　　　　　(　　)

**(三)选择题**

1.文字描述法检测水中臭时,采样后应尽快检测,最好在样品采集后(　　)h 内完成。

　　A.2　　　　　　B.6　　　　　　C.12　　　　　　D.24

2.嗅阈值法检测水中臭时,检验嗅阈值的人数视检测目的、检测费用和选定检臭人员等条件而定。一般情况下,至少(　　)人,最好(　　)人或更多,方可获得精度较高的结果。

　　A.5,10　　　　　B.2,5　　　　　C.3,6　　　　　D.4,8

3.嗅阈值法检验水中臭时,应先检测(　　)的试样,逐渐(　　)浓度,以免产生嗅觉疲劳。

　　A.最浓,降低　　　　　　　　　　B.中间浓度,升高

　　C.最稀,升高　　　　　　　　　　D.中间浓度,先降低后再升高

4.下列关于水中悬浮物测定的描述中,不正确的是(　　)。

　　A.水中悬浮物的理化特性对悬浮物的测定结果无影响

　　B.所用的滤器与孔径的大小对悬浮物的测定结果有影响

　　C.截留在滤器上物质的数量对悬浮物的测定结果有影响

　　D.滤片面积和厚度对悬浮物的测定结果有影响

5.关于重量法测定水中全盐量样品的采集,下列描述中不正确的是(　　)。

　　A.采样时不可搅动水底部的沉积物

　　B.如果水样中含沉降性固体(如泥沙等)则应分离除去

　　C.样品只能采集在玻璃瓶中

　　D.采样时应做好采样记录

6.目视比色法测定浊度时,用 250 度的浊度原液配制 100 度标准液 500 mL,需吸取(　　)mL 浊度原液。

　　A.250　　　　　B.100　　　　　C.500　　　　　D.200

7.铅字法测定水的透明度时,使用的透明度计必须保持洁净,观察者应记录(　　)时水柱的高度。

　　A.能模糊地辨认出符号　　　　　　B.刚好能辨认出符号

　　C.无法辨认出符号　　　　　　　　D.能清晰地辨认出符号

8.用塞氏盘法在现场测定水的透明度时,正确方法是将盘在船的(　　)处平放水中。

　　A.直射光　　　　B.背光　　　　C.迎光　　　　　D.反射光

9.用塞氏盘法在现场测定水的透明度时,将圆盘没入水中逐渐下沉至恰好不能看见盘面的(　　)时,记取其尺度。

    A. 白色　　　　　B. 黑色　　　　　C. 黑白两色

10. 使用铅字法测定水样的透明度时,水柱高度超出 1 m 以上的水样应该(　　)。

    A. 作为透明水样　　　　　　　　B. 按照实际高度记录厘米数

    C. 水样稀释后再观察　　　　　　D. 透明度数计作 1 m

**(四)简答题**

1. 简述测定水中悬浮物的意义。

2. 说明浊度、透明度、色度的含义及区别。

3. 用重量法测定矿化度时,如何消除干扰?

4. 简述嗅阈值法检测水中臭时应注意的事项。

5. 水样的总固体、溶解性固体和悬浮性固体有何区别?

# 任务二　水样的非金属无机物指标的测定

水样的非金属
无机物指标的测定

非金属无机物是水质指标的重要组成部分,《地表水环境质量标准》(GB 3838—2002)及《污水综合排放标准》(GB 8978—1996)中介绍了非金属无机物的酸度和碱度、含氮化合物、含磷化合物等水中氧平衡指标及营养盐指标的分析测定。

营养物质是促进水中植物生长,从而加速水体富营养化的各种物质,主要指氮和磷。污水中的氮可以分为有机氮和无机氮两类。前者主要是氨基酸、蛋白质和尿素等,后者是氨氮、亚硝酸盐和硝酸盐等。污水中的磷可以分为有机磷和无机磷两类。

## 一、酸度和碱度

### (一)酸度

酸度是指水中所含能与强碱发生中和作用的物质的总量。这类物质包括无机酸、有机酸、强酸弱碱盐等。地面水中,由于溶入二氧化碳或被机械、选矿、电镀、农药、印染、化工等行业排放的含酸废水污染,水体 pH 值降低,破坏了水生生物和农作物的正常生活及生长条件,造成鱼类死亡,作物受害。所以,酸度是衡量水体水质的一项重要指标。

测定酸度的方法有酸碱指示剂滴定法和电位滴定法。

1. 酸碱指示剂滴定法

用标准氢氧化钠溶液滴定水样至一定 pH 值,根据其所消耗的量计算酸度。随所用指示剂不同,通常分为两种酸度:一是用酚酞作指示剂(其变色 pH 值为 8.3),测得的酸度称为总酸度(酚酞酸度),包括强酸和弱酸;二是用甲基橙作指示剂(变色 pH 值约 3.7),测得的酸度称强酸酸度或甲基橙酸度。酸度单位用 mg/L 表示(以 $CaCO_3$ 计)。

2. 电位滴定法

以 pH 玻璃电极为指示电极,甘汞电极为参比电极,与被测水样组成原电池并接入 pH 计,用氢氧化钠标准溶液滴定至 pH 计指示 3.7 和 8.3,据其相应消耗的氢氧化钠溶液体积,分别计算两种酸度。

本方法适用于各种水体酸度的测定,不受水样有色、浑浊的限制。测定时应注意温度、搅拌状态、响应时间等因素的影响。

## (二)碱度

水的碱度是指水中所含能与强酸发生中和作用的物质总量,包括强碱、弱碱、强碱弱酸盐等。天然水中的碱度主要是由重碳酸盐、碳酸盐和氢氧化物引起的,其中重碳酸盐是水中碱度的主要形式。引起碱度的污染源主要是造纸、印染、化工、电镀等行业排放的废水及在使用过程中流失的洗涤剂、化肥和农药。

碱度和酸度是判断水质和废水处理控制的重要指标。碱度也常用于评价水体的缓冲能力及金属在其中的溶解性和毒性等。

测定水中碱度的方法和测定酸度一样,有酸碱指示剂滴定法和电位滴定法。前者是用酸碱指示剂的颜色指示滴定终点,后者是用滴定过程中 pH 值的变化指示滴定终点。

水样用标准酸溶液滴定至酚酞指示剂由红色变为无色(pH 值为 8.3)时,所测得的碱度称为酚酞碱度,此时 $OH^-$ 已被中和,$CO_3^{2-}$ 被中和为 $HCO_3^-$;当继续滴定至甲基橙指示剂由橘黄色变为橘红色时(pH 值约 4.4),所测得的碱度称为甲基橙碱度,此时水中的 $HCO_3^-$ 也已完全被中和,即全部致碱物质都已被强酸中和,故又称其为总碱度。

设水样以酚酞为指示剂滴定消耗强酸量为 $P$,继续以甲基橙为指示剂滴定消耗强酸量为 $M$,二者之和为 $T$(图 5-6),则测定水的总碱度时,可能出现下列 5 种情况:

(1)$M=0$(或 $P=T$):水样对酚酞显红色,呈碱性反应。加入强酸使酚酞变为无色后,再加入甲基橙即呈红色,故可以推断水样中只含氢氧化物。

(2)$P>M$(或 $P>T/2$):水样对酚酞显红色,呈碱性。加入强酸至酚酞变为无色后,加入甲基橙显橘黄色,继续加酸至变为红色,但消耗量较用酚酞时少,说明水样中氢氧化物和碳酸盐共存。

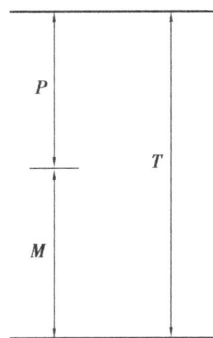

图 5-6　水中碱度组成示意图

(3)$P=M$:水样对酚酞显红色,加酸至无色后,加入甲基橙显橘黄色,继续加酸至变为红色,两次消耗酸量相等。因 $OH^-$ 和 $HCO_3^-$ 不能共存,故说明水样中只含碳酸。

(4)$P<M$(或 $P<T/2$):水样对酚酞显红色,加酸至无色后,加入甲基橙显橘黄色,继续加酸至变为红色,但消耗酸量较用酚酞时多,说明水样中碳酸盐和重碳酸盐共存。

(5)$P=0$(或 $M=T$):此时水样对酚酞无显色(pH≤8.3),对甲基橙显橘黄色,说明只含重碳酸盐。

根据使用两种指示剂滴定所消耗的酸量,可分别计算出水中的各种碱度和总碱度,其单位用 mg/L(以 $CaCO_3$ 或 CaO 计)表示。

## 二、溶解氧

溶解氧是指溶解于水中的氧,以每升水所含氧的毫克数表示。未受污染的水中,溶解氧呈饱和状态。大气压下降、水温升高、含盐量增加,都会导致溶解氧含量下降。清洁地表水溶解氧含量接近饱和。适量的氧是鱼类和好氧菌生存和繁殖的基本条件。在 1 atm 0 ℃的淡水中,饱和溶解氧浓度为 10 mg/L。溶解氧浓度低于 4 mg/L 时,鱼类难以生存。水被有机物污染后,由于好氧菌作用水中有机物氧化而消耗溶解氧。如得不到空气中氧的及时补充,则水中的溶解氧减少,最终导致水体变质甚至发臭。溶解氧是水质污染程度的一项指标。溶解氧越少,表明污染程度越严重。

采集测定溶解氧的水样时,水样应充满容器并在现场加入硫酸锰溶液和碱性碘化钾溶液,以避免运输和保存过程中的损失。

测定水中溶解氧的方法有碘量法、氧电极法和电化学探头法。清洁水可用碘量法;受污染的地面水和工业废水必须用修正的碘量法或氧电极法。在本任务实验一中重点介绍碘量法测定水中的溶解氧。

### 三、含氮化合物

测定各种形态的含氮化合物,有助于评价水体被污染和自净状况。地表水中氮、磷物质超标时,微生物大量繁殖,浮游植物生长旺盛,出现富营养化状态。

#### (一) 氨氮

水中的氨氮以游离氨(或称非离子氨,$NH_3$)和离子氨($NH_4^+$)形式存在,两者的组成比取决于水的 pH 值。对地面水,常要求测定非离子氨。水中氨氮主要来源于生活污水中含氮有机物受微生物作用的分解产物,焦化、合成氨等工业废水,以及农田排水等。氨氮含量较高时,对鱼类产生毒害作用,对人体也有不同程度的危害。

相关标准文件

测定水中氨氮的方法有纳氏试剂分光光度法、水杨酸-次氯酸盐分光光度法、气相分子吸收光谱法、电极法和滴定法。两种分光光度法具有灵敏、稳定等特点,但水样有色、浑浊和含钙、镁、铁等金属离子及硫化物、醛和酮类等均干扰测定,需作相应的预处理。电极法通常不需要对水样进行预处理,但再现性和电极寿命尚存在一些问题。气相分子吸收光谱法比较简单,使用专用仪器或原子吸收分光光度计测定均可获得良好效果。滴定法用于测定氨氮含量较高的水样。

#### (二) 亚硝酸盐氮

亚硝酸盐氮($NO_2^-$—N)是氮循环的中间产物。在氧和微生物的作用下,亚硝酸盐可被氧化成硝酸盐;在缺氧条件下也可被还原为氨。亚硝酸盐进入人体后,可将低铁血红蛋白氧化成高铁血红蛋白,使之失去输送氧的能力,还可与仲胺类反应生成具致癌性的亚硝胺类物质。亚硝酸盐很不稳定,一般天然水中含量不会超过 0.1 mg/L。

亚硝酸盐氮 相关标准文件

水中亚硝酸盐氮常用的测定方法有离子色谱法(HJ 84—2016)、气相分子吸收光谱法(HJ/T 197—2005)和 N-(1-萘基)-乙二胺分光光度法(GB 7493—1987)。前两种方法简便、快速,干扰较少;分光光度法灵敏度较高,选择性较好。

#### (三) 硝酸盐氮

硝酸盐是在有氧环境中最稳定的含氮化合物,也是含氮有机化合物经无机化作用最终阶段的分解产物。清洁的地面水中硝酸盐氮($NO_3^-$—N)含量较低,受污染水体和一些深层地下水中硝酸盐氮($NO_3^-$—N)含量较高。制革、酸洗废水,某些生化处理设施的出水及农田排水中常含大量硝酸盐。硝酸盐摄入人体后,经肠道中微生物作用转化成亚硝酸盐而呈现毒性作用。

硝酸盐氮 相关标准文件

水中硝酸盐氮的测定方法有酚二磺酸分光光度法(GB 7480—1987)、离子色谱法(HJ 84—2016)、紫外分光光度法(HJ/T 346—2007)、离子选择电极法和气相分子吸收光谱法(HJ/T 198—2005)等。酚二磺酸分光光度法显色稳定,测定范围较宽,紫外分光光度法和离子选择电极法可进行在线快速测定。

1. 酚二磺酸分光光度法

硝酸盐在无水存在情况下与酚二磺酸反应,生成硝基二磺酸酚,于碱性溶液中又生成黄色的硝基酚二磺酸三钾盐,于 410 nm 波长处测定其吸光度,与标准溶液吸光度比较定量。

该方法测定浓度范围大,显色稳定,适用于测定饮用水、地下水和清洁地面水中的硝酸盐氮。最低检出浓度为 0.02 mg/L,测定上限为 2.0 mg/L。

2. 紫外分光光度法

方法原理:硝酸根离子对 220 nm 波长光有特征吸收,而碱性溶解性有机物在 220 nm 处也有吸收,故根据实践,一般引入一个经验校正值。该校正值为在 275 nm 处(硝酸根离子在此没有吸收)测得吸光度的两倍。在 220 nm 处的吸光度减去经验校正值即为净硝酸根离子的吸光度。

该方法适用于清洁地表水和未受明显污染的地下水中硝酸盐氮的测定。该方法快速、简便,检出限为 0.08 mg/L,测定范围为 0.32 ~ 4 mg/L。

(四)凯氏氮

凯氏氮是指以基耶达法测得的含氮量。它包括氨氮和在此条件下能转化为铵盐而被测定的有机氮化合物。此类有机氮化合物主要有蛋白质、氨基酸、肽、胨、核酸、尿素以及合成的氮为负三价形态的有机氮化合物,但不包括叠氮化合物、硝基化合物等。由于一般水中存在的有机氮化合物多为前者,故可用凯氏氮与氨氮的差值表示有机氮含量。

凯氏氮的测定要点是取适量水样于凯氏烧瓶中,加入浓硫酸和催化剂($K_2SO_4$),加热消解,将有机氮转变成氨氮,然后在碱性介质中蒸馏出氨,用硼酸溶液吸收,以分光光度法或滴定法测定氨氮含量,即为水样中的凯氏氮含量。直接测定有机氮时,可将水样先进行预蒸馏除去氨氮,再以凯氏法测定。

凯氏氮在评价湖泊、水库等水的富营养化时,是一个有意义的指标。

(五)总氮

总氮(TN)是各种形态氮的总和。水中的总氮含量是衡量水质的重要指标之一。其测定方法通常采用过硫酸钾氧化,使有机氮和无机氮化合物转变为硝酸盐,用紫外分光光度法或离子色谱法、气相分子吸收光谱法测定。还可以采用将各种形态氮相加的方法求得。

碱性过硫酸钾消解紫外分光光度法和气相分子吸收光谱法是在 120 ~ 124 ℃ 的碱性过硫酸钾溶液中,将水样中的氨、铵盐、亚硝酸盐以及大部分有机氮化合物氧化成硝酸盐后,采用紫外分光光度法和气相分子吸收光谱法测定硝酸盐氮,两种方法的测定范围分别为 0.2 ~ 7 mg/L 和 0.2 ~ 100 mg/L。也可以采用离子色谱法测定。

四、含磷化合物

在天然水和废水中,磷几乎都以各种磷酸盐的形式存在,分为正磷酸盐、缩合磷酸盐(焦磷酸盐、偏磷酸盐和多磷酸盐)和有机结合的磷(如磷脂)等,它们存在于溶液中、腐殖质粒子中或水生生物中。

一般天然水中磷的含量不高,地表水中的磷主要来源于化肥、冶炼、合成洗涤剂等行业的废水和生活污水。磷是水体富营养化的关键元素。总磷包括溶解的、悬浮的有机磷和无机磷。将水中各形态磷通过消解转化成可溶态的无机磷酸盐,用钼酸铵分光光度法进行测定。地表水中氮、磷含量过高时,水体呈现富营养化状态,微生物大量繁殖,浮游植物生长旺盛,水质恶化,如赤潮等。因此,水体总磷含量是评价水质污染程度的重要指标之一。具体包括总磷、溶解性总磷、溶解性正磷酸盐、单质磷和有机磷。

测定水中总磷、溶解性总磷、溶解性正磷酸盐的水样按如图 5-7 所示流程预处理后分别测定,测定水中总磷的方法为流动注射-钼酸铵分光光度法、钼酸铵分光光度法。正磷酸盐的测定可采用离子色谱法、钼锑抗分光光度法、氯化亚锡还原钼蓝法(灵敏度较低,干扰也较多),而孔雀绿-磷钼杂多酸分光光度法是灵敏度较高,且容易普及的方法。

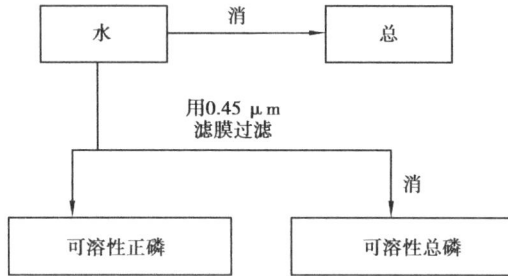

图 5-7　测定水中各种磷的流程图

**(一)钼锑抗分光光度法**

该方法也称磷钼蓝分光光度法,其原理是:在酸性条件下,溶解性正磷酸盐与钼酸铵、酒石酸锑氧钾[ $K(SbO)C_4H_4O_6 \cdot 1/2H_2O$ ]反应,生成磷钼杂多酸,再被抗坏血酸还原,生成蓝色络合物(磷钼蓝),于 700 nm 波长处测量吸光度,用标准曲线法定量。该方法最低检出浓度为 0.01 mg/L,测定上限为 0.6 mg/L,适用于地表水和废水中磷的测定。

依据上述显色反应,采用流动注射分析仪和连续流动分析仪可实现磷酸盐和总磷的流动注射分析和连续流动分析。

**(二)孔雀绿-磷钼杂多酸分光光度法**

在酸性条件下,正磷酸盐与孔雀绿-钼酸铵显色剂反应生成绿色离子缔合物,并以聚乙烯醇稳定显色液,于 620 nm 波长处测量吸光度,用标准曲线法定量。该方法最低检出浓度为 1 μg/L;适用浓度范围为 0 ~ 0.3 mg/L;用于江河、湖泊等地表水及地下水中痕量磷的测定。

**五、其他非金属无机化合物**

根据地表水、地下水、废(污)水类型和对水质的要求不同,还可能要求测定其他非金属无机物,如氰化物、氟化物、硫化物、余氯等。具体检测分析方法可查阅相关参考文献或国家标准。

**(一)硫化物**

地下水(特别是温泉水)及生活污水中常含有硫化物,其中一部分是在厌氧条件下,由于微生物的作用,硫酸盐还原或含硫有机物分解而产生的。焦化、选矿、造纸、印染、制革等工业废水中也含有硫化物。

水中硫化物包含溶解性的 $H_2S$、$HS^-$ 和 $S^{2-}$,酸溶性的金属硫化物,以及不溶性的无机硫化物和有机硫化物。通常所测定的硫化物是指溶解性的及酸溶性的硫化物。硫化氢毒性很大,可危害细胞色素氧化酶,造成细胞组织缺氧,甚至危及生命;还可腐蚀金属设备和管道,并可被微生物氧化成硫酸,加剧腐蚀性,因此,是水体污染检测的重要指标。

测定水中硫化物的主要方法有亚甲基蓝分光光度法(HJ 1226—2021)、流动注射-亚甲基蓝分光光度法(HJ 824—2017)、碘量法(HJ/T 60—2000)、气相分子吸收光谱法(HJ/T 200—

2005)、间接原子吸收法、离子选择电极法等。水样有色,含悬浮物、某些还原物质(如亚硫酸盐、硫代硫酸钠等)及溶解的有机物均对碘量法或分光光度法测定有干扰,需进行预处理。常用的预处理方法有乙酸锌沉淀过滤法、酸化吹气法或过滤酸化吹气法,视水样具体状况选择。下面介绍甲基蓝分光光度法和碘量法。

**1.亚甲基蓝分光光度法**

本方法适用于地表水、地下水、生活污水、工业废水和海水中硫化物的测定。其原理是:样品中的硫化物经酸化、加热、氮吹或蒸馏后,产生的硫化氢用氢氧化钠溶液吸收,生成的硫离子在硫酸铁铵酸性溶液中与 $N,N$-二甲基对苯二胺反应,生成亚甲基蓝,于 665 nm 波长处测定其吸光度,硫化物含量与吸光度值成正比。

该方法当取样体积为 200 mL,使用 10 mm 光程比色皿时,方法检出限为 0.01 mg/L,测定下限为 0.04 mg/L;使用 30 mm 光程比色皿时,方法检出限为 0.003 mg/L,测定下限为 0.012 mg/L。

主要干扰物为 $SO_3^{2-}$、$S_2O_3^{2-}$、$SCN^-$、$NO_3^-$、$I^-$、$NO_2^-$、$CN^-$ 和部分重金属离子。硫化物含量为 0.3 mg/L 时,样品中干扰物质的最高允许含量分别为 $SO_3^{2-}$ 700 mg/L、$S_2O_3^{2-}$ 900 mg/L、$SCN^-$ 900 mg/L、$NO_3^-$ 200 mg/L、$I^-$ 400 mg/L、$CN^-$ 5 mg/L、$Cu^{2+}$ 2 mg/L、$Pb^{2+}$ 25 mg/L、$Hg^{2+}$ 4 mg/L。$NO_2^-$ 可与亚甲基蓝反应,使测定结果偏低,$NO_2^-$ 浓度(以 N 计)高于 2.0 mg/L 时,本方法不适用。

**2.碘量法**

本方法适用于测定硫化物含量大于 1 mg/L 的水样。其原理基于水样中的硫化物与乙酸锌反应生成白色硫化锌沉淀,将其用酸溶解后,加入过量碘溶液,则碘与硫化物反应析出硫,用硫代硫酸钠标准溶液滴定剩余的碘,根据硫代硫酸钠溶液消耗量和水样体积,按下式计算测定结果:

$$\rho(硫化物)(S^{2-},mg/L) = \frac{(V_0 - V_1) \cdot c \times 16.03 \times 1\,000}{V}$$

式中　$V_0$——空白试验中硫代硫酸钠标准溶液用量,mL;

　　　$V_1$——滴定水样消耗的硫代硫酸钠标准溶液量,mL;

　　　$V$——水样体积,mL;

　　　$c$——硫代硫酸钠标准溶液浓度,mol/L;

　　　16.03——硫离子($1/2S^{2-}$)摩尔质量,g/mol。

**(二)氰化物**

氰化物包括简单氰化物、络合氰化物和有机氰化物(腈)。简单氰化物易溶于水、毒性大;络合氰化物在水体中受 pH 值、水温和光照等影响离解为毒性强的简单氰化物。氰化物进入人体后,主要与高铁细胞色素氧化酶结合,生成氰化高铁细胞色素氧化酶而失去传递氧的作用,引起组织缺氧窒息。地面水一般不含氰化物,其主要污染源是小金矿开采、冶炼、电镀、焦化、造气、选矿、有机化工、有机玻璃制造等工业废水。

水中氰化物的测定方法有硝酸银滴定法、异烟酸-吡唑啉酮分光光度法、异烟酸巴比妥分光光度法(HJ 484—2009)、真空检测管-电子比色法(HJ 659—2013);流动注射法-分光光度法(HJ 823—2017)。滴定法适用于高浓度水样;真空检测管-电子比色法适用于污染事故现场应急监测的快速检测方法;流动注射法-分光光度法适用于水样的自动检测;异烟酸-巴比妥分光光度法和异烟酸-吡唑啉酮分光光度法灵敏度高,是易于推广应用的方法。

测定氰化物的水样应在现场加氢氧化钠固定,并在 24 h 内测定;测定前采用在酸性介质中蒸馏的方法预处理水样,把能形成氰化氢的氰化物蒸出,使之与干扰组分分离。根据蒸馏介质酸度的不同,分为以下两种情况。

(1)向水样中加入酒石酸和硝酸锌:调节 pH 值为 4,加热蒸馏,则简单氰化物及部分络合氰化物($[Zn(CN)_4]^{2-}$)以氰化氢形式被蒸馏出来,用氢氧化钠溶液吸收。取此蒸馏液测得的氰化物为易释放的氰化物。

(2)向水样中加入磷酸和 EDTA,在 pH<2 的条件下加热蒸馏,此时可将全部简单氰化物和除钴氰络合物外的绝大部分络合氰化物以氰化氢的形式蒸馏出来,用氢氧化钠溶液吸收。取该蒸馏液测得的结果为总氰化物。

样品中存在活性氯等氧化物、亚硝酸离子、硫化物会干扰测定,可在蒸馏前分别加亚硫酸钠、氨基酸、碳酸镉或碳酸铅排除干扰。

## 实验一　溶解氧的测定——碘量法(GB 7489—1987)

【知识目标】

明确水中溶解氧的含量与大气压、水温及盐的含量有关,了解水质缺氧产生的危害。

相关标准文件

【技能目标】

掌握碘量法测定水中溶解氧的原理和方法;掌握溶解氧采样、现场固定、碘析出、测定技能,为生化需氧量的测定奠定基础;熟悉数据的记录以及处理方法,能对结果进行应用;强化滴定操作。

【素质目标】

树立环保意识和节约意识,不浪费药品试剂,不造成环境污染。

培养爱岗敬业、严格遵守操作规程的职业道德。

培养团队合作的意识、与人沟通的能力。

### (一)方法原理

水样中加入硫酸锰和碱性碘化钾,生成氢氧化锰白色沉淀,然后水中溶解氧将低价锰氧化成高价锰,生成四价锰的氢氧化物$[MnO(OH)_2]$棕色沉淀。加酸后,氢氧化物沉淀溶解并与碘离子反应,释出游离碘。以淀粉作为指示剂,用硫代硫酸钠滴定释出的碘,可计算出溶解氧的含量。反应式如下:

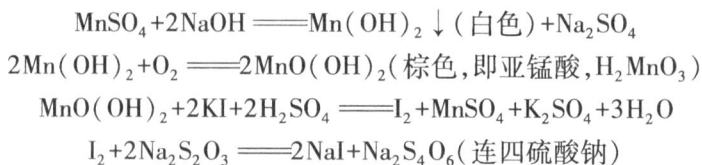

$$MnSO_4 + 2NaOH =\!=\!= Mn(OH)_2 \downarrow (白色) + Na_2SO_4$$
$$2Mn(OH)_2 + O_2 =\!=\!= 2MnO(OH)_2(棕色,即亚锰酸,H_2MnO_3)$$
$$MnO(OH)_2 + 2KI + 2H_2SO_4 =\!=\!= I_2 + MnSO_4 + K_2SO_4 + 3H_2O$$
$$I_2 + 2Na_2S_2O_3 =\!=\!= 2NaI + Na_2S_4O_6(连四硫酸钠)$$

### (二)仪器试剂

1.试剂及药品

(1)硫酸锰溶液:称取硫酸锰($MnSO_4 \cdot 4H_2O$)480 g 或($MnSO_4 \cdot 2H_2O$)400 g 溶于蒸馏水中,过滤后稀释至 1 000 mL(此溶液中不能含有高价锰,可取少量此溶液加入碘化钾及稀硫酸检验,溶液不能变成黄色,如变成黄色表示有少量碘析出,即表示溶液中含有高价锰)。反应式如下:

$$MnO_3^{2-} + 2I^- + 6H^+ \rightleftharpoons I_2 + Mn^{2+} + 3H_2O。$$

（2）碱性碘化钾溶液：溶解 350 g 氢氧化钠（NaOH）于 300～400 mL 蒸馏水中，冷却至室温。另外溶解 300 g 碘化钾（KI）于 200 mL 蒸馏水中，慢慢加入已冷却的氢氧化钠溶液，摇匀后用蒸馏水稀释至 1 000 mL。

（3）浓硫酸（$H_2SO_4$），$\rho = 1.84 \text{ g/cm}^3$。

（4）1% 淀粉指示液：称取 2 g 可溶性淀粉，溶于少量蒸馏水中，用玻璃棒调成糊状；慢慢加入（边加边搅拌）新煮沸的 200 mL 蒸馏水中，冷却后加入 0.25 g 水杨酸或 0.8 g 氯化锌 $ZnCl_2$ 防腐剂。

（5）（1+1）硫酸溶液：将浓硫酸在搅拌下缓慢加到等体积的水中。

（6）硫酸溶液，$c(H_2SO_4) = 2 \text{ mol/L}$：将 56 mL 浓硫酸稀释至 1 000 mL。

（7）碘酸钾标准溶液，$c(KIO_3) = 0.010\ 00 \text{ mol/L}$：称取于 180 ℃ 烘干的碘酸钾 3.567 g 溶于蒸馏水中，移入 1 000 mL 容量瓶，定容至标线，摇匀。

将上述溶液吸取 100 mL 转移至 1 000 mL 容量瓶，定容，摇匀。

（8）硫代硫酸钠溶液，$c(Na_2S_2O_3) \approx 0.025 \text{ mol/L}$（待标定）：称取 6.2 g 硫代硫酸钠（$Na_2S_2O_3 \cdot 5H_2O$）溶于新煮沸放冷的蒸馏水中，加入 0.2 g 碳酸钠（$Na_2CO_3$），用水稀释至 1 000 mL。贮于棕色瓶中，使用前用碘酸钾标准溶液标定。

于 250 mL 碘量瓶中，加入 100 mL 蒸馏水和 1 g 碘化钾，加入碘酸钾标准溶液 10.00 mL，2 mol/L 硫酸溶液 5 mL，密塞，摇匀，于暗处静置 5 min 后，用待标定的硫代硫酸钠溶液滴定至溶液呈淡黄色，加入 1 mL 淀粉溶液，继续滴定至蓝色刚好消失为止，记录用量。反应式如下：

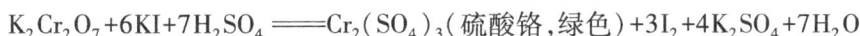

$$K_2Cr_2O_7 + 6KI + 7H_2SO_4 \rightleftharpoons Cr_2(SO_4)_3（硫酸铬，绿色）+ 3I_2 + 4K_2SO_4 + 7H_2O$$
$$I_2 + 2Na_2S_2O_3 \rightleftharpoons 2NaI + Na_2S_4O_6（连四硫酸钠，无色）$$

硫代硫酸钠标准溶液浓度按下式计算：

$$c = \frac{0.025\ 0 \times 10.00}{V}$$

式中　$c$——硫代硫酸钠标准溶液的浓度，mol/L；

　　　$V$——硫代硫酸钠标准溶液的用量，mL。

2. 仪器

250～300 mL 溶解氧瓶。

（三）操作步骤

1. 水样采集

将采样器下口样管插入溶解氧瓶底让水样慢慢溢出，装满后再溢出半瓶左右后，赶走瓶壁上可能存在的气泡，取出取样管，盖上瓶盖（盖下不能留有气泡）。

2. 溶解氧的固定

将移液管插入溶解氧瓶的液面下，加入 1 mL 硫酸锰溶液，2 mL 碱性碘化钾溶液，盖好瓶盖颠倒混合数次，静置。待棕色沉淀物降至半瓶时，再颠倒混合一次，待沉淀物降到瓶底。

3. 析出碘

轻轻打开瓶塞，立即将移液管插入液面下，加入 1.5 mL（1+1）硫酸溶液，小心盖好瓶塞，颠倒混合摇匀，至沉淀物全部溶解为止，于暗处放置 5 min。

**4. 滴定**

取 100 mL 上述溶液于 250 mL 锥形瓶中，用硫代硫酸钠滴定至溶液呈淡黄色，加 1 mL 淀粉溶液，继续滴定至蓝色刚好褪去为止，记录硫代硫酸钠用量。

溶解氧的采集　　　　　　　溶解氧的固定　　　　　　　析出碘

**（四）结果表示**

样品中溶解氧的浓度 $DO(O_2, mg/L)$ 按下式计算：

$$DO = \frac{c \times V_2 \times 8 \times 1\,000}{V_3} \times f$$

式中　$c$——硫代硫酸钠溶液浓度，mol/L；

$V_2$——滴定时消耗硫代硫酸钠溶液的体积，mL；

$V_3$——所取碘析出后溶液的体积，mL；

8——氧（O）的摩尔质量，g/mol；

$V_0$——溶解氧瓶的体积，通常为 250 mL；

$V_1$——加入 $MnSO_4$、碱性碘化钾、硫酸的体积之和，mL；

$f$——校正系数，$f = \dfrac{V_0}{V_0 - V_1}$。

**（五）注意事项**

（1）一般规定要在取水样后立即进行溶解氧的测定，如果不能在采样处完成，应该在样品采取后立即加入硫酸锰及碱性碘化钾溶液，使溶解氧"固定"在水中，其余的测定步骤可送往实验室进行。取样与测定时间间隔以不超过 4 h 为宜。

（2）瓶中充满水样时，必须不留空气泡，不然空气泡中的氧也会氧化 $Mn(OH)_2$，使分析结果偏高。

（3）水中如果有亚硝酸盐存在，亚硝酸盐氮含量大于 0.1 mg/L 时，由于亚硝酸盐与碘化钾作用能析出游离碘，在反应中析出的碘在滴定时受空气氧化而生成亚硝酸。亚硝酸又会从碘化钾中将碘析出，这样就使分析结果偏高。为了获得正确的结果，可在用浓硫酸溶解沉淀之前，在水样瓶中加入数滴 5% 叠氮化钠溶液，其反应如下。直接在水样中加入碱性碘化钾-叠氮化钠溶液替代碱性碘化钾溶液，也可达到相同的效果。

$$2NO_2^- + 4H^+ + 2I^- \longrightarrow 2NO + I_2 + 2H_2O$$
$$2NO + O_2 \longrightarrow 2NO_2$$
$$2NO_2 + H_2O \longrightarrow HNO_2 + HNO_3$$
$$2NaN_3 + H_2SO_4 \longrightarrow 2HN_3 + Na_2SO_4$$
$$HNO_2 + HN_3 \longrightarrow H_2O + N_2 + N_2O$$

（4）当 $Fe^{3+}$ 的含量大于 1 mg/L 时，溶液酸化后 $Fe^{3+}$ 将与 KI 作用而析出碘，这样就使分析结果偏高。为使测定溶解氧获得正确的结果，可以在沉淀未溶解以前，加入 2 mL 40% 的氟化钾溶液，然后用 4 mL 85% 的磷酸（$H_3PO_4$）代替硫酸，此时沉淀溶解，同时所有的 $Fe^{3+}$ 与 $F^-$ 或

$PO_4^{3-}$ 络合成 $[FeF_6]^{3-}$ 或 $[Fe(PO_4)_2]^{3-}$，这样就抑制了 $Fe^{3+}$ 与 KI 的作用。

（5）如果水样中含有还原物质 $Fe^{2+}$、$S^{2-}$、$SO_3^{2-}$、$NO_2^-$ 和有机物等，可采用酸性条件下加高锰酸钾来去除，过量的高锰酸钾，用草酸还原去除。去除的具体步骤如下所述。

取水样 250 mL，在水样瓶中，用移液管沿瓶口壁加 0.7 mL 浓硫酸，再加 1 mL 0.6% 高锰酸钾溶液（移液管插入液面以下），盖好瓶盖摇匀，溶液为红色。如溶液中红色很快褪去，则再加 1 mL 高锰酸钾溶液摇匀，红色保持 5 min 不褪为止。

5 min 后，用移液管加 2% 草酸溶液 1 mL（移液管仍须插入液面以下），盖好盖子摇匀，红色褪尽。若红色未褪尽，则需再加草酸，草酸的用量要恰好为使高锰酸钾完全作用，否则有可能造成测定结果偏低。过程中试剂的全部加入量要准确记录以便计算结果时进行校正，同时注意防止水中溶解氧的损失或大气中的氧溶入。

去除还原物质后的水样，其溶解氧的测定按碘量法步骤进行。

（6）硫代硫酸钠标定中的注意事项。

用碘酸钾作氧化剂，必须在高酸度条件下。而碘和硫代硫酸钠定量的反应要求在微酸性或中性溶液中进行。因为酸度高，会加快硫代硫酸钠的分解，因此，必须把高酸度的溶液稀释，与此同时，溶液稀释后亦可减少碘分子在滴定过程中的损失。

### 实验二　氨氮的测定——纳氏试剂分光光度法（HJ 535—2009）

**【知识目标】**

了解氨氮的存在形态，掌握氨氮的来源和产生的危害，明确氨氮在水环境中的转化。

相关标准文件

**【技能目标】**

掌握水样预处理的方法，以及所涉及的仪器的安装与使用；熟悉氨氮的测定原理及测定方法的选择；掌握分光光度计的使用方法，学习标准系列溶液的配制和标准曲线的制作。

**【素质目标】**

培养获取信息的能力。

保持实验环境及实验台面和仪器的干净、整洁、有序，符合规范要求。

树立追求知识、独立思考、勇于创新的科学态度。

**（一）方法原理**

在中性条件下，经絮凝沉淀或蒸馏预处理的样品中的氨氮与纳氏试剂反应生成淡红棕色胶态化合物，该化合物的色度与氨氮的含量成正比，可用分光光度法测定。此颜色在较宽的波长范围内强烈吸收，通常测量用 410 ~ 425 nm。

**（二）方法选择**

纳氏试剂比色法样品体积 50 mL，使用光程 10 mm 的比色皿，最低检出浓度为 0.025 mg/L，测定上限为 2 mg/L。

**（三）仪器试剂**

1. 试剂及药品

实验用水为无氨水，可按下述方法制备。

在 1 000 mL 蒸馏水中,加入 0.1 mL 硫酸($\rho = 1.84$ g/cm$^3$),并在全玻璃蒸馏器中重蒸馏。弃去前 50 mL 馏出液,然后将约 800 mL 馏出液收集在带磨口玻璃塞的玻璃瓶中。每升馏出液中加入 10 g 强酸性阳离子交换树脂(氢型),以利于保存。

(1)吸收液:

①硼酸吸收液,20 g/L:称取 20 g 硼酸($H_3BO_3$)溶于水中,稀释至 1 L。

②硫酸标准溶液,$c(H_2SO_4) \approx 0.01$ mol/L。

(2)溴百里酚蓝指示剂,0.5 g/L:将 0.5 g 溴百里酚蓝(3,3′-二溴百里酚磺酰酞)置于烧杯中,滴加少量水润湿,用玻璃棒研磨均匀,渐渐加水使其溶解后,稀释至 1 000 mL。

(3)1 mol/L 盐酸。

(4)氢氧化钠溶液,1 mol/L:将 40 g 氢氧化钠(NaOH)溶于约 500 mL 水中,冷却至室温,稀释至 1 000 mL。

(5)轻质氧化镁:在 500 ℃ 下加热氧化镁(MgO),以除去碳酸盐。

(6)防泡剂,如石蜡碎片。

(7)纳氏试剂(可选择下列一种方法制备):

①称取 16 g 氢氧化钠(NaOH),溶于 50 mL 水中,充分冷却至室温。另称取 7 g 碘化钾和 10 g 碘化汞($HgI_2$)溶于水,然后将此溶液在搅拌下徐徐注入氢氧化钠溶液中,用水稀释至 100 mL,贮于聚乙烯瓶中,密塞保存。

②称取 20 g 碘化钾溶于约 100 L 水中,一边搅拌一边少量加入二氯化汞($HgCl_2$)结晶粉末(约 10 g),至出现朱红色沉淀不易溶解时,改为滴加饱和二氯化汞溶液,并充分搅拌,当出现微量朱红色沉淀不易溶解时,停止滴加二氯化汞溶液。

另称取 60 g 氢氧化钾溶于水,并稀释至 250 mL,充分冷却至室温后,将上述溶液在搅拌下,徐徐注入氢氧化钾溶液中,用水稀释至 400 mL,混匀。静置过夜。将上清液移入聚乙烯瓶中,密塞保存。

(8)酒石酸钾钠溶液:称取 50 g 酒石酸钾钠($NaKC_4H_4O_6 \cdot 4H_2O$)溶于 100 mL 水中,加热煮沸以去除氨,放冷,稀释至 100 mL。

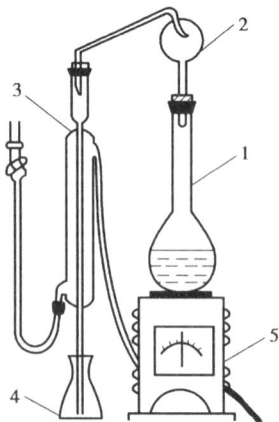

图 5-8 氨氮蒸馏装置
1—凯氏烧瓶;2—氮球;
3—直形冷凝管;4—吸收瓶;5—电炉

(9)铵标准贮备溶液:称取 3.819 g 经 100 ℃ 干燥过的氯化铵($NH_4Cl$)溶于水,移入 1 000 mL 容量瓶中,定容至标线。此溶液含氨氮 1.00 mg/mL。

(10)铵标准使用液:移取 5.00 mL 铵标准贮备溶液于 500 mL 容量瓶中,定容。此溶液含氨氮 0.010 mg/mL。

(11)100 g/L 硫酸锌溶液:称取 10 g 硫酸锌($ZnSO_4 \cdot 7H_2O$)溶于水中,稀释至 100 mL。

(12)250 g/L 氢氧化钠溶液:称取 25 g 氢氧化钠溶于水,稀释至 100 mL。

(13)1 mol/L 氢氧化钠溶液:称取 4 g 氢氧化钠溶于水,稀释至 100 mL。

2.仪器

带氮球的氨氮蒸馏装置:500 mL 凯氏烧瓶、氮球、直形冷凝管和导管,装置如图 5-8 所示。

**（四）操作步骤**

**1. 水样预处理**

（1）蒸馏装置的预处理。加 250 mL 水样于凯氏烧瓶中，加 0.25 g 轻质氧化镁和数粒玻璃珠，加热蒸馏至馏出液不含氨为止，弃去瓶内残液。

（2）分取 250 mL 水样（如氨氮含量较高，可分取适量并加水至 250 mL，使氨氮含量不超过 2.5 mg），移入凯氏烧瓶中，加数滴溴百里酚蓝指示液，用氢氧化钠溶液或盐酸溶液调节至 pH=7 左右。加入 0.25 g 轻质氧化镁和数粒玻璃珠，立即连接氮球和冷凝管，导管下端插入硼酸吸收液液面下。加热蒸馏至馏出液达 200 mL 时停止，定容至 250 mL。

**2. 标准曲线的绘制**

（1）吸取 0、0.50、1.00、3.00、5.00、7.00 和 10.00 mL 铵标准使用液于 50 mL 比色管中，定容至标线，加 1.0 mL 酒石酸钾钠溶液，摇匀。加 1.5 mL 纳氏试剂，混匀。放置 10 min 后，在波长 420 nm 处，用光程 20 mm 比色皿，以水为参比，测定吸光度。

（2）扣除空白试验的吸光度，得到校正吸光度，以氨氮含量和对应的校正吸光度绘制标准曲线或统计回归方程。

**3. 水样的测定**

分取适量经蒸馏预处理后的馏出液，加入 50 mL 比色管中，加一定量 1 mol/L 氢氧化钠溶液以中和硼酸，稀释至标线。以下同标准曲线的绘制步骤并测定吸光度。

**4. 空白试验**

以无氨水代替水样，做全程序空白测定。

**（五）结果表示**

样品中氨氮的吸光度 $A_r$ 按下式计算：

$$A_r = A_s - A_b$$

式中　$A_s$——样品的吸光度；

　　　$A_b$——空白试验的吸光度。

氨氮含量 $\rho_N$（mg/L）按下式计算：

$$\rho_N = \frac{m}{V}$$

式中　$m$——由标准曲线或回归方程计算得到的氨氮质量，μg；

　　　$V$——样品体积，mL。

**（六）注意事项**

（1）样品贮存要用硫酸酸化至 pH<2，在 2~5 ℃下保存。但如果样品酸度过大，加入纳氏试剂后仍呈酸性，会出现红色沉淀，影响测定的准确性。实际测定时，要先把样品的 pH 值调整到 7 左右，才能保证测定结果准确可靠。

（2）滤纸中常含痕量铵盐，使用时注意用无氨水洗涤。样品应在无氨的环境中测定，所用玻璃器皿应避免实验室空气中氨的污染。

（3）铁、铜的影响及其消除。当样品中铁离子浓度大于 0.15 mg/L、铜离子浓度大于 0.10 mg/L 时，加入纳氏试剂后样品会变得浑浊，从而影响吸光度的测定。可加 1 mL 5% 的 EDTA 消除干扰。

氨氮测定的
操作步骤

（4）脂肪胺、芳香胺、醛类、丙酮、醇类和有机氯胺类等有机化合物,以及铁、锰、镁和硫等无机离子,因产生异色或浑浊而引起干扰,水中颜色和浑浊也影响氨氮的测定。因此应进行预处理。

（5）对污染严重的水或工业废水,则用蒸馏法消除干扰(调节水样的 pH 值使其在 6.0～7.4 的范围,加入适量氧化镁使其呈微碱性,蒸馏释放出的氨被吸收于硫酸或硼酸溶液中)。

（6）纳氏试剂中碘化汞与碘化钾的比例,对显色反应的灵敏度有较大影响。静置后生成的沉淀应去除。

## 实验三　总磷的测定——钼酸铵分光光度法(GB 11893—1989)

【知识目标】

了解总磷在水体中的存在形式和含磷化合物的来源,明确水体中磷含量过高产生的危害。

【技能目标】

了解水体总磷的来源;掌握钼酸铵分光光度法的测定原理;培养样品的消解技能;巩固分光光度计的操作技能;掌握标准曲线的制定方法及回归方程的统计能力。

相关标准文件

【素质目标】

具有环保意识和节约意识,不浪费药品试剂,不造成环境污染。

保持实验环境及实验台面和仪器的干净、整洁、有序,符合规范要求。

有较强的集体意识、团队合作精神、敬业精神、诚实守信的职业素养。

### (一)方法原理

在中性条件下,过硫酸钾溶液在高压釜内经 120 ℃ 以上加热,产生如下反应:

$$K_2S_2O_8+H_2O \longrightarrow 2KHSO_4+[O]$$

从而将水中的有机磷、无机磷、悬浮物中的磷全部氧化成正磷酸。

在酸性介质中,正磷酸与钼酸铵反应,在锑盐存在下生成磷钼杂多酸后,立即被抗坏血酸还原,生成蓝色的络合物,在 700 nm 和 880 nm 波长下均有最大吸收度。

### (二)检测范围

本方法最低检出限浓度为 0.01 mg/L(吸光度 $A=0.01$ s 时所对应的浓度);测定上限为 0.6 mg/L。

### (三)仪器试剂

1. 试剂及药品

（1）硫酸($H_2SO_4$),$\rho=1.84$ g/mL。

（2）(1+1)硫酸:将浓硫酸在搅拌下缓慢加到等体积的水中。

（3）50 g/L 过硫酸钾溶液:将 5 g 过硫酸钾($K_2S_2O_8$,AR)溶于水,稀释至 100 mL。

（4）100 g/L 抗坏血酸溶液:称取 10 g 抗坏血酸($C_6H_8O_6$,又名维生素 C)溶于水中,稀释至 100 mL。此溶液储于棕色的试剂瓶中,在冷处可稳定几周,如未变色可长时间使用。

（5）钼酸盐溶液:称取 13 g 钼酸铵[$(NH_4)_6Mo_7O_{24} \cdot 4H_2O$]溶于 100 mL 水中。称取 0.35 g 酒石酸锑钾($KSbC_4H_4O_7 \cdot H_2O$,AR)溶于 100 mL 水中。在不断搅拌下把钼酸铵溶

液徐徐加到 300 mL(1+1)硫酸溶液中,然后再加入酒石酸锑钾溶液,混匀。储于棕色瓶中,在冷处可保存两个月。

(6)磷标准贮备溶液:称取 0.217 9 g 于 110 ℃ 干燥 2 h 的磷酸二氢钾($KH_2PO_4$,AR),溶解后转移至 1 000 mL 容量瓶中。加入大约 800 mL 水,加 5 mL 硫酸,定容,摇匀。1.00 mL 此标准溶液含磷 50.0 μg。

(7)磷标准使用液:将 10.00 mL 的磷标准贮备溶液移至 250 mL 容量瓶中,定容至标线,摇匀。1.00 mL 此标准溶液含磷 2.00 μg。

2.仪器

(1)常用实验室玻璃仪器。

(2)蒸汽消毒器或一般压力锅(1.1~1.4 kg/cm²)。

(3)50 mL 具塞磨口比色管;纱布和棉线。

(4)可见光分光光度计。

**(四)操作步骤**

1.采样

采样容器选用玻璃瓶。样品采集后加入 1 mL 硫酸,调节样品至 pH≤1,置于冷处保存。

标准曲线的制定

2.样品测定

取 25.00 mL 摇匀后的样品于具塞比色管中(取样时应将样品摇匀,如样品含磷量高可相应减少取样量并用水补充至 25 mL。如样品是酸化贮存的,应先中和成中性),加入 4 mL 过硫酸钾溶液,稀释至 50 mL 左右。将比色管塞塞紧,并用纱布和棉线扎紧,放在大烧杯中。置于高压蒸汽消毒器或压力锅内,加热,待压力表指示达到 1.1 kg/cm²,保持 30 min 后停止加热。待压力表指针回零后,取出冷却,定容至 50 mL,得到消解液。之后按标准曲线的制定步骤进行显色和测定。减去空白试验的吸光度,并从标准曲线上查出含磷量。

3.空白试验

以等体积蒸馏水代替样品,进行空白试验,测定吸光度。

4.标准曲线的制定

取 7 支 50 mL 具塞比色管分别加入 0.00、0.50、1.00、2.50、5.00、10.00、15.00 mL 磷标准使用液,加水至 50 mL。

(1)显色:向消解液中加入 1 mL 10% 抗坏血酸溶液,摇匀。30 s 后加 2 mL 钼酸盐溶液充分混匀。放置 15 min。

(2)用 10 mm 或 30 mm 比色皿,于 700 nm 波长,以零浓度溶液为参比,测定吸光度。

**(五)结果表示**

总磷含量以 $\rho$(mg/L)表示,按下式计算:

$$\rho = \frac{m}{V}$$

式中　$m$——样品含磷质量,由工作曲线或回归方程计算得到,μg;

　　　$V$——样品体积,mL。

**(六)注意事项**

(1)水中砷将严重干扰测定,使测定结果偏高。

（2）含氯化合物高的水样品在消解过程中会产生 $Cl_2$；含有大量不含磷的有机物会影响有机磷的消解转化成正磷酸，对测定产生负干扰。此类样品应选用其他消解方法，例如硝酸-高氯酸法消解样品。

（3）过硫酸钾溶解比较困难，可于 40 ℃ 以下的水浴锅上加热溶解，但切不可将烧杯直接放在电炉上加热，否则局部温度到达 60 ℃ 时过硫酸钾即分解失效。

# 实验四　总氮测定
## ——碱性过硫酸钾消解紫外分光光度法（HJ 636—2012）

【知识目标】

了解总氮在水体中的存在形式和含氮化合物的来源，明确水体中氮含量过高产生的危害。

【技能目标】

了解水体总氮的来源；掌握碱性过硫酸钾消解紫外分光光度法的测定原理；掌握样品的消解技能；巩固分光光度计的操作技能；掌握标准曲线的制定方法及回归方程的统计能力。

相关标准文件

【素质目标】

养成团队合作、积极进取的协作精神。

学会发现问题、解决问题；学会沟通和应变的方法。

树立安全环保意识，培养对祖国大好河山的热爱之情。

## （一）方法原理

在 60 ℃ 以上水溶液中过硫酸钾可进行如下分解产生原子态氧：

$$K_2S_2O_8 + H_2O \xrightarrow{\triangle} 2KHSO_4 + [O]$$

分解出的原子态氧在 120~140 ℃ 高压水蒸气条件下可将大部分有机氮化合物及氨氮、亚硝酸盐氮氧化成硝酸盐。

以 $CO(NH_2)_2$ 代表可溶有机氮化合物，各形态氮氧化示意式如下：

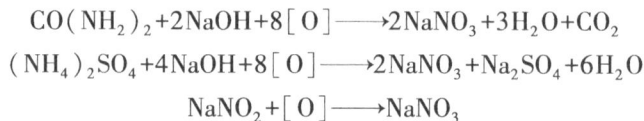

$$CO(NH_2)_2 + 2NaOH + 8[O] \longrightarrow 2NaNO_3 + 3H_2O + CO_2$$
$$(NH_4)_2SO_4 + 4NaOH + 8[O] \longrightarrow 2NaNO_3 + Na_2SO_4 + 6H_2O$$
$$NaNO_2 + [O] \longrightarrow NaNO_3$$

硝酸根离子在紫外光 220 nm 波长有特征性的大量吸收，而在 275 nm 波长基本没有吸收。因此，可分别于 220 nm 和 275 nm 处测出吸光度 $A_{220}$ 和 $A_{275}$。按下式计算校正吸光度：

$$A = A_{220} - 2A_{275}$$

$A$ 值扣除空白试验吸光度后，通过标准曲线或回归方程计算总氮含量（以 $NO_3^-$-N 计）。

## （二）仪器试剂

1. 试剂及药品

（1）除另有说明外，实验采用符合国家标准的分析纯试剂，实验用水为无氨水。

（2）无氨水。

（3）20.0 g/L 氢氧化钠溶液：称取 2.0 g 氢氧化物（NaOH），溶于水中，稀释至 100 mL。

（4）碱性过硫酸钾溶液：称取 40 g 过硫酸钾（$K_2S_2O_8$，AR），另称取 15 g 氢氧化钠溶于水中并稀释至 1 000 mL，溶液贮存于聚乙烯瓶中最长可保存一周。

（5）（1+9）盐酸溶液：量取 1 体积盐酸（HCl）缓慢加入 9 体积水中，混合均匀。

（6）硝酸钾标准溶液，100 mg/L（以 $NO_3^-$-N 计）：称取在 105~110 ℃烘干 3 h 的硝酸钾（$KNO_3$）0.721 8 g，溶于水，移至 1 000 mL 容量瓶中，定容。0~10 ℃保存可稳定 6 个月。

（7）硝酸钾标准使用溶液，10.0 mg/L（以 $NO_3^-$-N 计）：用硝酸钾标准溶液准确稀释 10 倍而得，临用时现配。

（8）硫酸（$H_2SO_4$），$\rho = 1.84$ g/mL。

（9）（1+35）硫酸溶液：量取 1 体积硫酸在搅拌下缓慢加入 35 体积水中。

2. 仪器

（1）常用实验室仪器。

（2）紫外光分光光度计；10 mm 石英比色皿；25 mL 具磨口玻璃塞比色管。

（3）蒸汽灭菌器或压力锅（压力为 1.1~1.4 kg/cm$^2$）；纱布和棉线。

所有玻璃仪器均用（1+9）盐酸溶液或（1+35）硫酸溶液浸泡，清洗后再用无氨水冲洗数次。

**（三）操作步骤**

1. 采样

采样方法及样品的贮存见本任务实验二氨氮的测定。

2. 样品消解

取样品用氢氧化钠溶液或硫酸溶液调节 pH 值至 5~9。按以下步骤进行消解：用移液管量取 10.00 mL 样品（氮含量超过 100 μg 时可减少取样量并加入纯水至 10 mL 于比色管中。加入 5 mL 碱性过硫酸钾溶液，上塞并用纱布和线包扎紧，以防弹出。将盛有样品的比色管置于高压蒸汽灭菌器中，加热，使压力表指针指到 1.1~1.4 kg/cm$^2$，温度达 120~140 ℃后开始计时，或将比色管置于高压锅中，加热至限压阀吹气时计时，保持半个小时。冷却至室温，取出比色管。加盐酸溶液 1 mL，定容至标线，混匀。

3. 测定吸光度

（1）样品不含悬浮物时，移取消解后的样品至 10 mm 石英比色皿中，以纯水作参比，分别在波长为 220 nm 和 275 nm 处测定吸光度。

（2）样品含悬浮物时，将消解后的样品放至澄清后，移取上清液，同上测定吸光度，并计算出校正吸收度。

4. 空白试验

以 10 mL 纯水代替样品，按照步骤 2、步骤 3 测定吸光度。空白试验吸光度不能超过 0.03，超过此值，要检查所用水、试剂、器皿和压力锅或灭菌器的压力。

5. 标准曲线的制定

（1）标准系列的配制

向一组比色管分别加入硝酸钾标准溶液 0.00、0.50、1.00、2.50、5.00、7.50、10.00 mL，加纯水稀释至 10.00 mL。按步骤 2、步骤 3 进行测定。

（2）标准曲线的制定

由标准溶液及零浓度溶液在 220 nm 和 275 nm 处测得的吸光度，分别按下式计算标准系

列的校正吸光度 $A_s$ 和零浓度溶液的校正吸光度 $A_b$ 及其差值 $A_r$。

$$A_s = A_{s220} - 2A_{s275}$$
$$A_b = A_{b220} - 2A_{b275}$$
$$A_r = A_s - A_b$$

式中　$A_{s220}$——标准溶液在 220 nm 波长的吸光度；

$A_{s275}$——标准溶液在 275 nm 波长的吸光度；

$A_{b220}$——零浓度溶液在 220 nm 波长的吸光度；

$A_{b275}$——零浓度溶液在 275 nm 波长的吸光度。

以 $A_r$ 值与相应的 $NO_3^-$-N 含量（μg）绘制标准曲线或进行线性回归统计。

### （四）结果表示

计算出样品校正吸光度，由标准曲线或由回归方程计算样品含氮量，样品总氮浓度 $\rho_N$（mg/L）按下式计算：

$$\rho_N = \frac{(A_r - a) \times f}{bV}$$

式中　$\rho_N$——样品中总氮的浓度，mg/L；

$A_r$——试样的校正吸光度与空白试验校正吸光度的差值；

$a$——标准曲线的截距；

$b$——标准曲线的斜率；

$V$——试样体积，mL；

$f$——稀释倍数。

### （五）注意事项

（1）溶解性有机物对紫外光有较强的吸收，虽使用了双波长测定扣除法以校正，但不同样品其干扰强度和特性不同，$A_{275}$ 校正值仅是经验性的，有机物中氮未能完全转化为 $NO_3^-$-N 对测定结果有影响，也使 $A_{275}$ 值带有不确定性。样品消化完全者，$A_{275}$ 值接近于空白值。

（2）溶液中许多阳离子和阴离子对紫外光都有一定的吸收，对结果有一定干扰。

（3）样品在预处理时要防止空气中可溶性含氮化合物的污染，检测时应避开氨或硝酸等挥发性化合物。

### 【知识拓展】硫化物的测定——亚甲基蓝分光光度法（GB/T 16489—1996）

硫化物指水中溶解性无机硫化物和酸溶性金属硫化物，包括溶解性的 $H_2S$、$HS^-$、$S^{2-}$，以及在悬浮物中的可溶性硫化物和金属硫化物。

水质中的硫化物可降低水生生物血液的携氧能力；对鱼类的鳃组织具有很强的刺激和腐蚀作用，引起呼吸困难甚至窒息死亡。硫化物大于 2 mg/L 可致养殖生物死亡。

相关标准文件

硫化物一部分来源于厌氧条件下微生物的作用使硫酸盐被还原或者有机物的分解，另一部分来源于焦化、选矿、冶炼、造纸、印染、制革等行业排放的废水。

### （一）实验原理

样品中的硫化物经酸化、加热氮吹或蒸馏后，产生的硫化氢用氢氧化钠溶液吸收，生成的硫离子在硫酸铁铵酸性溶液中与 $N$,$N$-二甲基对苯二胺反应，生成亚甲基蓝，于 665 nm 波长处

测定其吸光度,硫化物含量与吸光度值成正比。

**(二)实验试剂和仪器**

1.试剂及药品

(1)除氧去离子水:通过离子交换柱制得去离子水,以 200 ~ 300 mL/min 的速度通氮气约 20 min,使水中氮气饱和,以除去水中溶解氧。制备的除氧去离子水应立即密封,并存放于玻璃瓶内。临用现制。

(2)硫酸($H_2SO_4$),$\rho = 1.84$ g/mL。

(3)盐酸(HCl),$\rho = 1.19$ g/mL。

(4)氢氧化钠(NaOH)。

(5)$N,N$-二甲基对苯二胺盐酸盐$[NH_2C_6H_4N(CH_3)_2 \cdot 2HCl]$。

(6)硫酸铁铵$[Fe(NH_4)(SO_4)_2 \cdot 12H_2O]$。

(7)乙酸锌$[Zn(CH_3COO)_2 \cdot 2H_2O]$。

(8)抗坏血酸($C_6H_8O_6$)。

(9)乙二胺四乙酸二钠($C_{10}H_{14}O_8N_2Na_2 \cdot 2H_2O$)。

(10)盐酸溶液:量取 250 mL 盐酸缓慢注入 250 mL 水中,冷却。

(11)乙酸锌溶液,$c[Zn(CH_3COO)_2] = 1$ mol/L:称取 220 g 乙酸锌,溶于 1 000 mL 水中,若浑浊需过滤后使用。

(12)氢氧化钠溶液,$\rho(NaOH) = 10$ g/L:称取 10.0 g 氢氧化钠溶于 1 000 mL 水中,摇匀。

(13)抗氧化剂溶液:称取 4.0 g 抗坏血酸、0.2 g 乙二胺四乙酸二钠、0.6 g 氢氧化钠溶于 100 mL 水中,摇匀并贮存于棕色试剂瓶中。临用现制。

(14)$N,N$-二甲基对苯二胺盐酸盐溶液,$\rho[NH_2C_6H_4N(CH_3)_2 \cdot 2HCl] = 2$ g/L:称取 2.0 g $N,N$-二甲基对苯二胺盐酸盐溶于 700 mL 水中,缓慢加入 200 mL 硫酸,冷却后用水稀释至 1 000 mL,摇匀。此溶液室温下贮存于密闭的棕色瓶内,可稳定 3 个月。

(15)硫酸铁铵溶液,$\rho[Fe(NH_4)(SO_4)_2 \cdot 12H_2O] = 100$ g/L:称取 25.0 g 硫酸铁铵溶于 100 mL 水中,缓慢加入 5.0 mL 硫酸,冷却后用水稀释至 250 mL,摇匀。溶液如出现不溶物,应过滤后使用。

(16)硫化物标准溶液:可购买市售有证标准物质,也可自行配制。

(17)硫化物标准使用液,$\rho(S^{2-}) = 10.00$ mg/L:将一定量硫化物标准溶液移入到已加入 2.0 mL 氢氧化钠溶液和适量除氧去离子水的 100 mL 棕色容量瓶中,用除氧去离子水定容,配制成含硫离子浓度为 10.00 mg/L 的硫化物标准使用液。临用现制。

2.仪器和设备

(1)样品瓶:200 mL,棕色具塞磨口玻璃瓶。

(2)分光光度计:具 10 mm 光程和 30 mm 光程比色皿。

(3)"酸化-吹气-吸收"装置:如图 5-9 所示。

(4)"酸化-蒸馏-吸收"装置:如图 5-10 所示。

(5)吸收管:100 mL 具塞比色管。

(6)一般实验室常用仪器和设备。

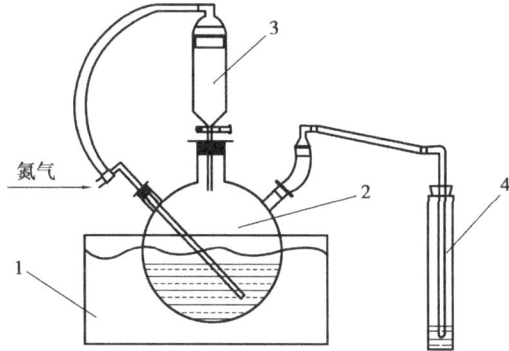

图 5-9 硫化物"酸化-吹气-吸收"装置示意图

1—水浴;2—反应瓶;3—加酸分液漏斗;4—吸收管

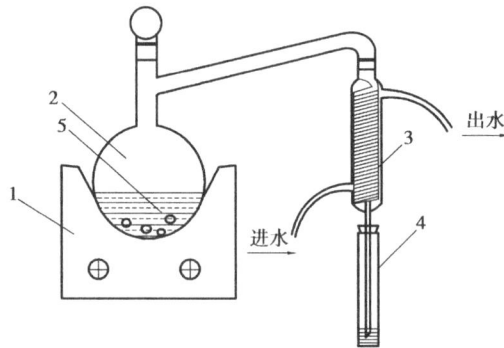

图 5-10 硫化物"酸化-蒸馏-吸收"装置示意图

1—加热装置;2—500 mL 蒸馏瓶;3—冷凝管;4—100 mL 吸收管;5—防爆玻璃珠

**(三)样品采集与保存**

**1.样品采集**

按照 HJ/T 91—2002、HJ 91.1—2019、HJ 164—2020、HJ 442.3—2020 和 HJ 493—2009 的相关规定采集样品。

**2.试样的制备**

1)"酸化-吹气-吸收"法

量取 200 mL 混匀的水样或适量样品加除氧去离子水稀释至 200 mL,迅速转移至 500 mL 反应瓶中,再加入 5 mL 抗氧化剂溶液,轻轻摇动。量取 20.0 mL 氢氧化钠溶液于 100 mL 吸收管中作为吸收液,插入导气管至吸收液液面以下,以保证吸收完全。连接好装置,开启水浴装置使温度升至 60～70 ℃。接通氮气,调整流量至 300 mL/min,5 min 后,关闭气源。关闭加酸分液漏斗活塞,打开分液漏斗顶盖加入 10 mL 盐酸溶液后盖紧,缓慢旋开活塞,接通氮气将反应瓶放入水浴装置中。维持氮气流量为 300 mL/min,连续吹气 30 min,撤下反应瓶,断开导气管,关闭气源。用少量除氧去离子水冲洗导气管,并入吸收液中,加除氧去离子水至约 60 mL,待测。

2)"酸化-蒸馏-吸收"法

量取 200 mL 混匀的水样,或适量样品加除氧去离子水稀释至 200 mL,迅速转移至 500 mL 蒸馏瓶中,再加入 5 mL 抗氧化剂溶液,轻轻摇动,加数粒玻璃珠。量取 20.0 mL 氢氧化钠溶液于 100 mL 吸收管中作为吸收液,插入馏出液导管至吸收液液面以下,以保证吸收完全。打开冷凝水,向蒸馏瓶中迅速加入 10 mL 盐酸溶液,立即盖紧塞子,打开温控电炉,调节到适当的加热温度,以 2~4 mL/min 的馏出速度蒸馏。当吸收管中的溶液体积达到约 60 mL 时,撤下蒸馏瓶,取下吸收管,停止蒸馏。用少量除氧去离子水冲洗馏出液导管,并入吸收液中,待测。

3)空白试样的制备

用实验用水代替实际样品,按照与试样的制备相同的步骤进行实验室空白试样的制备。

**(四)操作步骤**

**1. 标准曲线的建立**

取 6 支吸收管,各加入 20 mL 氢氧化钠吸收液,分别量取 0.00、0.50、1.00、2.00、4.00、7.00 mL 硫化物标准使用溶液移入吸收管,加除氧去离子水至约 60 mL,沿吸收管壁缓慢加入 10 mL $N,N$-二甲基对苯二胺溶液,立即盖塞并缓慢倒转一次。拔塞,沿吸收管壁缓慢加入 1 mL 硫酸铁铵溶液,立即盖塞并充分摇匀。放置 10 min 后,用除氧去离子水定容至标线,摇匀。使用 10 mm 光程比色皿,以除氧去离子水作参比,在波长 665 nm 处测定吸光度。以硫化物的含量(μg)为横坐标,以扣除零浓度点后的吸光度值为纵坐标,建立高浓度标准曲线。

分别量取 0.00、1.00、2.50、5.00、7.50、10.00 mL 硫化物标准使用液,按上述步骤,使用 30 mm 光程比色皿比色,建立低浓度标准曲线。

**2. 试样的测定**

按照标准曲线的建立的相同步骤测定试样的吸光度。

**3. 空白试样的测定**

按照标准曲线的建立的相同步骤测定空白试样的吸光度。

**(五)结果计算**

样品中硫化物的浓度按照下式进行计算:

$$\rho(S^{2-}) = \frac{A - A_0 - a}{b \times V}$$

式中　$\rho$——样品中硫化物的浓度,mg/L;

　　　$A$——样品的吸光度;

　　　$A_0$——空白试样的吸光度;

　　　$a$——标准曲线的截距;

　　　$b$——标准曲线的斜率;

　　　$V$——样品的体积,mL。

测定结果最多保留 3 位有效数字,小数点后位数与检出限一致。

**练习题**

**(一)填空题**

1. 测定酸度、碱度的水样应于_____或_____(材质)的容器中贮存。

2. 滴定法测定水中酸度,在滴定时,含有硫酸铝的水样应_____后滴定。

3. 酸碱指示剂滴定法测定水中酸度时,总酸度是指采用_____作指示剂,用氢氧化钠标准溶液滴定至 pH 值为_____时的酸度。

4. 一碱性水样可能含有 $OH^-$、$CO_3^{2-}$、$HCO_3^-$,现用盐酸标准溶液对其进行滴定,若以酚酞作指示剂消耗盐酸溶液 $V_1$ mL,若以甲基橙为指示剂消耗盐酸溶液 $V_2$ mL,则当 $V_1 > V_2$ 时,水样中含有_____;当 $V_1 < V_2$ 时,水样中含有_____。

5.碘量法测定水中硫化物的原理为,硫化物在_____条件下,与过量的碘作用,剩余的碘用_____溶液滴定,根据硫化物发生反应的碘量,求出硫化物的含量。

6.缺氧环境中,水中存在的亚硝酸盐受微生物作用,被还原为_____。在富氧环境中,水中的氨转变为_____,甚至继续变成_____。

7.测定氨氮的水样应贮存于聚乙烯瓶或玻璃瓶中,如不能及时分析,应加_____使其pH 值_____,于 2~5 ℃下保存。

8.总氮的测定通常采用过硫酸钾氧化,使水中_____和_____转变为硝酸盐。然后再以紫外分光光度法、离子色谱法或气相分子吸收法进行测定。

9.凯氏氮是指以基耶达测得的含氮量,它包括_____和在此条件下能被转化为铵盐而被测定的_____。

10.根据《水质 凯氏氮的测定》(GB/T 11891—1989),如果凯氏氮含量较低,可取较多量的水样,并用_____法进行测定;如果含量较高,则减少取样量,用_____法测定。

11.在氧和微生物的作用下,亚硝酸盐被氧化成_____,在缺氧或无氧条件下被还原为_____。

12.紫外分光光度法适用于_____和_____中硝酸盐氮的测定。

13.分光光度法测定水中硝酸盐氮时,水样采集后,应及时进行测定。必要时,应加硫酸使pH 值_____,于 4 ℃以下保存,在_____h 内进行测定。

14.水中总磷包括溶解的、悬浮的_____磷和_____磷。

(二)判断题

1.磷是评价湖泊、河流水质富营养化的重要指标之一。　　　　　　　　　　　( )

2.钼酸铵分光光度法测定水中总磷,如显色时室温低于 13 ℃,可在 20~30 ℃水浴上显色30 min。　　　　　　　　　　　　　　　　　　　　　　　　　　　　　　( )

3.钼酸铵分光光度法测定水中总磷,水样用压力锅消解时,锅内温度可达 120 ℃。

　　　　　　　　　　　　　　　　　　　　　　　　　　　　　　　　　　( )

4.滴定法测定水中氨氮(非离子氨)时,前处理可选用絮凝沉淀法或蒸馏法。　( )

5.滴定法测定水中氨氮(非离子氨)时,蒸馏前加入氢氧化钠调节水样的 pH 值,使其为碱性。　　　　　　　　　　　　　　　　　　　　　　　　　　　　　　　　( )

6.水中氨氮是指以游离氨($NH_3$)或有机氨化合物形式存在的氮。　　　　　　( )

7.碱性过硫酸钾消解紫外分光光度法测定水中总氮时,硫酸盐及氯化物对测定有影响。

　　　　　　　　　　　　　　　　　　　　　　　　　　　　　　　　　　( )

8.碘量法测定水中溶解氧量,当水样中含有大量的亚硫酸盐、硫代硫酸盐和多硫代硫酸盐等物质时,可用高锰酸钾修正法消除干扰。　　　　　　　　　　　　　　　( )

9.用碘量法测定水中溶解氧,采样时,应沿瓶壁注入至溢出瓶容积的 1/3~1/2。 ( )

10.碘量法测定水中溶解氧时,碱性碘化钾溶液配制后,应储于细口棕色瓶中,瓶用磨口玻璃塞塞紧,避光保存。　　　　　　　　　　　　　　　　　　　　　　　　( )

11.酸度即是氢离子的浓度。　　　　　　　　　　　　　　　　　　　　　　( )

12.水的碱度是指水中所含能与强酸定量作用的物质总量。　　　　　　　　　( )

13.采用酸碱指示剂滴定法测定水中酸碱度时,水样的色度和浊度均干扰测定。( )

14. 水中的总氰化物包括简单氰化物和所有的络合氰化物。 （　　）

15. 采用硝酸银滴定法测定水中氰化物时,水样中碳酸盐浓度过高将影响蒸馏及吸收液的吸收。 （　　）

16. 含高浓度氰化物的水样一般采用硝酸银滴定法测定。 （　　）

17. 采用碘量法测定硫化物时,碱性水样采集后需适量滴加乙酸锌溶液调节水样至中性,再放至装有适量乙酸锌溶液的瓶子里,然后加适量氢氧化钠溶液。 （　　）

18. 水中硝酸盐是在无氧环境下,各种形态的含氮化合物中最稳定的氮化合物,也是含氮有机物经无机化作用的最终分解产物。 （　　）

19. 分光光度法测定水中亚硝酸盐氮,通常是基于重氮偶联反应,生成橙色染料。

（　　）

20. 酚二磺酸分光光度法测定水中硝酸盐氮时,在水样蒸干后,加入酚二磺酸试剂,充分研磨使硝化反应完全。 （　　）

**（三）选择题**

1. $N$-(1-苯基)-乙二胺光度法测定水中亚硝酸盐氮的测定上限为（　　）mg/L。

　　A. 0.10　　　　　B. 0.20　　　　　C. 0.30　　　　　D. 0.40

2. 紫外分光光度法测定水中硝酸盐氮时,其最低检出浓度为（　　）mg/L。

　　A. 0.02　　　　　B. 0.04　　　　　C. 0.06　　　　　D. 0.08

3. 测定水中酸度时,甲基橙酸度是指以甲基橙为指示剂,用氢氧化钠滴定至 pH 值为（　　）的酸度。

　　A. 3.7　　　　　B. 8.3　　　　　C. 4.1~4.58　　　　　D. 4.1

4. 测定水中碱度,当水样中只含有氢氧化钠时,分别以甲基橙和酚酞作指示剂进行滴定,则（　　）。

　　A. $V_{甲基橙}=0$　　　B. $V_{酚酞}=0$　　　C. $V_{甲基橙}<V_{酚酞}$　　　D. $V_{甲基橙}=V_{酚酞}$

5. 采用碘量法测定纺织厂印染废水中的硫化物,当废水色度和浊度较高并含亚硫酸盐时,应采用（　　）法进行预处理。

　　A. 酸化-吹气　　　　　　　　　　B. 乙酸锌沉淀-过滤

　　C. 过滤-酸化-吹气分离　　　　　　D. 以上都对

6. 采用碘量法测定水中溶解氧,用高锰酸钾修正消除干扰时,加入草酸钾溶液过多,将使测定结果偏（　　）。

　　A. 高　　　　　　B. 无影响　　　　　　C. 低

7. 若水体受到工业废水、城市生活污水、农牧渔业废水污染,水中溶解氧浓度会（　　）。

　　A. 上升　　　　　　B. 无影响　　　　　　C. 下降

8. 钼酸铵分光光度法测定水中总磷时,所有玻璃器皿均应用（　　）浸泡。

　　A. 稀硫酸或稀铬酸　　　　　　　　B. 稀盐酸或稀硝酸

　　C. 稀硝酸或稀硫酸　　　　　　　　D. 稀盐酸或稀铬酸

9. 纳氏试剂分光光度法测定水中氨氮时,在显色前加入酒石酸钾钠的作用是（　　）。

　　A. 使显色完全　　　　　　　　　　B. 调节 pH 值

　　C. 消除金属离子的干扰　　　　　　D. 氧化作用

10. 纳氏试剂分光光度法测定水中氨氮,配制纳氏试剂时进行如下操作,在搅拌时,将二氯化汞溶液分次少量地加入到碘化钾溶液中,直至(　　　　)。

　　A.产生大量朱红色沉淀为止　　　　　B.溶液变黄为止

　　C.微量朱红色沉淀不再溶解时为止　　D.将配好的氯化汞溶液加完为止

**(四)简答题**

1.简述水样中氨氮、亚硝酸盐氮、硝酸盐氮、凯氏氮和总氮的测定方法和原理。

2.简述紫外分光光度法测定水中硝酸盐氮的原理。

3.简述钼酸铵分光光度法测定水中总磷的原理。

4.分析比较碘量法、分光光度法测定水中硫化物的优、缺点。

5.如何测定水样中总磷的含量?

**(五)计算题**

1.现有4种水样,各取100 mL,分别用0.020 0 mol/L(1/2$H_2SO_4$)滴定,结果见表5-6,试判断水样中各存在何种碱度,各为多少[以mg/L($CaCO_3$)表示]?

表5-6　滴定结果

| 水样 | 滴定消耗 $H_2SO_4$ 溶液体积/mL | |
|---|---|---|
| | 以酚酞为指示剂($P$) | 以甲基橙为指示剂($T$) |
| A | 10.00 | 15.50 |
| B | 14.00 | 38.60 |
| C | 8.20 | 8.40 |
| D | 0 | 12.70 |

2.表5-7列出二级污水处理厂含氮化合物废水处理过程中各种形态氮化合物的分析数据,试计算总氮和有机氮的去除百分率。

表5-7　氮化合物的分析数据

| 形态 | 进水质量浓度 /(mg·$L^{-1}$) | 出水质量浓度 /(mg·$L^{-1}$) | 形态 | 进水质量浓度 /(mg·$L^{-1}$) | 出水质量浓度 /(mg·$L^{-1}$) |
|---|---|---|---|---|---|
| 凯氏氮 | 40 | 9 | $NO_2^--N$ | 0 | 4 |
| $NH_4^+-N$ | 30 | 8.2 | $NO_3^--N$ | 0 | 20 |

3.用酚二磺酸分光光度法测定水中硝酸盐氮时,取10.0 mL水样,测得吸光度为0.176,校准曲线的回归方程为$y=0.014\ 9x+0.004$($x$为50 mL水中$NO_3^-$—N微克数),求水样中$NO_3^-$—N和$NO_3^-$的浓度。

4.取一天然水样品100 mL,以酚酞作指示剂,用0.020 0 mol/L的盐酸标准溶液滴定至终点,用去标准溶液$V_1$13.10 mL,再加甲基橙作指示剂继续滴定至终点,又耗去标准溶液$V_2$16.8 mL,问废水中含有哪些物质?以CaO计的总碱度是多少?(1/2CaO的摩尔质量为28.04 g/mol)

## 任务三 水样中金属(类金属)指标的测定

水样中金属(类金属)指标的测定　　　　　相关标准文件

水体中的金属(类金属)元素有些是人体必需的常量元素和微量元素,有些是有害于人体健康的,如汞、镉、铬、铅、铜、锌、镍、钡、钒、砷等。受"三废"污染的地面水和工业废水中有害金属化合物的含量往往明显增加。

有害金属侵入人体后,将会使某些酶失去活性而出现不同程度的中毒症状,其毒性大小与金属种类、理化性质、浓度及存在的价态和形态有关。例如,汞、铅、镉、六价铬及其化合物是对人体健康产生长远影响的有害金属;汞、铅、砷、锡等金属(类金属)的有机化合物比相应的无机化合物毒性要强得多;可溶性金属要比颗粒态金属毒性大;六价铬比三价铬毒性大。

在水环境监测中所说的重金属系指我国《污水综合排放标准》(GB 8978—1996)规定的第一类污染物中的汞、烷基汞、总镉、总铬、六价铬、总砷(类金属)、总铅、总镍及第二类污染物中的铜、锌、锰等。因此测定重金属元素是水质监测的重要内容。

### 一、汞

汞是各种水体总的毒理学指标,又是我国大部分地区水体质量的常规检测项目,我国对各种水体质量标准中汞的含量进行了严格的规定,因此探讨汞元素的快速或联合测定方法具有一定的现实意义。

汞及其化合物属于剧毒物质,特别是有机汞化合物,由食物链进入人体,通过生物富集作用于人体,如发生在日本的水俣病。天然水含汞极少,一般不超过 0.1 mg/L。我国生活饮用水标准限值为 0.01 mg/L,工业污水中汞的最高允许排放浓度为 0.05 mg/L。氯碱工业、仪表制造、油漆、电池生产、军工等行业排放的废液、废渣都是水和土壤汞污染的来源。

汞的测定方法有双硫腙分光光度法(GB 7469—1987)、原子荧光法(HJ 694—2014)、冷原子吸收分光光度法(HJ 597—2011)和冷原子荧光法(HJ/T 341—2007)。双硫腙分光光度法是测定多种金属离子的标准方法,但对测定条件要求严格,操作较烦琐;其他 3 种方法是测定水中痕量汞的特效方法,测定简便,干扰因素少,灵敏度较高;原子荧光法(AFS)还可以测定水样中砷、硒等。

#### 1. 双硫腙分光光度法

水样在酸性介质中于 95 ℃用高锰酸钾和过硫酸钾消解,将无机汞和有机汞转化为二价汞后,用盐酸羟胺还原过剩的氧化剂,加入双硫腙溶液,与汞离子反应生成橙色螯合物,用三氯甲烷或四氯化碳萃取,再加入碱溶液洗去萃取液中过量的双硫腙,于 485 nm 波长处测其吸光度,以标准工作曲线法定量。

该方法对测定条件要求较严格。例如,加盐酸羟胺不能过量;对试剂纯度要求高,特别是双硫腙的纯化,对提高汞螯合物的稳定性和测定准确度极为重要;有色螯合物对光敏感,要求避光或在半暗室内操作等。为消除铜离子等共存金属的干扰,在碱洗脱液中加入 10 g/L EDTA 二钠盐进行掩蔽。

该方法适用于工业废水和受汞污染的地表水中汞的测定;测定浓度范围为 2 ~ 40 μg/L。

2. 原子荧光法

该方法灵敏度高、干扰少、测定快速、简便,适用于地表水、地下水和废(污)水中汞、砷、锑等溶解态和总量的测定。原子荧光法测定汞的原理及方法参考本任务实验一。测定要点如下。

(1)水样预处理:取一定量测汞水样于具塞比色管中,加入硝酸-盐酸溶液,加塞混匀,在沸水浴中加热消解,冷却,定容待测。

(2)空白试样制备:用无汞蒸馏水代替水样,按照水样制备步骤制备空白试样。

(3)绘制标准曲线:按照水样介质条件,配制系列汞标准溶液。调整仪器各参数至最佳状态,以盐酸溶液为载液,硼氢化钾溶液为还原剂,测定标准系列的原子荧光强度,用同样的方法测定空白样品,分别吸取适量注入还原瓶内,加入氯化亚锡溶液,迅速通入载气,记录指示表最高读数。

(4)水样测定:按标准曲线同样的条件和方法测定水样,从标准曲线上查得汞的浓度,再乘以水样稀释倍数,即得水样汞的浓度。同时测定平行样和加标回收率。

3. 冷原子荧光法

该方法是将水样中的汞离子用氯化亚锡还原为基态汞原子蒸气,吸收 253.7 nm 的紫外光后,被激发而发射特征共振荧光,在一定的测量条件下和较低的浓度范围内,荧光强度与汞浓度成正比。方法检出限为 0.001 5 μg/L,测定下限为 0.006 μg/L,且干扰因素少,适用于地面水、地下水及氯离子含量较低的水样。

二、铬

环境中铬的污染主要来源于铬矿的开采、选矿、冶炼、电镀、机器制造、汽车制造、印染、制药等行业排出的废水与烟尘。铬有二价、三价和六价化合物,其中三价和六价化合物较常见。在水中六价铬一般以 $CrO_4^{2-}$、$HCr_2O_7^-$、$Cr_2O_7^{2-}$ 三种阴离子形式存在,受水体 pH 值、温度、氧化还原物质、有机物等因素的影响,三价铬和六价铬化合物之间可以相互转化。所有铬的化合物都有毒性,六价铬的毒性最大,三价次之,二价毒性最小,六价铬的毒性比三价铬几乎大 100 倍。因此,六价铬是水质监测的重要指标。

水中铬的测定方法主要有二苯碳酰二肼分光光度法和硫酸亚铁铵滴定法(GB/T 7466—1987)、原子吸收分光光度法、等离子体发射光谱法。二苯碳酰二肼分光光度法是国内外的标准方法;硫酸亚铁铵滴定法适用于含铬量较高的水样。下面介绍二苯碳酰二肼分光光度法测定铬的要点。

六价铬的测定:对于清洁水样可直接测定;对于色度不大的水样,可用以丙酮代替显色剂的空白水样作参比测定;对浑浊、色度较深的水样,以氢氧化锌作共沉淀剂,调节溶液 pH 值至 8 ~ 9,此时 $Cr^{3+}$、$Fe^{3+}$、$Cu^{2+}$ 均形成氢氧化物沉淀,可被过滤除去,与水样中 $Cr^{6+}$ 分离;存在亚硫酸盐、二价铁等还原性物质和次氯酸盐等氧化性物质时,也应采取相应消除干扰措施。方法最低检出浓度为 0.004 mg/L。取适量清洁水样或经过预处理的水样,加酸、显色、定容,以水作参比测其吸光度并作空白校正,从标准曲线上查得并计算水样中六价铬含量。配制系列铬标准溶液,按照水样测定步骤操作。将测得的吸光度经空白校正后,绘制吸光度对六价铬含量的标准曲线。

总铬的测定:在酸性溶液中,首先,将水样中的三价铬用高锰酸钾氧化成六价铬,过量的高锰酸钾用亚硝酸钠分解,过量的亚硝酸钠用尿素分解;然后,加入二苯碳酰二肼显色,于 540 nm 处进行分光光度测定。其最低检出浓度同六价铬。

清洁地面水可直接用高锰酸钾氧化后测定;水样中含大量有机物时,用硝酸-硫酸消解。

### 三、镉

水体的镉污染来自地表径流和工业废水。电镀工业排放的废水中镉含量是很低的,而由硫铁矿石制取硫酸和由磷矿石制取磷肥时排出的废水中含镉较高,每升废水含镉可达数十至数百微克。工业废水的排放使近海海水和浮游生物体内的镉含量高于远海,工业区地表水的镉含量高于非工业区。

镉不是人体的必需元素,镉的毒性很大,可在人体内积蓄,主要积蓄在肾脏,引起泌尿系统的功能变化。水中含镉 0.1 mg/L 时,可轻度抑制地表水的自净作用。镉对白鲢鱼的安全浓度为 0.014 mg/L,用含镉 0.04 mg/L 的水进行农灌时,土壤和稻米受到明显污染。日本的痛痛病即镉污染所致,我国也有镉污染稻米的报道,镉是我国实施排放总量控制的指标之一。

测定镉的主要方法有原子吸收分光光度法(GB/T 7475—1987)、双硫腙分光光度法(GB/T 7471—1987)、阳极溶出伏安法和电感耦合等离子体发射光谱法(ICP-AES)。

绝大多数淡水含镉量低于 1 μg/L,海水中镉的平均浓度为 0.15 μg/L。镉主要来源于电镀、采矿、冶炼、染料、电池工业等排放的废水。下面介绍镉测定中的定量方法。

1. 原子吸收分光光度法

本方法原理参考本任务实验五。常用的定量方法有标准曲线法和标准加入法。

标准曲线法:先配制相同基体的含有不同浓度待测元素的系列标准溶液,分别测其吸光度,以扣除空白值之后的吸光度为纵坐标,对应的标准溶液浓度为横坐标绘制标准曲线。在同样操作条件下测定试样溶液的吸光度,从标准曲线查得试样溶液的浓度。使用该方法时应注意,配制的标准溶液浓度应在吸光度与浓度成线性关系的范围内;整个分析过程中操作条件应保持不变。

如果试样的基体组成复杂且对测定有明显干扰时,则在标准曲线成线性关系的浓度范围内,可使用标准加入法。其操作方法是:取 4 份相同体积的试样溶液,从第 2 份起按比例加入不同量待测元素的标准溶液,并稀释至相同体积。设待测元素的浓度为 $\rho_x$,加入标准溶液后的浓度分别为 $\rho_x+\rho_0$、$\rho_x+2\rho_0$、$\rho_x+4\rho_0$,分别测得吸光度为 $A_1$、$A_2$、$A_3$、$A_4$。以吸光度 $A$ 对浓度 $\rho$ 作图,得到一条不通过原点的直线,外延此直线与横坐标的交点与原点的距离 $\rho_x$,即为试样溶液中待测元素的浓度,如图 5-11 所示。为得到较为准确的外推结果,应最少用 4 个点来作外推曲线;该方法只能消除基体效应的影响,不能消除背景吸收的影响,故应扣除背景值。

2. 双硫腙分光光度法

在强碱性介质中,镉离子与双硫腙反应,生成红色螯合物,用三氯甲烷萃取分离后,于 518 nm 波长处测其吸光度,用标准曲线法定量。其测定浓度范围为 1 ~ 60 μg/L,该方法适用于受镉污染的天然水和废水中镉的测定。

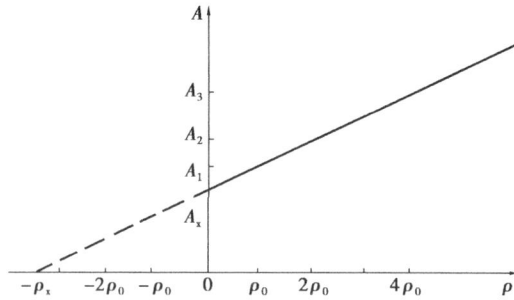

图 5-11　标准加入法

**四、铜**

含铜的工业废水排入水体,严重影响水体质量。水中铜含量达 0.01 mg/L 时,对水体自净有明显的抑制作用;超过 3.0 mg/L,会产生异味;超过 15 mg/L,就无法饮用。若用含铜废水灌溉农田,铜在土壤和农作物中累积,会造成农作物特别是水稻和大麦生长不良,并会污染粮食籽粒。

在冶炼、金属加工、机器制造、有机合成及其他工业废水中都含有铜,其中以金属加工、电镀工厂所排废水含铜量最高,每升废水含铜几十至几百毫克。

测定水中铜的方法主要有原子吸收分光光度法、二乙基二硫代氨基甲酸钠分光光度法(HJ 485—2009)和 2,9-二甲基-1,10-菲啰啉分光光度法(HJ 486—2009),还可以用阳极溶出伏安法和 ICP-AES 法。

原子吸收分光光度法测定水中铜参考本任务实验四。

二乙基二硫代氨基甲酸钠分光光度法原理:在 pH 值为 8 ~ 10 的氨性溶液中,铜离子与二乙基二硫代氨基甲酸钠(铜试剂,简写为 DDTC)作用,生成摩尔比为 1∶2 的黄棕色胶体络合物,该络合物可被四氯化碳或三氯甲烷萃取,其最大吸收波长为 440 nm。在测定条件下,有色络合物可以稳定 1 h,但当水样中含铁、锰、镍、钴和铋等离子时,也与 DDTC 生成有色络合物,干扰铜的测定。水样中含铜高时,可加入明胶、阿拉伯胶等胶体保护剂,在水中直接进行分光光度法测定。该方法适用于测定各种水体中的铜。

**五、铅**

铅是可在人体和动植物中蓄积的有毒金属,其主要毒性效应是导致贫血、神经机能失调和肾损伤等。铅对水生生物的安全浓度为 0.16 mg/L。

铅主要来源于蓄电池、冶炼、五金、机械、涂料和电镀工业等部门排放的废水。汽车尾气排出的铅随降水进入地表水中,也会造成铅污染。

测定水体中铅的方法与测定镉的方法相同,广泛采用的是原子吸收分光光度法和双硫腙分光光度法,也可以用阳极溶出伏安法、示波极谱法和 ICP-AES 法、原子荧光光度法。

双硫腙分光光度法基于在 pH 值为 8.2 ~ 9.5 的氨性柠檬酸盐-氰化物的还原介质中,铅与双硫腙反应生成红色螯合物,用三氯甲烷(或四氯化碳)萃取后于 510 nm 波长处比色测定吸光度。

测定时,要特别注意器皿、试剂及去离子水是否含痕量铅,这是能否获得准确结果的关键。

$Bi^{3+}$、$Sn^{2+}$等干扰测定,可预先在 pH 值为 2~3 时用双硫腙三氯甲烷溶液萃取分离。为防止双硫腙被一些氧化物质如 $Fe^{3+}$ 等氧化,在氨性介质中加入了盐酸羟胺。

该方法适用于地面水和废水中痕量铅的测定。当使用 10 mm 比色皿,取水样 100 mL,用 10 mL 双硫腙三氯甲烷溶液萃取时,最低检测浓度可达 0.01 mg/L,测定上限为 0.3 mg/L。

### 六、砷

砷是人体非必需元素。元素砷的毒性很小,而砷的化合物均有剧毒,三价砷化合物比其他价态砷化合物毒性更强。口服三氧化二砷(俗称砒霜)5~10 mg 可造成急性中毒,致死量 60~200 mg。地面水中含砷量因水源和地理条件不同而有很大差异。天然水中通常含有一定量的砷,淡水中砷为 0.2~230 μg/L,海水中为 6~30 g/L,我国一些主要河道干流中砷含量为 0.01~0.6 mg/L,长江水中含砷量一般小于 6 g/L,松花江水系含砷量为 0.3~1.17 μg/L。砷主要来源于采矿、冶金、化学制药、纺织、玻璃、制革等部门的工业废水。

测定水体中砷的方法有硼氢化钾-硝酸银分光光度法(GB/T 11900—1989)、二乙基二硫代氨基甲酸银分光光度法(GB/T 7485—1987)、氢化物发生-原子吸收分光光度法、原子荧光法(HJ 694—2014)、ICP-AES 法。

1. 硼氢化钾-硝酸银分光光度法

该方法基于用硼氢化钾在酸性溶液中产生新生态氢,将水样中无机砷还原成砷化氢($AsH_3$,即胂)气体,用硝酸-硝酸银-聚乙烯醇-乙醇溶液吸收,则砷化氢将吸收液中的银离子还原成单质胶态银,使溶液呈黄色,其颜色强度与生成氢化物的量成正比。该黄色溶液对 400 nm 光有最大吸收,且吸收峰形对称。以空白吸收液为参比测其吸光度,用标准曲线法定量。

对于清洁的地下水和地面水,可直接取样进行测定;对于被污染的水,要用盐酸-硝酸-高氯酸消解。水样经调节 pH 值、加还原剂和掩蔽剂后移入反应管中测定。该方法适用于地面水和地下水中痕量砷的测定,其检出限为 0.000 4 mg/L,测定上限为 0.012 mg/L。

2. 二乙基二硫代氨基甲酸银分光光度法

在碘化钾、酸性氯化亚锡作用下,五价砷被还原为三价砷,并与新生态氢反应,生成气态砷化氢(胂),被吸收于二乙基二硫代氨基甲酸银(AgDDC)-三乙醇胺的三氯甲烷溶液中,生成红色的胶体银,在 510 nm 波长处,以三氯甲烷为参比测其经空白校正后的吸光度,用标准曲线法定量。

清洁水样可直接取样加硫酸后测定;含有机物的水样应用硝酸、硫酸消解。水样中共存锑、铋和硫化物时干扰测定。氯化亚锡和碘化钾的存在可抑制锑、铋的干扰;硫化物可用乙酸铅棉吸收法去除。砷化氢为剧毒物质,整个反应应在通风橱内进行。该方法最低检测浓度为 0.007 mg/L 砷,测定上限为 0.50 mg/L,适用于地表水和废(污)水中砷的测定。

### 七、锌

锌也是人体必不可少的有益元素,每升水含数毫克锌对人体和温血动物无害,但对鱼类和其他水生生物影响较大。锌对鱼类的安全浓度约为 0.1 mg/L。此外,锌对水体的自净过程有一定抑制作用。锌主要来源于电镀、冶金、颜料及化工等部门排放的废水。

原子吸收分光光度法测定锌,灵敏度较高,干扰少,适用于各种水体。此外,还可选用双硫腙分光光度法、阳极溶出伏安法或示波极谱法、ICP-AES 法。对于锌含量较高的废(污)水,为了避免高倍稀释引入的误差,可选用双硫腙分光光度法;对于高盐度的废水和海水中微量锌的测定,可选用阳极溶出伏安法或示波极谱法。

## 实验一　汞的测定——原子荧光法(HJ 694—2014)

【知识目标】

熟悉汞和汞的化合物;掌握不同形态的汞产生的环境效应;明确汞在水环境中的迁移和转化过程。

【技能目标】

掌握原子荧光光谱仪的使用方法;掌握汞的测定原理和方法。

【素质目标】

具有环保意识和节约意识,不浪费药品试剂,不造成环境污染;

保持实验环境及实验台面和仪器的干净、整洁、有序,符合规范要求;

有较强的集体意识、团队合作精神、敬业精神、诚实守信的职业素养。

### (一)方法原理

经预处理的试液进入原子荧光光谱仪,在酸性条件的硼氢化钾(或硼氢化钠)还原作用下,生成汞原子,氢化物在氩氢火焰中形成基态原子,汞原子受元素汞灯发射光的激发产生原子荧光,原子荧光强度与试液中待测元素含量在一定范围内成正比。

### (二)适用范围

本标准规定了测定水中汞的原子荧光法。

本标准适用于地表水、地下水、生活污水和工业废水中汞的溶解态和总量的测定。

本标准方法汞的检出限为 0.04 μg/L,测定下限为 0.16 μg/L。

### (三)仪器试剂

1.试剂及药品

(1)盐酸:$\rho(HCl) = 1.19$ g/mL,优级纯。

(2)硝酸:$\rho(HNO_3) = 1.42$ g/mL,优级纯。

原子荧光仪及配件

(3)盐酸-硝酸溶液:分别量取 300 mL 盐酸和 100 mL 硝酸,加入 400 mL 水中,混匀。

(4)重铬酸钾($K_2Cr_2O_7$):优级纯。

(5)氯化汞($HgCl_2$):优级纯。

(6)硼氢化钾($KBH_4$)。

(7)(1+1)盐酸溶液。

(8)汞标准溶液:

①汞标准固定液:称取 0.5 g 重铬酸钾溶于 950 mL 水中,加入 50 mL 硝酸,混匀。

②汞标准贮备液:$\rho(Hg) = 100$ mg/L。

购买市售有证标准物质,或称取 0.135 4 g 于硅胶干燥器中放置过夜的氯化汞,用少量汞标准固定液溶解后移入 1 000 mL 容量瓶中,用汞标准固定液稀释至标线,混匀,贮存于玻璃瓶中。4 ℃下可存放 2 年。

③汞标准中间液:$\rho$(Hg)= 1.00 mg/L。

移取 5.00 mL 汞标准贮备液于 500 mL 容量瓶中,加入 50 mL 盐酸,用汞标准固定液稀释至标线,混匀,贮存于玻璃瓶中。4 ℃下可存放 100 d。

④汞标准使用液:$\rho$(Hg)= 10.0 μg/L。

移量取 5.00 mL 汞标准中间液于 500 mL 容量瓶中,加入 50 mL 盐酸,用水稀释至标线,混匀,贮存于玻璃瓶中。临用现配。

2.仪器

(1)原子荧光光谱仪:仪器性能指标应符合《原子荧光光谱仪》(GB/T 21191—2007)的规定。

(2)元素灯(汞)。

(3)可调温电热板。

(4)恒温水浴装置:温控精度±1 ℃。

(5)抽滤装置:0.45 μm 孔径水系微孔滤膜。

(6)分析天平:精度为 0.000 1 g。

(7)采样容器:硬质玻璃瓶或聚乙烯瓶(桶)。

(8)实验室常用器皿:符合国家标准的 A 级玻璃量器和玻璃器皿。

**(四)操作步骤**

1.样品保存

样品采集后尽快用 0.45 μm 滤膜过滤,弃去初始滤液 50 mL,用少量滤液清洗采样瓶,收集滤液于采样瓶中。如水样为中性,按每升水样中加入 5 mL 盐酸的比例加入盐酸。

2.样品测定

量取 5.0 mL 混匀后的样品于 10 mL 比色管中,加入 1 mL 盐酸-硝酸溶液,加塞混匀,置于沸水浴中加热消解 1 h,其间摇动 1～2 次并开盖放气。冷却,用水定容至标线,混匀,待测。

分别移取 0、1.00、2.00、5.00、7.00、10.00 mL 汞标准使用液于 100 mL 容量瓶中,分别加入 10.0 mL 盐酸-硝酸溶液,用水稀释至标线,混匀。

1)标准曲线的绘制

参考测量条件或采用自行确定的最佳测量条件,以盐酸溶液为载流,硼氢化钾溶液为还原剂,浓度由低到高依次测定汞标准系列的原子荧光强度,以原子荧光强度为纵坐标,汞质量浓度为横坐标,绘制标准曲线。

2)试样的测定

按照与绘制标准曲线相同的条件测定试样的原子荧光强度。超过标准曲线高浓度点的样品,对其消解液稀释后再行测定,稀释倍数为 $f$。

**(五)结果表示**

样品中待测元素的质量浓度 $\rho$ 按以下公式计算:

$$\rho = \frac{\rho_1 \times f \times V_1}{V}$$

式中 $\rho$——样品中待测元素的质量浓度,μg/L;

$\rho_1$——从标准曲线上查得的试样中待测元素的质量浓度,μg/L;

$f$——试样稀释倍数(样品若有稀释);

$V_1$——分取后测定试样的定容体积,mL;

$V$——分取试样的体积,mL。

当汞的测定结果小于 1 μg/L 时,保留小数点后 2 位;当测定结果大于 1 μg/L 时,保留 3 位有效数字。

### (六)注意事项

(1)硼氰化钾是强还原剂,极易与空气中的氧气和二氧化碳反应,在中性和酸性溶液中易分解产生氢气,所以配制硼氢化钾还原剂时,要将硼氢化钾固体溶解在氢氧化钠溶液中,并临用现配。

(2)实验室所用的玻璃器皿均需用硝酸溶液浸泡 24 h,或用热硝酸荡洗。清洗时依次用自来水、去离子水洗净。

## 实验二　铅的测定——原子荧光光度法(SL 327.4—2005)

【知识目标】

了解水环境中铅的来源和迁移转化过程,以及铅对环境和人体产生的危害,掌握铅的测定方法和适用范围。

【技能目标】

掌握铅测定的原理和方法;掌握原子荧光光度计的使用方法。

【素质目标】

学会自我学习,树立追求知识、勇于创新的科学态度和踏实、认真、肯干的工作作风;

树立安全环保和节约意识;

有较强的集体意识、团队合作精神、敬业精神、诚实守信的职业素养。

### (一)方法原理

样品经预处理,其中各种形态的铅均转化为四价铅($Pb^{4+}$),加入硼氢化钾(或硼氢化钠)与其反应,生成气态氢化铅,用氢气将气态氢化铅载入原子化器进行原子化,以铅高强度空心阴极灯作激发光源,铅原子受光辐射激发产生荧光,检测原子荧光强度,利用荧光强度在一定范围内与溶液中铅含量成正比的关系计算样品中的铅含量。

### (二)方法选择

原子荧光光度法是将氢化物发生技术与原子荧光光谱分析技术相结合测定水中铅,从而实现水样检测的新技术。原子荧光光度法与双硫腙分光光度法、原子吸收分光光度法测定水中铅相比,具有基体干扰小、操作简便、用样量少、灵敏度和准确度高、测量重现性好、自动化程度高、适合大批量分析等特点。本标准适用于地表水、地下水、大气降水、污水及其再生利用水中铅的测定。方法检出限 1.0 μg/L,样品浓度在 2～200 μg/L 范围内线性良好。大于 200 μg/L 的样品,可稀释后测定。

### (三)仪器试剂

1. 试剂及药品

(1)本标准所用水均指去离子水或同等纯度的水。

(2)硝酸($HNO_3$):$\rho = 1.42$ g/mL,优级纯。

（3）盐酸（HCl）：$\rho = 1.18$ g/mL，优级纯。

（4）氢氧化钾（KOH）：优级纯。

（5）50%盐酸溶液（体积分数）：量取50 mL盐酸，缓慢加入50 mL水中，摇匀。

（6）5%盐酸溶液（体积分数）：量取50 mL盐酸，缓慢加入950 mL水中，摇匀。

（7）40 g/L草酸溶液：称取4 g草酸，溶于适量水中，用水稀释至100 mL。

（8）100 g/L铁氰化钾溶液：称取10 g铁氰化钾，溶于适量水中，并用水稀释至100 mL。临用时现配。

（9）20 g/L硼氢化钾（或硼氢化钠）溶液：称取10 g硼氢化钾（或硼氢化钠），溶于500 mL 0.5%氢氧化钾溶液中，摇匀。

（10）铅标准贮备液（1 000 mg/L），购置或自配：准确称取1.599 0 g（准确至0.1 mg）硝酸铅（纯度≥99.5%），溶解于200 mL水中，加入20 mL的硝酸，移入1 000 mL容量瓶中，用水稀释至标线，摇匀。

（11）铅标准中间液（10.0 mg/L）：准确移取浓度为1 000 mg/L的铅标准贮备液10 mL，转入1 000 mL容量瓶中，用水稀释至标线，摇匀。

（12）铅标准使用液（1.00 mg/L）：准确移取浓度为10.0 mg/L的铅标准中间液10 mL，转入100 mL容量瓶中，用水稀释至标线，摇匀。

（13）氢气：纯度大于99.99%。

2. 仪器

（1）原子荧光光度计。

（2）铅高强度空心阴极灯。

（3）3 kW电热板。

（4）常用玻璃量器。

**（四）实验步骤**

1. 水样的保存

采样后水样加硝酸酸化至1%进行保存，一个月内完成测定。

2. 水样的预处理

1）清洁水样的预处理

取一定体积（视浓度而定，准确至0.1 mL）水样于50 mL容量瓶中，加入2.0 mL 50%盐酸溶液、0.5 mL 40 g/L草酸溶液，再加入2.0 mL 100 g/L铁氰化钾溶液，用水定容，摇匀。放置30 min后上机测定。

2）较浑浊或受基体干扰较严重的水样

准确移取50.0 mL水样于100 mL锥形瓶中，加入3.0 mL硝酸，于电热板上微沸消解至近干，加水20 mL，加热至近干，再加入1.0 mL盐酸，消解至近干，以充分赶去硝酸，至溶液澄清，加入2.0 mL 50%盐酸溶液、0.5 mL 40 g/L草酸溶液、2.0 mL 100 g/L铁氰化钾溶液，用水定容，摇匀。放置30 min后待测。

3. 样品测定

1）设置仪器工作参数（依仪器型号不同，测量参数会有所变动，根据仪器操作说明设置）

2）标准工作曲线的配制

分别准确移取铅标准使用液0.0、0.5、1.0、2.0、3.0、4.0、5.0 mL于50 mL容量瓶中，各加入 2.0 mL 50% 盐酸溶液、0.5 mL 40 g/L 草酸溶液、2.0 mL 100 g/L 铁氰化钾溶液,定容至 50 mL,此标准系列的浓度分别为 0.0、10.0、20.0、40.0、60.0、80.0、100.0 μg/L,放置 30 min 后待测。

3)样品的测定

按照仪器操作规程,预热 30 min,接通气源,调整好出口压力,使用 5% 盐酸溶液作为载流,按照仪器工作参数调整好仪器,测定铅标准工作曲线。测定的标准工作曲线相关系数应大于 0.999 0,否则应查明原因重新测定标准曲线或用比例法处理数据。

按前述测定程序,先测定空白样品,再按程序依次测定各样品浓度。

**(五)结果表示**

仪器随机软件有自动计算的功能,工作曲线为线性拟合曲线,测定待测样品荧光强度值后减去样品空白荧光强度,代入拟合曲线的一次方程,即得出待测样品浓度。若人工计算,可采用以下公式:

$$C_{Pb} = c \times \frac{V}{V_0}$$

式中　$C_{Pb}$——待测样品浓度,μg/L;

　　　$C$——待测样品荧光强度减去样品空白荧光强度后,从工作曲线上查得相应的样品浓度;

　　　$V$——待测样品经处理、稀释、定容后的最终体积;

　　　$V_0$——所取待测样品的体积。

**(六)注意事项**

(1)消解水样时务必充分赶尽硝酸,因硝酸有较强的抑制荧光的作用;废液 pH 值应控制在 8~9。

(2)锥形瓶、容量瓶等玻璃器皿均应及时使用稀硝酸清洗后冲净使用,防止污染。

(3)硼氢化钾和硼氢化钠是强还原剂,使用时注意勿接触皮肤和溅入眼睛。

(4)仪器延迟时间和读数时间根据实验时的具体峰形确定。参考条件会因仪器型号、管路连接长短及粗细的不同而有差异,适当调整使仪器能读出完整的峰高或峰面积即可。

(5)本标准采用氢化物发生法,使得待测元素与基体分离,干扰很少,共存离子和化合物不干扰测定。当铅含量为 40.0 μg/L 时,若共存离子分别为 609.2 μg/L 三价铁、214 μg/L 二价锰、201.6 μg/L 二价镍、200 μg/L 二价汞、52 360 μg/L 二价锌、200 μg/L 六价铬,对测定无干扰。

## 实验三　砷的测定——原子荧光法(HJ 694—2014)

【知识目标】

了解砷的化合物和砷的来源,掌握砷对人体产生的危害。

【技能目标】

掌握原子荧光光谱仪的使用方法;掌握砷的测定方法和原理;学会含砷水样的预处理。

【素质目标】

养成团队合作、积极进取的协作精神;

学会发现问题、解决问题,学会沟通和应变的方法;

树立安全环保意识,培养对祖国大好河山的热爱之情。

**(一)方法原理**

经预处理后的试液进入原子荧光光谱仪,在酸性条件的硼氢化钾(或硼氢化钠)还原作用下,生成砷化氢,氢化物在氩氢火焰中形成基态原子,氢化物在氩氢火焰中形成基态原子,其基态原子受元素砷灯发射光的激发产生原子荧光,原子荧光强度与试液中待测元素含量在一定范围内成正比。

**(二)方法选择**

本标准规定了测定水中砷的原子荧光法。

本标准适用于地表水、地下水、生活污水和工业废水中砷的溶解态和总量的测定。

本标准方法砷的检出限为 0.3 μg/L,测定下限为 1.2 μg/L。

**(三)仪器试剂**

1. 试剂及药品

(1)硝酸:$\rho(HNO_3)$ = 1.42 g/mL,优级纯。

(2)高氯酸:$\rho(HClO_4)$ = 1.68 g/mL,优级纯。

(3)硝酸-高氯酸混合酸:用等体积硝酸和高氯酸混合配制。临用时现配。

(4)硼氢化钾($KBH_4$)。

(5)氢氧化钠(NaOH)。

(6)硫脲($CH_4N_2S$)。

(7)抗坏血酸($C_6H_8O_6$)。

(8)重铬酸钾($K_2Cr_2O_7$):优级纯。

(9)三氧化二砷($As_2O_3$):优级纯。

(10)(1+1)盐酸溶液。

(11)硼氢化钾溶液。

称取 0.5 g 氢氧化钠溶于 100 mL 水中,加入 2.0 g 硼氢化钾,混匀。临用时现配,存于塑料瓶中。

(12)硫脲-抗坏血酸溶液:称取硫脲和抗坏血酸各 5.0 g,用 100 mL 水溶解,混匀,测定当日配制。

(13)砷标准溶液:

①砷标准贮备液:$\rho(As)$ = 100 mg/L。

购买市售有证标准物质,或称取 0.132 0 g 于 105 ℃干燥 2 h 的优级纯三氧化二砷溶解于 5 mL 1 mol/L 氢氧化钠溶液中,用 1 mol/L 盐酸溶液中和至酚酞红色褪去,移入 1 000 mL 容量瓶中,用水稀释至标线,混匀,贮存于玻璃瓶中。4 ℃下可存放 2 年。称取 0.5 g 重铬酸钾溶于 950 mL 水中,加入 50 mL 硝酸,混匀。

②砷标准中间液:$\rho(As)$ = 1.00 mg/L。

移取 5.00 mL 砷标准贮备液于 500 mL 容量瓶中,加入 100 mL 盐酸,用水稀释至标线,混匀。4 ℃下可存放 1 年。

③砷标准使用液:$\rho(As)$ = 100 μg/L。

移取 10.00 mL 砷标准中间液于 100 mL 容量瓶中,加入 20 mL 盐酸溶液,用水稀释至标线,混匀。4 ℃下可存放 30 d。

2. 仪器

(1)原子荧光光谱仪:仪器性能指标应符合《原子荧光光谱仪》(GB/T 21191—2007)的规定。

(2)元素灯(汞)。

(3)可调温电热板。

(4)恒温水浴装置:温控精度±1 ℃。

(5)抽滤装置:0.45 μm 孔径水系微孔滤膜。

(6)分析天平:精度为 0.000 1 g。

(7)采样容器:硬质玻璃瓶或聚乙烯瓶(桶)。

(8)实验室常用器皿:符合国家标准的 A 级玻璃量器和玻璃器皿。

(四)操作步骤

1. 样品的保存

样品采集后尽快用 0.45 μm 滤膜过滤,弃去初始滤液 50 mL,用少量滤液清洗采样瓶,收集滤液于采样瓶中。如水样为中性,按每升水样中加入 5 mL 盐酸的比例加入盐酸。

2. 样品测定

量取 50.0 mL 混匀后的样品于 150 mL 锥形瓶中,加入 5 mL 硝酸-高氯酸混合酸,于电热板上加热至冒白烟,冷却。再加入 5 mL 盐酸溶液,加热至黄褐色烟冒尽,冷却后移入 50 mL 容量瓶中,加水稀释定容,混匀,待测。

分别移取 0、0.50、1.00、2.00、3.00、5.00 mL 砷标准使用液于 50 mL 容量瓶中,分别加入 10.0 mL 盐酸溶液、10 mL 硫脲-抗坏血酸溶液,室温放置 30 min(室温低于 15 ℃时,置于 30 ℃ 水浴中保温 30 min),用水稀释定容,混匀。

1)标准曲线的绘制

参考测量条件或采用自行确定的最佳测量条件,以盐酸溶液为载流,硼氢化钾溶液为还原剂,浓度由低到高依次测定砷标准系列的原子荧光强度,以原子荧光强度为纵坐标,砷质量浓度为横坐标,绘制标准曲线。

2)试样的测定

量取 5.0 mL 试样于 10 mL 比色管中,加入 2 mL 盐酸溶液、2 mL 硫脲-抗坏血酸溶液,室温放置 30 min(室温低于 15 ℃时,置于 30 ℃水浴中保温 30 min),用水稀释定容,混匀,按照与绘制标准曲线相同的条件进行测定。超过标准曲线高浓度点的样品,对其消解液稀释后再行测定,稀释倍数为 $f$。

(五)结果表示

样品中待测元素的质量浓度 $\rho$ 按以下公式计算:

$$\rho = \frac{\rho_1 \times f \times V_1}{V}$$

式中　$\rho$——样品中待测元素的质量浓度,μg/L;

$\rho_1$——从标准曲线上查得的试样中待测元素的质量浓度,μg/L;

$f$——试样稀释倍数(样品若有稀释);

$V_1$——分取后测定试样的定容体积,mL;

$V$——分取试样的体积,mL。

当砷的测定结果小于 10 μg/L 时,保留小数点后 1 位;当测定结果大于 10μg/L 时,保留 3 位有效数字。

### (六)注意事项

(1)硼氰化钾是强还原剂,极易与空气中的氧气和二氧化碳反应,在中性和酸性溶液中易分解产生氢气,所以配制硼氢化钾还原剂时,要将硼氢化钾固体溶解在氢氧化钠溶液中,并临用现配。

(2)实验室所用的玻璃器皿均需用硝酸溶液浸泡 24 h,或用热硝酸荡洗。清洗时依次用自来水、去离子水洗净。

## 实验四　铜的测定——原子吸收分光光度法(GB 7475—1987)

【知识目标】

了解原子吸收分光光度计的结构,培养基本操作能力;了解水环境中铜的来源和产生的危害。

【技能目标】

掌握原子吸收分光光度计的使用;掌握铜的测定方法和原理。

【素质目标】

树立环保和安全意识;

树立诚信意识、质量意识和规范意识;

有较强的集体意识、团队合作精神。

### (一)方法原理

原子吸收分光光度法是通过基态原子对特征光辐射的吸收而测定该元素原子含量的方法。溶液中的铜离子在一定温度火焰下形成铜原子蒸气,吸收由铜空心阴极灯辐射出波长为 324.5 nm 的铜特征锐线光,其吸光度 $A$ 与铜原子蒸气中基态原子数 $N_0$ 的关系符合朗伯-比尔定律。在一定的实验条件下,$N_0 \approx C$(样品中待测元素 Cu 的浓度),则 $A = K \cdot C$($K$ 为摩尔吸光系数)。

利用上式 $A$ 与 $C$ 的关系,用已知不同浓度的铜离子标准溶液通过原子吸收分光光度计测出的不同吸光度,绘制成标准曲线;再测出试样的吸光度 $A$,即可从标准曲线上求得样品中铜的含量。

### (二)方法选择

火焰原子吸收分光光度法快速、干扰少,适用于分析废水和受污染的水。分析清洁水可选用萃取或离子交换浓缩火焰原子吸收分光光度法,也可选用石墨炉原子吸收分光光度法。但后一种方法基体干扰比较复杂,要注意干扰的检验和校正。没有原子吸收分光光度计时可选二乙基二硫代氨基甲酸钠分光光度法、新亚铜灵萃取分光光度法、阳极溶出伏安法和示波极谱法。等离子发射光谱法是简便、快速、干扰少、准确度高的新方法,但仪器比较昂贵。

本实验采用火焰原子吸收分光光度法。

### (三)仪器试剂

#### 1.试剂及药品

除另有说明外,分析时均使用符合国家标准或专业标准的分析纯试剂、去离子水或同等纯度的水。

(1)硝酸($HNO_3$,GR),$\rho = 1.42$ g/mL。

(2)硝酸($HNO_3$,AR),$\rho = 1.42$ g/mL。

(3)(1+1)硝酸溶液,用(2)配制。

(4)(1+499)硝酸溶液,用(1)配制。

(5)高氯酸($HClO_4$,GR),$\rho = 1.67$ g/mL。

(6)燃料:乙炔,纯度不低于99%。

(7)氧化剂:空气,一般由空气压缩机供给。

(8)铜标准溶液:可直接购买,此溶液含铜1.000 g/L。

(9)铜标准使用液:用(1+499)硝酸溶液准确稀释铜标准溶液配制,此溶液中铜的浓度为50.00 mg/L。

#### 2.仪器

原子吸收分光光度计及相应辅助设备;其他常规实验用品、器具。所用玻璃器皿用洗涤剂洗净后,在硝酸溶液中浸泡,使用前用水冲洗干净。

### (四)操作步骤

#### 1.采样

用聚乙烯塑料瓶采集样品,采样容器先用洗涤剂洗净,再在(1+1)硝酸溶液中浸泡,使用前用蒸馏水洗净。

分析溶解态金属时,采样后立即通过0.45 μm滤膜过滤,然后加入硝酸酸化至pH值为1~2,一般每升水样加2 mL硝酸。

分析金属总量时,采样后直接酸化。

#### 2.样品消解

取100 mL水样放入200 mL烧杯中,加入5 mL硝酸(试剂1)在电热板上加热消解,确保样品不沸腾蒸至10 mL左右。加入5 mL硝酸(试剂1)和2 mL高氯酸继续消解至1 mL左右。如果消解不完全,再加入5 mL硝酸(试剂1)和2 mL高氯酸,继续消解至1 mL左右取下冷却,加水溶解残渣,通过中速滤纸(预先酸洗)滤入100 mL容量瓶中,定容至标线。

【注】消解中使用高氯酸有爆炸危险,整个消解要在通风橱中进行。

#### 3.测定吸光度

选择波长324.7 nm,调节火焰。吸入(1+499)硝酸溶液,将仪器调零,吸入空白样或样品,测定其吸光度。扣除空白吸光度后,从标准曲线上查出样品中的金属浓度,也可以从仪器上直接读出样品中的金属浓度。

#### 4.空白实验

在测定样品的同时,进行空白试验。取100 mL(1+499)硝酸溶液置于200 mL烧杯中,按步骤2、步骤3进行测定。

#### 5.标准曲线的绘制

配制1个空白和至少4个标准系列溶液,准确吸取0、0.50、1.00、2.00、5.00、10.00 mL铜标准使用液置于100 mL容量瓶中,用(1+499)硝酸溶液定容后溶液浓度分别为0、0.25、0.50、1.0、2.5、5 mg/L。转移至200 mL烧杯中,按照步骤2、步骤3进行测定。标准系列的吸光度扣除空白吸光度后,与对应的铜含量绘制标准曲线,或统计回归方程。

铜的测定

### (五)结果表达

样品中铜的浓度以$\rho$(mg/L)表示,按下式计算:

$$\rho = \frac{m}{V}$$

式中　$m$——样品中铜的质量,由标准曲线或回归方程计算得到,$\mu$g;

　　　$V$——样品体积,mL。报告结果时,注明测定的是溶解态金属还是金属总量。

## 实验五　镉的测定——原子吸收分光光度法(GB 7475—1987)

【知识目标】

了解水环境中镉的来源和迁移转化过程,镉对环境和人体产生的危害,掌握镉的测定方法和适用范围。

【技能目标】

掌握原子吸收分光光度计的使用方法;掌握镉的测定方法和原理。

【素质目标】

培养发现问题、解决问题的能力;

培养独立思考、敢于创新、严谨细致的工匠精神;

培养团队合作、与人沟通的能力。

### (一)方法原理

原子吸收分光光度法是通过基态原子对特征光辐射的吸收而测定该元素原子含量的方法。溶液中的镉离子在一定温度火焰下形成镉原子蒸气,吸收由镉空心阴极灯辐射出波长为228.8 nm的镉特征锐线光,其吸光度$A$与镉原子蒸气中基态原子数$N_0$的关系符合朗伯-比尔定律。在一定的实验条件下,$N_0 \approx C$(样品中待测元素Cd的浓度),则$A = K \cdot C$($K$为摩尔吸光系数)。

利用上式$A$与$C$的关系,用已知不同浓度的镉离子标准溶液通过原子吸收分光光度计测出的不同吸光度,绘制成标准曲线;再测出试样的吸光度$A$,即可从标准曲线上求得样品中镉的含量。

### (二)方法选择

本实验的方法选择同本任务实验四(铜的测定)的方法选择。

### (三)仪器试剂

1.试剂及药品

除另有说明外,分析时均使用符合国家标准或专业标准的分析纯试剂、去离子水或同等纯度的水。

(1)硝酸($HNO_3$,GR),$\rho = 1.42$ g/mL。

（2）硝酸（$HNO_3$，AR），$\rho = 1.42$ g/mL。

（3）（1+1）硝酸溶液，用（2）配制。

（4）（1+499）硝酸溶液，用（1）配制。

（5）高氯酸（$HClO_4$，GR），$\rho = 1.67$ g/mL。

（6）燃料：乙炔，纯度不低于99%。

（7）氧化剂：空气，一般由空气压缩机供给。

（8）镉标准溶液：可直接购买，此溶液含镉1.000 g/L。

（9）镉标准使用液：用（1+499）硝酸溶液准确稀释镉标准溶液配制，此溶液中镉的浓度为10.00 mg/L。

2. 仪器

原子吸收分光光度计及相应辅助设备；其他常规实验用品、器具。

所用玻璃器皿用洗涤剂洗净后，在硝酸溶液中浸泡，使用前用水冲洗干净。

**（四）操作步骤**

1. 采样

用聚乙烯塑料瓶采集样品，采样容器先用洗涤剂洗净，再在（1+1）硝酸溶液中浸泡，使用前用蒸馏水洗净。

分析溶解态金属时，采样后立即通过0.45 μm滤膜过滤，然后加入硝酸酸化至pH值为1~2，一般每升水样加2 mL硝酸。

分析金属总量时，采样后直接酸化。

2. 样品消解

测定金属总量时，如果样品需要消解，则空白和校准系列也要按如下步骤进行消解。

取100 mL水样放入200 mL烧杯中，加入5 mL硝酸（试剂1）在电热板上加热消解，确保样品不沸腾蒸至10 mL左右。加入5 mL硝酸（试剂1）和2 mL高氯酸继续消解至1 mL左右。如果消解不完全，再加入5 mL硝酸（试剂1）和2 mL高氯酸，继续消解至1 mL左右取下冷却，加水溶解残渣，通过中速滤纸（预先酸洗）滤入100 mL容量瓶中，定容至标线。

3. 测定吸光度

选择波长228.8 nm，调节火焰，吸入（1+499）硝酸溶液，将仪器调零，吸入空白样或样品，记录吸光度。扣除空白试验吸光度后，从标准曲线查出或从仪器上读出样品中的镉含量。

4. 空白试验

同本任务实验四中的空白试验。

5. 标准曲线的绘制

配制1个空白和至少4个标准系列溶液，准确吸取一定量的镉标准使用液置于100 mL容量瓶中，用（1+499）硝酸溶液定容后溶液浓度分别为0、0.25、0.50、1.0、2.5、5 mg/L。转移至200 mL烧杯中，按照步骤2、步骤3进行测定。标准系列的吸光度扣除空白吸光度后，与对应的镉含量绘制标准曲线，或统计回归方程。

**（五）结果表达**

样品中镉的含量的计算和本任务实验四（铜的测定）的表达一样。

**（六）注意事项**

如果存在基体干扰，用标准加入法测定并计算结果。如果存在背景吸收，用自动背景校正装置或邻近非特征吸收谱线法进行校正,后一种方法是从特征谱线处测得的吸收值中扣除邻近非特征吸收谱线处的吸收值,得到被测元素原子的真正吸收。此外,也可使用螯合萃取法或样品稀释法降低或排除产生基体干扰或背景吸收的组分。

### 实验六 六价铬的测定——二苯碳酰二肼分光光度法(GB/T 7467—1987)

**【知识目标】**
了解铬在环境中存在的形态及铬对环境产生的危害,明确铬在环境中的迁移转化过程。

**【技能目标】**
学会含六价铬的水样采集、保存、预处理及测定方法;学会各种标准溶液的配置方法和标准方法。

**【素质目标】**
具有环保意识和节约意识,不浪费药品试剂,不造成环境污染;
树立诚信意识、质量意识和规范意识;
有较强的集体意识、团队合作精神、敬业精神。

**(一)方法原理**
在酸性溶液中,样品中的六价铬与二苯碳酰二肼反应生成紫红色化合物,在波长 540 nm 处有最大吸收,可进行分光光度测定。

**(二)方法选择**
本方法适用于地面水和工业废水的测定。样品体积为 50 mL,使用光程长 30 mm 的比色皿,最低检出浓度为 0.004 mg/L。使用光程长 10 mm 的比色皿,测定上限浓度为 1.0 mg/L。

**(三)仪器试剂**
1. 试剂及药品
本实验所用试剂均应不含铬。
(1)丙酮。
(2)硫酸($H_2SO_4$),$\rho = 1.98$ g/cm³。
(3)(1+1)硫酸溶液:将浓硫酸在搅拌下缓慢加入等体积水中,混匀。
(4)(1+1)磷酸溶液:将磷酸($H_3PO_4$,$\rho = 1.69$ g/mL)缓慢加入等体积水中。
(5)4 g/L 氢氧化钠溶液:将 1 g 氢氧化钠(NaOH)溶于水中,冷却至室温,稀释至 250 mL。
(6)氢氧化锌共沉淀剂:用时将①和②两溶液混合。
①8%(m/V)硫酸锌溶液:称取硫酸锌($ZnSO_4 \cdot 7H_2O$)8 g,溶于 100 mL 水中。
②2%(m/V)氢氧化钠溶液:称取氢氧化钠 2.4 g,溶于 120 mL 水中。
(7)40 g/L 高锰酸钾溶液:称取高锰酸钾($KMnO_4$)4 g,在加热和搅拌下溶于水,稀释至 100 mL。
(8)铬标准贮备液:称取于 110 ℃ 干燥 2 h 的重铬酸钾($K_2CrO_7$,GR)0.282 9 g,溶解后移入 1 000 mL 容量瓶中,定容,摇匀。此溶液 1 mL 含六价铬 0.10 mg。
(9)铬标准溶液:吸取 5 mL 铬标准贮备液置于 500 mL 容量瓶中,定容,摇匀。此溶液 1 mL 含六价铬 1.00 μg。使用当天配制。

149

(10)铬标准溶液:吸取 25 mL 铬标准贮备液置于 500 mL 容量瓶中,定容,摇匀。此溶液 1 mL 含六价铬 5.00 μg。使用当天配制。

(11)200 g/L 尿素溶液:称取尿素[$(NH_2)_2CO$] 20 g 溶于水并稀释至 100 mL。

(12)20 g/L 亚硝酸钠溶液:称取亚硝酸钠($NaNO_2$)2 g 溶于水并稀释至 100 mL。

(13)显色剂Ⅰ:称取二苯碳酰二肼($C_{13}H_{14}N_4O$) 0.2 g,溶于 50 mL 丙酮,加水稀释至 100 mL,摇匀。贮于棕色瓶,置于冰箱中。色变深后,不能使用。

(14)显色剂Ⅱ:称取二苯碳酰二肼($C_{13}H_{14}N_4O$) 2 g,溶于 50 mL 丙酮,加水稀释至 100 mL,摇匀。贮于棕色瓶,置于冰箱中。色变深后,不能使用。

2.仪器

分光光度计;10 mm 或 30 mm 比色皿、实验室常用仪器。

**(四)操作步骤**

1.采样

样品应用玻璃瓶采集,采样之前要洗涤干净,并用即将采集的水样润洗 3 次。采样后加入氢氧化钠,调节样品 pH 值约为 8。样品应尽快分析测定,如需贮存不得超过 24 h。

2.样品预处理

(1)样品中不含悬浮物,低色度的清洁地面水可直接测定。

(2)样品有色但不太深时,进行色度校正。按测定步骤 4 另取一份样品,以 2 mL 丙酮代替显色剂,其他测定步骤相同。以扣除色度校正吸光度的样品吸光度计算六价铬浓度。

(3)对浑浊、色度较深的样品采用锌盐沉淀分离进行预处理。

取适量样品(含六价铬少于 100 μg)于 150 mL 烧杯中,加水至 50 mL,滴加 4 g/L 氢氧化钠溶液,调节 pH 值为 7~8。不断搅拌下滴加氢氧化锌共沉淀剂至溶液 pH 值为 8~9。将此溶液转移至 100 mL 容量瓶中,定容,摇匀。用慢速滤纸过滤,弃去 10~20 mL 初滤液后,取 50 mL 滤液进行测定。

(4)二价铁、亚硫酸盐、硫代硫酸盐等还原性物质的消除:取适量样品(含六价铬少于 50 μg)于 50 mL 比色管中,定容至标线。加入 4 mL 显色剂Ⅱ,混匀,放置 5 min 后加入 1 mL 硫酸溶液,混匀。以下测定同步骤 4(免去加硫酸溶液和磷酸溶液)。

(5)次氯酸盐等氧化性物质的消除:取适量样品(含六价铬少于 50 μg)于 50 mL 比色管中,定容至标线。加入 1 mL 尿素溶液,摇匀。逐滴加入 1 mL 亚硝酸钠溶液,边加边摇,以除去由过量的亚硝酸钠与尿素反应生成的气泡。以下测定同步骤 4(免去加硫酸溶液和磷酸溶液)。

3.空白试验

按与水样完全相同的处理步骤进行空白试验,仅用 50 mL 蒸馏水代替水样。

4.水样的测定

取适量无色透明样品(含六价铬少于 50 μg)于 50 mL 比色管中,定容至标线。加入 0.5 mL 硫酸溶液、0.5 mL 磷酸溶液,混匀。加入 2 mL 显色剂Ⅰ,摇匀。5~10 min 后,用光程 10 mm 或 30 mm 的比色皿,以水作参比,在 540 nm 波长处测定吸光度。扣除空白试验测得的吸光度后,由标准曲线或回归方程计算得到六价铬含量。

5.标准曲线的绘制

向一系列 50 mL 比色管中分别加入 0、0.20、0.50、1.00、2.00、4.00、8.00 mL 铬标准溶液

[（9）或（10）]，定容至标线。然后按照步骤4进行处理。测得的吸光度扣除零浓度溶液的吸光度后，对应六价铬的含量绘制标准曲线。

### （五）结果表示

样品中六价铬的浓度$\rho$（mg/L）按下式计算：

$$\rho = \frac{m}{V}$$

式中　$m$——由标准曲线或回归方程计算得到的样品六价铬含量，μg；

　　　$V$——样品体积，mL。

六价铬浓度低于0.1 mg/L，计算结果以3位小数表示；六价铬浓度高于0.1 mg/L，计算结果以3位有效数字表示。

### （六）注意事项

（1）铁含量大于1 mg/L的样品显色后呈黄色，干扰测定。

（2）钒含量高于4 mg/L干扰显色，但钒与显色剂反应后10 min，可自行褪色。

### 【拓展知识】锌的测定——双硫腙分光光度法（GB/T 7472—1987）

#### （一）方法原理

在pH值为4~5.5的条件下，锌离子与双硫腙生成红色螯合物，该螯合物可被四氯化碳或三氯甲烷萃取，萃取后测定吸光度，其最大吸收波长为440 nm。根据吸光度由标准曲线或回归方程计算样品中锌的含量。在测定条件下，该络合物可稳定1 h。

#### （二）仪器试剂

1. 试剂及药品

本标准所用试剂除另有说明外，均为分析纯试剂。所用玻璃仪器均须用（1+1）硝酸洗涤，然后用无锌水冲洗干净。

（1）无锌水：将普通蒸馏水通过阴阳离子交换柱以除去水中痕量锌，用于配制试剂。

（2）四氯化碳（$CCl_4$）或三氯甲烷（$CHCl_3$）。

（3）高氯酸（$HClO_4$），$\rho = 1.75$ g/mL。

（4）盐酸（HCl），$\rho = 1.18$ g/mL。

（5）6 mol/L盐酸：量取100 mL浓盐酸用水稀释至200 mL。

（6）2 mol/L盐酸：量取100mL浓盐酸用水稀释至600 mL。

（7）0.02 mol/L盐酸：量取2 mol/L盐酸10 mL用水稀释至1 000 mL。

（8）6%（$V/V$）乙酸。

（9）氨水，$\rho = 0.90$ g/mL。

（10）（1+100）氨水溶液：取氨水10 mL用水稀释至1 000 mL。

（11）硝酸（$HNO_3$），$\rho = 1.42$ g/mL。

（12）（1+49）硝酸溶液：取20 mL硝酸用水稀释至1 000 mL。

（13）（1+499）硝酸溶液：取2 mL硝酸用水稀释至1 000 mL。

（14）乙酸钠缓冲溶液：将68 g三水合乙酸钠（$CH_3COONa \cdot 3H_2O$）溶于水中，稀释至250 mL，另取乙酸1份与7份水混合。将上述两种溶液等体积混合，混合液再用0.1%双硫腙四氯化碳贮备液重复萃取数次，直到最后的萃取液呈绿色不变。然后再用四氯化碳萃取，以除去残留的双硫腙。

(15)硫代硫酸钠溶液:称取 25 g 硫代硫酸钠($Na_2S_2O_3 \cdot 5H_2O$)溶于 100 mL 水中,并每次用 10 mL 0.1% 双硫腙四氯化碳贮备液萃取,直到双硫腙溶液呈绿色不变为止。然后再用四氯化碳萃取以除去多余的双硫腙。

(16)0.1% 双硫腙四氯化碳贮备液:称取 0.20 g 双硫腙($C_6H_5NNCSNHNHC_6H_5$)溶于 200 mL 四氯化碳,贮于棕色瓶中,放置在冰箱内。

(17)0.01% 双硫腙四氯化碳中间溶液:临用前将 0.1% 双硫腙四氯化碳贮备液用四氯化碳稀释 10 倍。

(18)0.000 4% 双硫腙四氯化碳溶液:量取 0.01% 双硫腙四氯化碳中间溶液 10 mL,用四氯化碳稀释至 250 mL,临用时配制。

(19)柠檬酸钠溶液:将 10 g 柠檬酸钠($C_6H_5O_7Na_2 \cdot 2H_2O$)溶解在 90 mL 水中,按(14)介绍的方法用 0.1% 双硫腙四氯化碳贮备液萃取纯化,此试液用于玻璃器皿的最后洗涤。

(20)锌标准贮备液:准确称取 0.100 0 g 锌粒(纯度 99.9%)溶于 2 mol/L 盐酸溶液 5 mL,移入 1 000 mL 容量瓶中,用水定容至标线,此溶液含锌 100 μg/mL。

(21)锌标准使用液:取锌标准贮备液 10 mL 于 1 000 mL 容量瓶中,定容至标线,此溶液含锌 1.00 μg/mL。

2.仪器

(1)分光光度计及 10 mm 或 20 mm 比色皿。

(2)60 mL 和 125 mL 分液漏斗,最好配有聚四氟乙烯活塞。

(3)其他常规实验用品、器具。

**(三)操作步骤**

1.采样

采样使用聚乙烯容器,使用前用(1+49)硝酸溶液浸泡 24 h,然后用无锌水冲洗干净。采样后立即酸化至 pH 值为 1~2,一般每升水样加硝酸 2 mL。

2.样品预处理

(1)清洁的地下水和地表水可直接进行测定。

(2)样品的消解。

比较浑浊的地表水:每 100 mL 水样中加入 1 mL 硝酸,在电热板上加热微沸消解 10 min,冷却后用快速滤纸过滤,滤纸用(1+499)硝酸溶液洗涤数次,然后用此酸稀释到一定体积,供测定用。

含悬浮物和有机物较多的地表水或废水:每 100 mL 水样中加入 5 mL 硝酸,置电热板上加热,消解到 10 mL 左右,稍冷却,再加入 5 mL 硝酸和 2 mL 高氯酸,继续加热消解,蒸至近干。冷却后用(1+499)硝酸溶液溶解残渣,冷却后,用快速滤纸过滤,滤纸用(1+499)硝酸溶液洗涤数次,滤液用此酸定容后,供测定用。

如样品需要消解,则空白试验也需同时消解。

(3)样品的酸度调节:如取酸化保存的样品,应放在石英蒸发皿中,蒸发至干,以除去过量酸。然后加无锌水,加热煮沸 5 min,用稀盐酸或经提纯的氨水调节样品 pH 值至 2~3,最后以无锌水定容。

3. 显色萃取

取 10.00 mL(含锌量为 0.5~5 μg)样品置于 60 mL 或 125 mL 分液漏斗中,加入 5 mL 乙酸钠缓冲溶液及 1 mL 硫代硫酸钠溶液,混匀后,再加 10.0 mL 0.000 4% 双硫腙四氯化碳溶液。振摇 4 min,静置分层后,将有机相用少许洁净脱脂棉过滤入 20 mm 比色皿中。以加入四氯化碳为参比,在 535 nm 波长处测定吸光度。

4. 空白试验

用等体积无锌水代替样品,按样品的测定步骤测定吸光度。每分析一批样品要平行做两个空白样品。

5. 标准曲线的绘制

取 7 个 125 mL 分液漏斗,分别加入锌标准使用液 0.00、0.50、1.00、2.00、3.00、4.00、5.00 mL,加适量无锌水补充到 10 mL,向各分液漏斗中加入 5 mL 乙酸钠缓冲溶液及 1 mL 硫代硫酸钠溶液。混匀后,按样品测定步骤进行显色萃取和吸光度的测定。

标准系列的吸光度扣除零浓度标准使用液的吸光度后,对应锌含量绘制标准曲线,或统计回归方程。

(四)结果表示

由样品测得的吸光度扣除空白试验吸光度后,由标准曲线或回归方程计算得到锌的含量。样品中锌的浓度 $\rho$(mg/L)按下式计算:

$$\rho = \frac{m}{V}$$

式中 $m$——由标准曲线或回归方程计算得到的锌的质量,μg;

$V$——样品体积,mL。结果以两位小数表示。

(五)注意事项

(1)硫代硫酸钠是较强的络合剂,只有使锌从络合物 $Zn(S_2O_3)$ 中释放出来,才能被双硫腙四氯化碳溶液萃取。而锌的释放又比较缓慢,因此振荡时间要保证 4 min,否则萃取不完全。为使样品和标准系列的萃取率一致,应尽量做到振荡强度、次数一致。

(2)实验如出现高而无规律的空白值,往往是来源于含氧化锌的玻璃,或表面被锌所污染的玻璃器皿。因此,须用酸彻底浸泡或用热酸荡洗后清洗干净,并保留一套专供测定锌用的玻璃器皿,单独存放。

(3)橡胶制品、活塞润滑剂、化学试剂等,常含有相当量的锌,因此实验仪器的使用要特别注意。

(4)如双硫腙试剂不纯,可按下述步骤提纯:

①将上述双硫腙四氯化碳溶液滤去不溶物,滤液置分液漏斗中,每次用(1+100)氨水溶液 20 mL 提取,共提取 5 次,此时双硫腙进入水层,合并水层。然后用 6 mol/L 盐酸溶液中和,再用 200 mL 四氯化碳分 3 次提取,合并四氯化碳层。

②将此双硫腙四氯化碳溶液放入棕色瓶中,置于冰箱内备用。

练习题

(一)填空题

1. 砷是人体的非必需元素,元素砷的毒性不大,而砷的化合物均有剧毒,三价砷化合物比其他价态砷化合物毒性_____。

2.《地表水环境质量标准》（GB 3838—2002）规定，Ⅰ类水质的总砷含量不应超过_____mg/L。《污水综合排放标准》（GB 8978—1996）规定，总砷是第_____类污染物，其最高允许排放浓度是0.5 mg/L，取样点设在_____。

3.在水体中，六价铬一般以_____、_____和_____3种阴离子形式存在。

4.二苯碳酰二肼分光光度法测定水中六价铬时，如水样有颜色但不太深，可进行_____校正，浑浊且色度较深的水样用_____预处理后，仍含有机物干扰测定时，可用_____破坏有机物后再测定。

5.原子吸收光谱仪由光源、_____、_____和检测系统四部分组成。

6.用冷原子吸收分光光度法测定水中总汞时，水样应用_____玻璃瓶盛装或高密度_____瓶盛装。为保证样品的代表性和足够分析用，采集废水量不应少于500 mL，地表水不少于1 000 mL。

7.双硫腙分光光度法测定铅基于在pH值为_____的氨性柠檬酸盐-氰化物的还原介质中，铅与双硫腙反应生成红色螯合物，用三氯甲烷（或四氯化碳）萃取后于_____波长处比色测定吸光度。

8.汞的测定方法有_____、_____、_____和冷原子荧光法（HJ/T 341—2007）。_____是测定多种金属离子的标准方法，但对测定条件要求严格，操作较烦琐。

9.分光光度法测定样品的基本原理是利用朗伯-比尔定律，根据不同浓度样品溶液对光信号具有不同的_____，对待测组分进行定量测定。

10.冷原子荧光法测定汞是将水样中的汞离子用_____还原为基态汞原子蒸气，吸收_____的紫外光后，被激发而发射特征共振荧光。

**（二）判断题**

1.砷化氢为剧毒物质，全部反应过程应在通风柜内或通风良好的地方进行。　　（　　）

2.三氧化二砷为剧毒药品，俗称砒霜，用时小心。　　（　　）

3.测定水中总铬时，水样采集后，须加入硝酸调节至pH<6。　　（　　）

4.六价铬与二苯碳酰二肼生成有色络合物，该络合物的稳定时间与六价铬的浓度无关。

（　　）

5.火焰原子吸收分光光度法分析中，用硝酸-氟化氢-高氯酸消解试样，在驱赶高氯酸时，如将试样蒸干会使测定结果偏高。　　（　　）

6.用冷原子吸收分光光度法测定水中总汞时，水样消解后，需要用氯化亚锡将过剩的氧化剂还原，再用盐酸羟胺将二价汞还原为金属汞。　　（　　）

7.锌也是人体必不可少的有益元素，水体中锌的含量越高越好。　　（　　）

8.标准加入法是以吸光度$A$对浓度$\rho$作图，得到一条通过原点的直线。　　（　　）

9.汞及其化合物属于剧毒物质，特别是有机汞化合物，由食物链进入人体，通过生物富集，作用于人体，因此具有富集能力。　　（　　）

10.硼氢化钾-硝酸银分光光度法测定的水样要用盐酸-硝酸-高氯酸消解。　　（　　）

**（三）选择题**

1.二乙基二硫代氨基甲酸银分光光度法测定水中砷时，金属（　　）干扰测定。

　　A.铬和钴　　　　　　B.锡和铋　　　　　　C.汞和银　　　　　　D.锑和铋

2. 二苯碳酰二肼分光光度法测定水中六价铬时,采集的水样应加入固定剂调节至 pH 值(　　)。

　　A. 小于 2　　　　　　　B. 约为 8　　　　　　　C. 约为 5　　　　　　　D. 约为 10

3. 二苯碳酰二肼分光光度法测定水中总铬时,加入尿素的目的是(　　)。

　　A. 将 $Cr^{3+}$ 氧化成 $Cr^{6+}$　　　　　　　　　　B. 还原过量的高锰酸钾

　　C. 分解过量的亚硝酸钠　　　　　　　　　　　D. 将 $Cr^{6+}$ 还原成 $Cr^{3+}$

4. 火焰原子吸收分光光度法测定时,当空气与乙炔比大于化学计量时,称为(　　)火焰。

　　A. 贫燃型　　　　　　　B. 富燃型　　　　　　　C. 氧化型　　　　　　　D. 还原型

5. 火焰原子吸收分光光度法分析水中铜、锌、铅、镉时,当样品中含盐量很高,分析波长又低于(　　)nm 时,可能出现非特征吸收。

　　A. 200　　　　　　　　B. 350　　　　　　　　C. 400　　　　　　　　D. 800

6. 用冷原子吸收分光光度法测定水中总汞时,采样后应立即于每升水样中加入 10 mL 浓硫酸,检查水样的 pH 值应小于(　　),否则应适当增加硫酸的量。

　　A. 1　　　　　　　　　B. 2　　　　　　　　　C. 3　　　　　　　　　D. 4

7. 铬在水中的最稳定价态是(　　)。

　　A. 六价　　　　　　　　B. 三价　　　　　　　　C. 二价

8. 火焰原子吸收分光光度法测定时,增敏效应是指试样基体使待测元素吸收信号(　　)的现象。

　　A. 减弱　　　　　　　　B. 增强　　　　　　　　C. 降低　　　　　　　　D. 改变

9. 石墨炉原子吸收分光光度法测定水中镉时,试样消解过程中通常不能使用(　　)。

　　A. 硝酸　　　　　　　　B. 高氯酸　　　　　　　C. 过氧化氢　　　　　　D. 盐酸

10. 火焰原子吸收分光光度法测定水中总铬时,加入氯化铵可以增加火焰中的(　　)起到助熔作用。

　　A. 铬原子　　　　　　　B. 铬离子　　　　　　　C. 氯离子　　　　　　　D. 铵离子

(四)简答题

1. 怎样用二苯碳酰二肼分光光度法测定水样中的六价铬和总铬?

2. 简述用原子吸收分光光度法测定金属化合物的原理。

3. 冷原子吸收分光光度法和冷原子荧光法测汞的区别在哪里?

4. 用二苯碳酰二肼分光光度法测定水中总铬时,水样经硝酸-硫酸消解后,为什么还要加高锰酸钾氧化后才能测定?

5. 简述二乙基二硫代氨基酸银分光光度法测定水中砷的基本原理。

(五)计算题

1. 二苯碳酰二肼分光光度法测定水中总铬时,所得标准曲线的斜率和截距分别为 0.044 A/μg 和 0.001 A。测得水样的吸光度为 0.095($A.0=0.007$),在同一水样中加入 4.00 mL 铬标准溶液(1.00 μg/mL)测定加标回收率。加标后测得试样的吸光度为 0.267,计算加标回收率(不考虑加标体积)。

2. 用标准加入法测定某水样中的镉,取 4 份等量水样,分别加入不同量镉标准溶液(加入量见表 5-8),稀释至 50 mL,依次用火焰原子吸收分光光度法测定,测得吸光度列于下表,求该水样中镉的含量。

表 5-8　加入不同量镉标准溶液

| 标号 | 水样体积/mL | 加入镉标准溶液(10 μg/mL)的体积/mL | 吸光度 |
|---|---|---|---|
| 1 | 20 | 0 | 0.042 |
| 2 | 20 | 1 | 0.080 |
| 3 | 20 | 2 | 0.116 |
| 4 | 20 | 4 | 0.190 |

3.用原子荧光法测定清洁地表水中的砷,取水样20.0 mL,加入浓盐酸3.0 mL,10%硫脲溶液2.0 mL,混匀放置20 min后进行测定,从标准曲线上查得测定溶液中砷的浓度为10.0 μg/L,求该地表水中砷的浓度。

# 任务四　水样中有机物的测定

水体中除含有无机污染物外,更大量的是有机污染物,它们以毒性和使水中溶解氧减少的形式对生态系统产生影响,危害人体健康。已经查明,绝大多数致癌物质是有毒有机物,所以,有机污染物指标是评价水体污染状况的极为重要的一类指标。

水中有机物种类繁多、组成复杂,结构和性质千差万别,在大多数情况下难以一一分辨,逐个测定,因此,目前多以化学需氧量(COD)、生化需氧量(BOD)、总有机碳(TOC)等综合指标,或挥发酚类、石油类、硝基苯类等类别有机物指标,来表征有机物含量。但是,许多痕量有毒有机物对上述指标贡献极小,其危害或潜在威胁却很大。随着分析测试技术和仪器不断发展和完善,越来越多的危害大、影响面宽的有机污染物可以被逐一确定。如我国的《水和废水监测分析方法(第四版)》中涉及有机污染物300余种,与第三版(涉及有机污染物57种)相比,有了大幅度增加;美国新的《水和废水标准检验方法》(AWWA 10084—2005)中列举了400多项污染指标的检验方法,可测定的有机污染物占近一半。

## 一、综合性指标

### (一)化学需氧量

化学需氧量(COD)是指在一定条件下,经重铬酸盐氧化处理时,水样中的溶解性物质和悬浮物所消耗的重铬酸盐相对应的氧的质量浓度,以 mg/L 表示。水中的还原性物质有各种有机物、亚硝酸盐、硫化物、亚铁盐等,主要是有机物。它们大多具有毒性,并能使水体中溶解氧减少,使水生生物窒息死亡,从而对生态系统产生影响,导致水体恶化。因此,化学需氧量是评价水体污染程度的极为重要的综合性指标,COD 值越大,表示水体受有机物的污染越严重。

水样的化学需氧量,可因加入氧化剂的种类及浓度、反应溶液的酸度、反应温度和时间,以及催化剂的有无而获得不同的结果。因此,化学需氧量也是一个条件性指标,必须严格按操作

步骤进行。

测定化学需氧量的标准方法有重铬酸盐法（HJ 828—2017）、氯气校正法（HJ/T 70—2001）、快速消解分光光度法（HJ/T 399—2007）等。

测定水中化学需氧量的国家标准方法为重铬酸盐法。国外也有用高锰酸钾、臭氧等氧化剂的方法体系，如果使用，必须与重铬酸盐法做对照实验，得出相关系数，以重铬酸盐法上报监测数据。

1. 重铬酸盐法

化学需氧量是一个条件性指标，会受氧化剂、反应液的酸度、温度、反应时间及催化剂等条件影响，为保证准确度和精密度应严格控制测定流程。每批样品至少做 2 个空白样品和 10% 的平行样，并同时测定一个标准样品和质量控制样品，其结果应在保证值范围内。

重铬酸盐氧化性很强，可将大部分有机物氧化，但吡啶不被氧化，芳香族有机化合物不易被氧化；挥发性直链脂肪族化合物、苯等存在于蒸气相，不能与氧化剂液体接触，氧化不明显。氯离子能被重铬酸盐氧化，并与硫酸银作用生成沉淀，可加入适量硫酸汞络合。

重铬酸盐法测定化学需氧量的具体方法见本任务实验二。

2. 氯气校正法

在水样中加入已知量的重铬酸钾标准溶液及硫酸汞溶液、硫酸银-硫酸溶液，于回流吸收装置的插管式锥形瓶中加热至沸并回流 2 h，同时从锥形瓶插管通入氮气，将水样中未络合而被氧化的那部分氯离子生成的氯气从回流冷凝管上口导出，用氢氧化钠溶液吸收；消解好的水样按重铬酸盐法测其 COD，即为表观 COD；在吸收液中加入碘化钾，调节 pH 值为 2 ~ 3，以淀粉为指示剂，用硫代硫酸钠标准溶液滴定，将其消耗量换算成消耗氧的质量浓度，即为氯离子校正值。表观 COD 与氯离子校正值之差，即为被测水样的实际 COD。

本方法适用于氯离子含量大于 1 000 mg/L、小于 20 000 mg/L 的高氯废水 COD 的测定，检出限为 30 mg/L。

3. 快速消解分光光度法

该方法与重铬酸盐法消解水样的方法相同，但水样和试剂用量比重铬酸盐法少得多。该方法将水样和消解液置于具密封塞的消解管中，放在（165±2）℃的恒温加热器内快速消解，消解后的水样用分光光度法测定。对 COD 在 100 ~ 1 000 mg/L 的水样，在（600±20）nm 波长处测定重铬酸钾被还原产生的 $Cr^{3+}$ 的吸光度，水样的 COD 与 $Cr^{3+}$ 的吸光度成正比；对 COD 在 25 ~ 250 mg/L 的水样，在（440±20）nm 波长处测定未被还原的 $Cr^{6+}$ 和已被还原产生的 $Cr^{3+}$ 两种铬离子的总吸光度，水样中的 COD 与 $Cr^{6+}$ 吸光度的减少值和 $Cr^{3+}$ 的吸光度增加值成正比，与总吸光度的减少值成正比，故可根据测得水样的吸光度和按照同样的方法测定系列标准溶液绘制的标准曲线计算出 COD。

该方法将消解时间由重铬酸盐法的 2 h 缩短到 15 min，试剂用量少，适合大批量样品的测定。市场上有多种这类快速 COD 测定仪出售。

**（二）高锰酸盐指数**

高锰酸盐指数是反映水体中有机及无机可氧化物质污染的常用指标，在一定条件下，用高锰酸钾氧化水中的某些有机物及无机还原性物质，由消耗的高锰酸钾量计算相当的氧量，以 $O_2$（mg/L）表示。水中的亚硝酸盐、亚铁盐、硫化物等还原性无机物和在此条件下可被氧化的有机物，均可消耗高锰酸钾。因此，该指数常用作判断地表水受有机物和还原性无机物污染程度的综合指标。为避免 $Cr^{6+}$ 的二次污染,日本、德国等国家也用高锰酸盐作为氧化剂测定废水的化学需氧量,但相应的排放标准也偏严。

高锰酸盐指数不能作为理论需氧量或总有机物含量的指标,因为在规定的条件下,许多有机物只能部分地被氧化,易挥发的有机物也不包含在测定值之内。

高锰酸盐指数测定方法分为酸式法和碱式法,二者皆适用于饮用水、地面水的测定,不适用于测定工业废水中的有机污染负荷。酸式法适用于氯离子浓度不超过 300 mg/L 的水样;氯离子浓度超过 300 mg/L 时,应采用碱式法。

酸性法测定高锰酸盐指数具体方法参考本任务实验一。

碱性法测定高锰酸盐指数的过程与酸性法测定高锰酸盐指数法基本一样,只不过在加热反应之前将溶液用氢氧化钠调至碱性,在加热反应之后加硫酸酸化,再按酸性法测定。

化学需氧量和高锰酸盐指数是采用不同的氧化剂在各自的氧化条件下测定的,难以找出明显的相关关系。一般来说,重铬酸盐法的氧化率可达 90%,而高锰酸钾法的氧化率为 50% 左右,两者均未将水样中还原性物质完全氧化,因而都只是一个相对参考数据。

### (三)生化需氧量

生化需氧量(BOD)是指在有溶解氧的条件下,好氧微生物在分解水中有机物的生物化学氧化过程中所消耗的溶解氧量。同时也包括如硫化物、亚铁离子等还原性无机物质氧化所消耗的氧量,但这部分通常占很小比例。BOD 是反映水体被有机物污染程度的综合性指标,也是研究废水可生化降解性和生化处理效果,以及生化处理废水工艺设计和动力学研究的重要参数。

有机物在微生物作用下,好氧分解大致分为两个阶段:第一阶段为含碳物质氧化阶段,主要是含碳有机物氧化为二氧化碳和水;第二阶段为硝化阶段,主要是含氮有机化合物在硝化菌的作用下分解为亚硝酸盐和硝酸盐。然而这两个阶段并非截然分开,而是各有主次。对生活污水及性质与其接近的工业废水,硝化阶段在 5~7 d,甚至 10 d 以后才显著进行。测定 BOD 的方法有稀释与接种法(五日培养法,$BOD_5$ 法)(HJ 505—2009)、微生物电极法(HJ/T 86—2002)、库仑法、测压法等。

### (四)总有机碳

总有机碳(TOC)是以碳的含量表示水体中有机物总量的综合指标。由于 TOC 的测定采用燃烧法,因此能将有机物全部氧化,它比 $BOD_5$(五日生化需氧量)或 COD 更能反映有机物的总量。

目前广泛应用的测定 TOC 的方法是燃烧氧化-非色散红外吸收法和湿法氧化-非色散红外吸收法。前者流程简单、再现性好、灵敏度高,用于地表水、地下水、生活污水和工业废水中总有机碳的测定,方法检出限为 0.1 mg/L,测定下限为 0.5 mg/L,国内外 TOC 的测定普遍采用此方法。

其测定原理是:将一定量的水样注入高温炉内的石英管,在 900~950 ℃,以铂和三氧化钴或三氧化二铬为催化剂,使有机物燃烧裂解转化为二氧化碳,然后用红外线气体分析仪测定 $CO_2$ 含量,从而绘制标准曲线测定水样中碳的含量。

因为在高温下,水样中的碳酸盐也分解产生二氧化碳,故上面测得的为水样中的总碳(TC)。所以,应将水样中的无机碳(碳酸盐)扣除。按照无机碳的去除方法不同,TOC 的测定分为直接法和差减法。水样中挥发性有机物较少而无机碳含量高时,宜用直接法;水样中挥发性有机物含量高时,宜用差减法。

## 二、类别性指标

### (一)挥发酚

酚类物质根据能否与水蒸气一起蒸出,分为挥发酚与不挥发酚。通常认为沸点在 230 ℃ 以下的为挥发酚(属一元酚),而沸点在 230 ℃ 以上的为不挥发酚。酚属高毒物质,人体摄入一定量会出现急性中毒症状;长期饮用被酚污染的水,可引起头昏、瘙痒、贫血及神经系统障碍。当水中酚含量大于 5 mg/L 时,就会使鱼中毒死亡。酚的主要污染源是炼油、焦化、煤气发生站,木材防腐及某些化工(如酚醛树脂)等工业废水。

酚的主要分析方法有溴化滴定法(HJ 502—2009)、4-氨基安替比林分光光度法(HJ 503—2009)、色谱法、流动注射-4-氨基安替比林分光光度法等(HJ 825—2017)。目前各国普遍采用的是 4-氨基安替比林分光光度法;高浓度含酚废水可采用溴化滴定法。

测定挥发酚的样品应采集后及时加磷酸酸化至 pH 值为 4.0,并加适量的硫酸铜抑制微生物对酚的生物氧化作用,当水样中存在氧化剂、还原剂、油类及某些金属离子时,均应设法消除并进行预蒸馏。如对游离氯加入硫酸亚铁还原;对硫化物加入硫酸铜使之沉淀,或者在酸性条件下使其以硫化氢形式逸出;对油类用有机溶剂萃取除去等。蒸馏的作用:一是分离出挥发酚,二是消除颜色、浑浊和金属离子等的干扰。

**1.4-氨基安替比林分光光度法**

该方法反应原理参考本任务实验四。由于显色反应受酚环上取代基的种类、位置、数目等影响,如对位被烷基、芳香基、酯、硝基、苯酰、亚硝基或醛基取代,而邻位未被取代的酚类,与4-氨基安替比林不产生显色反应,这是上述基团阻止酚类氧化成醌型结构所致。但对位被卤素、磺酸、羟基或甲氧基所取代的酚类与4-氨基安替比林发生显色反应。邻位硝基酚和间位硝基酚与4-氨基安替比林发生的反应又不相同,前者反应无色,后者反应有颜色。所以本法测定的酚类不是总酚,而仅仅是与4-氨基安替比林反应显色的酚,并以苯酚为标准,结果以苯酚计算含量。

**2.溴化滴定法**

原理:用蒸馏法使挥发性酚类化合物蒸馏出,并与干扰物质和固定剂分离。由于酚类化合物的挥发速度随馏出液体积而变化,因此,馏出液体积必须与试样体积相等。在含过量溴(由溴酸钾和溴化钾所产生)的溶液中,被蒸馏出的酚类化合物与溴生成三溴酚,并进一步生成溴代三溴酚。在剩余的溴与碘化钾作用、释放出游离碘的同时,溴代三溴酚与碘化钾反应生成三溴酚和游离碘,用硫代硫酸钠溶液滴定释出的游离碘,并根据其消耗量,计算出挥发酚的含量。

该方法适用于含高浓度挥发酚工业废水中挥发酚的测定。检出限为 0.1 mg/L,测定下限为 0.4 mg/L,测定上限为 45.0 mg/L。对于质量浓度高于方法测定上限的样品,可适当稀释后进行测定。

### (二)油类

水中油类物质可分为石油类和动、植物油两大类,石油类(各种烃类的混合物)主要来自原油的开采、加工、运输及炼制等行业排放废水;动、植物油主要来自动、植物及海洋生物加工等行业的废水和生活污水,其主要成分是各种三酰甘油和低级脂肪酸酯等。油类化合物漂浮在水体表面并形成油膜,影响空气与水体间的氧交换;分散于水中的油可被微生物氧化分解,消耗水中的溶解氧使水质恶化。石油类中含芳烃类化合物虽然较烷烃类少,但其毒性要大得多。

测定水中油类物质的方法有重量法、红外分光光度法(HJ 637—2018)、非色散红外吸收法、紫外分光光度法(HJ 970—2018)、荧光光谱法等。重量法不受油类品种的限制,是常用的方法,但操作烦琐,灵敏度低;红外分光光度法也不受油类品种的影响,测定结果能较好地反映水被油类物质污染的状况,已成为国家标准方法;非色散红外吸收法适用于所含油品比吸光系数较接近的水样,油品比吸光系数相差较大,尤其含有芳烃化合物时,测定误差较大;其他方法受油类品种影响较大。

1. 重量法

以硫酸酸化水样,用石油醚萃取油类物质,然后蒸发除去石油醚,称量残渣质量,计算矿物油含量。该方法是测定水中可被石油醚萃取的物质总量,石油的较重组分中可能含有不被石油醚萃取的物质。另外,蒸发除去溶剂时,轻质油有明显损失。若废水中动、植物性油脂含量大,需用层析柱分离。本方法适用于测定含油 10 mg/L 以上的水样。

2. 红外分光光度法

油类是指在规定的条件下,能被四氯化碳萃取且在波数 2 930 cm⁻¹、2 960 cm⁻¹ 和 3 030 cm⁻¹ 全部或部分谱带有特征吸收的物质。用四氯化碳萃取水样中的油类物质,测定的总萃取物即为总油类,然后用硅酸镁吸附除去萃取液中的动、植物油等极性物质,即可测定吸附后滤出液中的石油类物质。总萃取物和石油类物质的含量均由波数分别为 2 930 cm⁻¹ (—$CH_2$—基团中 C—H 键的伸缩振动)、2 960 cm⁻¹(—$CH_3$ 基团中 C—H 键的伸缩振动)和 3 030 cm⁻¹(芳香环中 C—H 键的伸缩振动)谱带处的吸光度 $A_{2930}$、$A_{2960}$ 和 $A_{3030}$ 进行计算。动、植物油含量为总萃取物含量与石油类含量之差。

本方法测定要点是,首先用四氯化碳直接萃取或絮凝、富集萃取(对石油类物质含量低的水样)水样中的总萃取物,并将萃取液定容后分成两份,一份用于测定总萃取物,另一份经硅酸镁吸附后,用于测定石油类物质。然后,以四氯化碳为溶剂,分别配制一定浓度的正十六烷(20 mg/L)、异辛烷(20 mg/L)和苯(100 mg/L)溶液,以四氯化碳作为参比,采用 4 cm 比色皿,用分光光度计分别测量它们在 2 930 cm⁻¹、2 960 cm⁻¹ 和 3 030 cm⁻¹ 谱带处的吸光度 $A_{2930}$、$A_{2960}$ 和 $A_{3030}$,从而计算油类含量。

本方法适用于各类水中石油类和动、植物油的测定。样品体积为 500 mL,使用光程为 4 cm 的比色皿时,检出限为 0.1 mg/L。

3. 非色散红外吸收法

石油类物质的甲基(—$CH_3$)、亚甲基(—$CH_2$—)对近红外区 2 930 cm⁻¹(或波长为 3.4 μm)的光有特征吸收,用非色散红外吸收测油仪测定。标准油可采用受污染地点水样的溶剂萃取物。根据我国原油组分特点,也可采用混合石油烃作为标准油,其组成为 V(正十六烷):V(异辛烷):V(苯)= 65:25:10。

测定时,先用硫酸将水样酸化,加氯化钠破乳化,再用四氯化碳萃取,萃取液经无水硫酸钠层过滤,滤液定容后测定。所有含甲基、亚甲基的有机物质都将产生干扰。如水样中有动、植物性油脂以及脂肪酸物质应预先将其分离。此外,石油中有些较重的组分不溶于四氯化碳,致使测定结果偏低。

该方法用于各种类型水中石油类和动、植物油的测定。取水样体积为 0.5 ~ 0.6 L。测定范围为 0.02 ~ 1 000 mg/L。

### 三、特定有机污染物

特定有机污染物是指那些毒性大、蓄积性强、难降解、被列为优先污染物的有机化合物,其品种多,下面介绍几种这类物质的测定。

#### (一)苯系物

苯系物通常包括苯,甲苯,乙苯,邻、间、对位的二甲苯,异丙苯,苯乙烯 8 种化合物。已查明苯是致癌物质,其他 7 种化合物对人体和生物均有不同程度的毒害作用。苯系物主要来源于石油、化工、焦化、油漆、农药、医药等行业排放的废水。

根据水样中苯系物含量的多少,可选用气相色谱法(GC)或气相色谱-质谱法(GC-MS)测定。

#### (二)挥发性卤代烃

挥发性卤代烃主要指三卤代烃、四氯化碳等。各种卤代烃均有特殊气味和毒性,可通过皮肤接触、呼吸或饮水进入人体。

挥发性卤代烃广泛应用于化工、医药及实验室,其废水排入环境而污染水体;饮用水氯化消毒过程也产生三氯甲烷。

测定水样中卤代烃的方法有顶空气相色谱法(HJ 620—2011)、气相色谱-质谱法(GC-MS)。

#### (三)氯苯类化合物

氯苯类化合物有 12 种异构体,其化学性质稳定,在水中溶解度小,具有强烈气味,对人体的皮肤和呼吸器官产生刺激,进入人体后,可在脂肪和某些器官中蓄积,抑制神经中枢,损害肝脏和肾脏。

氯苯类化合物主要来源于染料、制药、农药、油漆和有机合成等工业废水。

采用气相色谱法可对水样中各种氯苯类化合物分别进行定性和定量分析。

#### (四)挥发性有机化合物

按世界卫生组织(WHO)定义,凡在标准状态(273 K,101.3 kPa)下,蒸气压大于 0.13 kPa 的有机物(不包括金属有机化合物和有机酸类)为挥发性有机化合物。这类有机物数量多,大多具有毒性,广泛分布于环境中,其主要测定方法有气相色谱法和气相色谱-质谱法。

## 实验一　高锰酸盐指数的测定——酸性法(GB/T 11892—1989)

【知识目标】

了解高锰酸盐指数的定义,掌握高锰酸盐指数的测定原理以及适用范围,了解高锰酸盐指数测定过程中存在的干扰。

【技能目标】

理解高锰酸盐指数的意义;掌握酸式法和碱式法的不同测定原理;提高标准溶液的配制与标定技能;掌握高锰酸盐指数测定操作的基本技能;锻炼学生在样品存在不同干扰时选择处理方法及选用合适测定方法的能力。

高锰酸盐指数的
测定基础知识

【素质目标】

培养学生环保、安全和节约水资源的意识。

学会发现问题、解决问题,学会沟通和应变方法。

树立诚信意识、质量意识和规范意识。

## (一)方法原理

在沸水浴条件下,酸性高锰酸钾溶液将水中的某些有机物及还原性物质氧化,剩余的高锰酸钾用过量的草酸钠还原,再以高锰酸钾标准溶液回滴过量的草酸钠至溶液呈微红色。根据加入的高锰酸钾和草酸钠标准溶液的量及最后滴定消耗高锰酸钾标准溶液的用量,计算出高锰酸盐指数。其化学反应式如下:

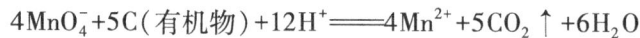

$$4MnO_4^- + 5C(有机物) + 12H^+ =\!=\!=\!= 4Mn^{2+} + 5CO_2\uparrow + 6H_2O$$

$$2MnO_4^- + 5C_2O_4^{2-} + 16H^+ =\!=\!=\!= 2Mn^{2+} + 10CO_2\uparrow + 8H_2O$$

## (二)仪器试剂

### 1. 试剂及药品

除另有说明外,均使用符合国家标准或专业标准的分析纯试剂和蒸馏水或同等纯度的水,不得使用去离子水。

(1)不含还原性物质的水:将 1 L 蒸馏水置于全玻璃蒸馏器中,加入 10 mL(1+3)硫酸溶液和少量高锰酸钾标准贮备液,蒸馏。弃去 100 mL 初馏液,余下馏出液贮于具玻璃塞的细口瓶中。

(2)硫酸($H_2SO_4$,$\rho = 1.84$ g/cm³)。

(3)(1+3)硫酸溶液:在不断搅拌下,将 1 体积硫酸慢慢加入 3 体积水中。趁热加入数滴高锰酸钾标准使用液直至出现粉红色。

(4)氢氧化钠溶液,500 g/L:称取 50 g 氢氧化钠(NaOH)溶于水并稀释至 100 mL。

(5)草酸钠标准贮备液,$c(Na_2C_2O_4) = 0.1000$ mol/L:称取 0.670 5 g 经 120 ℃烘干 2 h 的草酸钠($Na_2C_2O_4$)溶于水中,移入 100 mL 容量瓶,定容至标线,混匀,置 4 ℃保存。

(6)草酸钠标准使用液,$c(Na_2C_2O_4) = 0.0100$ mol/L:吸取 10.00 mL 草酸钠标准贮备液于 100 mL 容量瓶中,定容至标线,混匀。

(7)高锰酸钾标准贮备液,$c(KMnO_4)$0.1 mol/L:称取 3.2 g 高锰酸钾($KMnO_4$)溶于水,定容至 1 000 mL,混匀。于 90~95 ℃水浴中加热此溶液 2 h,冷却。存放 2 d 后,倾出上清液,贮于棕色瓶中。

(8)高锰酸钾标准使用液,$c(KMnO_4)$0.01 mol/L:吸取 10 mL 高锰酸钾标准贮备液于 100 mL 容量瓶中,定容至标线,混匀。此溶液在暗处可保存几个月,使用当天标定其浓度。

### 2. 仪器

(1)水浴或相当的加热装置,有足够的容积和功率。

(2)25 mL 酸式滴定管。新的玻璃器皿必须用酸性高锰酸钾溶液清洗干净。

## (三)测定范围

国际标准化组织建议高锰酸盐指数的测定仅限于地表水、饮用水和生活污水。

## (四)操作步骤

(1)水样采集,采样后要加入硫酸,调节样品至 pH<2,以抑制微生物活动。样品应尽快分

析,如保存时间超过 6 h,则须置暗处,0 ~ 5 ℃下保存,不得超过 2 d。

(2)分取 100 mL 混匀水样(如高锰酸盐指数高于 10 mg/L,则酌情少取,并用水稀释至 100 mL)于 250 mL 锥形瓶中。

加入 5 mL(1+3)硫酸溶液,混匀。再加入 10.00 mL 高锰酸钾标准使用液,摇匀,立即放入沸水浴中加热 30 min(从水浴重新沸腾起计时)。沸水液面要高于锥形瓶中的反应溶液液面。

高锰酸盐指数的
测定实验步骤

(3)取下锥形瓶,趁热加入 10.00 mL 草酸钠标准使用液,摇匀。立即用高锰酸钾标准使用液滴定至微红色,记录高锰酸钾标准使用液的消耗量。

(4)将上述滴定完的溶液加热至约 70 ℃,准确加入 10.00 mL 草酸钠标准使用液,再用高锰酸钾标准使用液滴至显微红色。记录高锰酸钾标准使用液的消耗量,按下式求得高锰酸钾使用液的校正系数 $K$。

$$K = \frac{10.00}{V}$$

式中 $V$——高锰酸钾标准使用液的消耗量,mL。

注:沸水浴的水面要高于锥形瓶的液面;样品量以加热氧化后残留的高锰酸钾标准溶液为其加入量的 1/2 ~ 1/3 为宜,加热时,如溶液红色褪去,说明高锰酸钾量不够,须重新取样,经稀释后测定;滴定时温度如低于 60 ℃反应速率缓慢,因此应至 80 ℃左右;沸水浴温度为 98 ℃;如在高原地区,报出数据时须注明水的沸点。

(5)水样经稀释时,同时另取 100 mL 水代替样品,同步骤 2 和 3 进行空白试验。

**(五)结果表示**

(1)不经稀释的样品高锰酸盐指数 $\rho(O_2,mg/L)$ 按下式计算:

$$\rho = \frac{c[K(10 + V_1) - 10] \times 8 \times 1\ 000}{100}$$

式中 $V_1$——滴定样品时高锰酸钾溶液的消耗量,mL;

$c$ ——草酸钠标准使用液浓度,mol/L。

(2)经稀释样品的高锰酸盐指数 $\rho(O_2,mg/L)$ 按下式计算:

$$\rho = \frac{c\{[K(10 + V_1) - 10] - [K(10 + V_0) - 10] \times f\} \times 8 \times 1\ 000}{V_2}$$

式中 $V_0$——空白试验滴定时高锰酸钾溶液消耗量,mL;

$V_2$ ——测定时分取样品的体积,mL;

$f$ ——稀释样品时,蒸馏水在 100 mL 测定用体积内所占比例(例如,10.0 mL 样品,加

90 mL 水稀释至 100 mL,则 $f = \frac{100 - 10}{100} = 0.90$);其他符号意义同前。

**(六)注意事项**

(1)此方法适用于饮用水、水源水、地表水中高锰酸盐指数的测定,测定范围为 0.5 ~ 4.5 mg/L。氯离子浓度高于 300 mg/L 时,采用碱性法测定。

(2)新使用的玻璃器皿,应先用酸性高锰酸钾浸泡后,再清洗干净。

(3)沸水浴的水面要高于锥形瓶内的液面。

(4)样品加热氧化后剩余的 0.01 mol/L 高锰酸钾为其加入量的 1/3 ~ 1/2。加热时,如溶

液红色褪去,说明高锰酸钾量不够,须重新取样,并稀释后测定。

(5)滴定时温度如低于 60 ℃,反应速度缓慢,应加热至 80 ℃左右。

(6)沸水浴温度为 98 ℃。如在高原地区,报出测定结果时应注明水的沸点。

(7)注意滴定高锰酸钾的节奏为慢、快、慢。

(8)样品的采集和保存。选择玻璃瓶盛装水样,采样量为 500 mL。采样后加入硫酸,使样品 pH 值为 1~2 并尽快分析。如保存时间超过 6 h,则须置暗处,0~5 ℃下保存,不得超过 2 d。

## 实验二  化学需氧量的测定——重铬酸盐法( HJ 828—2017)

【知识目标】

了解化学需氧量的定义,掌握化学需氧量测定的方法原理,了解测定过程中存在的干扰。

化学需氧量的
测定基础知识

【技能目标】

了解化学需氧量测定的基本原理,掌握回流装置的安装技能;熟悉重铬酸盐法测定样品中 COD 的方法、条件及影响因素;巩固滴定操作技能。

【素质目标】

培养学生环保、安全和节约水资源的意识。

学会发现问题、解决问题,学会沟通和应变方法。

树立诚信意识、质量意识和规范意识。

### (一)方法原理

在样品中加入已知量的重铬酸钾溶液,并在强酸介质下以银盐作为催化剂,经沸腾回流后,以试亚铁灵为指示剂,用标定过的硫酸亚铁铵标准溶液滴定样品中未被还原的重铬酸钾,由消耗的硫酸亚铁铵的量计算消耗氧的质量浓度。

$$2Cr_2O_7^{2-} +16H^+ +3C \longrightarrow 4Cr^{3+} +8H_2O +3CO_2$$
$$Cr_2O_7^{2-} +14H^+ +6Fe^{2+} \longrightarrow 6Fe^{3+} +2Cr^{3+} +7H_2O$$

### (二)仪器试剂

1.试剂及药品

除另有说明外,实验采用符合国家标准的分析纯试剂,用水为蒸馏水或同等纯度的水。

(1)重铬酸钾标准溶液Ⅰ,$c(1/6\ K_2Cr_2O_7) = 0.250$ mol/L:准确称取预先在 120 ℃烘干 2 h 的重铬酸钾 12.258 g 溶于蒸馏水中,移入 1 000 mL 容量瓶,定容,摇匀。

(2)重铬酸钾标准溶液Ⅱ,$c(1/6K_2Cr_2O_7) = 0.025\ 00$ mol/L:准确吸取重铬酸钾标准溶液 10 mL 移入 100 mL 容量瓶,定容,摇匀。

(3)试亚铁灵指示剂:称取 0.7 g 硫酸亚铁($FeSO_4 \cdot 7H_2O$;别名:绿矾、铁矾)溶于 50 mL 水中,加入 1.5 g 邻菲罗啉($C_{12}H_8N_2 \cdot H_2O$)搅动至溶解,稀释至 100 mL,贮于棕色瓶中。

(4)硫酸亚铁铵标准溶液Ⅰ,$c[(NH_4)_2Fe(SO_4)_2 \cdot 6H_2O] \approx 0.05$ mol/L。(待标定)

称取 19.5 g 硫酸亚铁铵溶解于水中,加入 10 mL 浓硫酸,待溶液冷却后稀释至 1 000 mL。每日临用前,必须用重铬酸钾标准溶液Ⅰ准确标定硫酸亚铁铵标准溶液的浓度。

标定方法:取 5.00 mL 重铬酸钾标准溶液Ⅰ置于锥形瓶中,用水稀释至约 50 mL,缓慢加入 15 mL 浓硫酸,混匀,冷却后加入 3 滴(约 0.15 mL)试亚铁灵指示剂,用硫酸亚铁铵标准溶液Ⅰ滴定,溶液的颜色由黄色经蓝绿色变为红褐色即为终点,记录下硫酸亚铁铵的消耗量 $V$(mL)。硫酸亚铁铵标准溶液浓度按下式计算:

$$c = \frac{1.25}{V}$$

式中　$c$ ——硫酸亚铁铵标准溶液的浓度,mol/L;

　　　$V$——硫酸亚铁铵标准溶液滴定消耗的体积,mL。

(5)硫酸亚铁铵标准溶液Ⅱ,$c[(NH_4)_2Fe(SO_4)_2 \cdot 6H_2O] \approx 0.005$ mol/L。将硫酸亚铁铵标准溶液Ⅰ稀释 10 倍,用重铬酸钾标准溶液Ⅱ标定,其滴定步骤及浓度计算同硫酸亚铁铵标准溶液Ⅰ。每日临用前标定。

(6)浓硫酸($H_2SO_4$),$\rho = 1.84$ g/cm$^3$,优级纯。

(7)硫酸银-硫酸溶液:称取 10 g 硫酸银,加到 1 L 浓硫酸中,放置 1~2 d 使之溶解,并摇匀,使用前小心摇动。

(8)硫酸汞($HgSO_4$)溶液:称取 10 g 硫酸汞,溶于 100 mL(1+9)硫酸溶液中,混匀。

(9)邻苯二甲酸氢钾标准溶液,2.082 4 mmol/L。

称取 105 ℃ 干燥 2 h 的邻苯二甲酸氢钾($KC_6H_5O_4$)0.425 1 g 配制成 1 000 mL 溶液,混匀。以重铬酸钾为氧化剂,将邻苯二甲酸氢钾完全氧化的 $COD_{Cr}$ 值为 1.176 g 氧/克(即 1 g 邻苯二甲酸氢钾耗氧 1.176 g),故该标准溶液理论的 $COD_{Cr}$ 值为 500 mg/L。

(10)沸石(也可用玻璃珠、碎瓷片等代替)。

2. 仪器

(1)回流装置:带有 250 mL 磨口锥形瓶的全玻璃回流装置,可选用水冷或风冷全玻璃回流装置,其他等效冷凝回流装置也可,如图 5-12 所示。

(2)加热装置:电炉或其他等效消解装置。

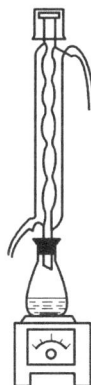

图 5-12　重铬酸盐法测定 COD 的回流装置

(3)分析天平:感量为 0.000 1 g。

(4)酸式滴定管:25 mL 或 50 mL。

(5)一般实验室常用仪器和设备。

**(三)方法选择**

本方法规定了测定水中化学需氧量的重铬酸盐法,适用于地表水、生活污水和工业废水中化学需氧量的测定。

本方法不适用于含氯化物浓度大于 1 000 mg/L(稀释后)的水中化学需氧量的测定。当取样体积为 10.0 mL 时,本方法的检出限为 4 mg/L,测定下限为 16 mg/L。未经稀释的水样测定上限为 700 mg/L,超过此限时须稀释后测定。

**(四)操作步骤**

1. 样品保存

采集水样的体积不得少于 100 mL。采集的水样置于玻璃瓶中,并尽快分析。如不能立即分析时,应加入浓硫酸至 pH <2,置于 4 ℃ 下保存,保存时间不超过 5 d。

2. 分析步骤

1）$COD_{Cr}$ 浓度≤50 mg/L 的样品

①样品测定。

取 10.0 mL 水样于锥形瓶中，依次加入硫酸汞溶液、重铬酸钾标准溶液Ⅱ 5.00 mL 和几颗防爆沸玻璃珠，摇匀。硫酸汞溶液按质量比 $m[HgSO_4]：m[Cl^-]≥20：1$ 的比例加入，最大加入量为 2 mL。

将锥形瓶连接到回流装置冷凝管下端，从冷凝管上端缓慢加入 15 mL 硫酸银-硫酸溶液，以防止低沸点有机物的逸出，不断旋动锥形瓶使之混合均匀。自溶液开始沸腾起保持微沸回流 2 h。若为水冷装置，应在加入硫酸银-硫酸溶液之前，通入冷凝水。

回流冷却后，自冷凝管上端加入 45 mL 水冲洗冷凝管，使溶液体积在 70 mL 左右，取下锥形瓶。溶液冷却至室温后，加入 3 滴试亚铁灵指示剂溶液，用硫酸亚铁铵标准溶液Ⅱ滴定，溶液的颜色由黄色经蓝绿色变为红褐色即为终点。记下硫酸亚铁铵标准溶液Ⅱ的消耗体积 $V_1$。

注：样品浓度低时，取样体积可适当增加。

②空白试验。

按①相同步骤以 10.0 mL 试剂水代替水样进行空白试验，记录下空白滴定时消耗硫酸亚铁铵标准溶液Ⅱ的体积 $V_0$。

注：空白试验中硫酸银-硫酸溶液和硫酸汞溶液的用量应与样品测定中的用量保持一致。

2）$COD_{Cr}$ 浓度>50 mg/L 的样品

①样品测定。

取 10.0 mL 水样于锥形瓶中，依次加入硫酸汞溶液、重铬酸钾标准溶液Ⅰ 5.00 mL 和几颗防爆沸玻璃珠，摇匀。其他操作与 $COD_{Cr}$ 浓度≤50 mg/L 的样品中的①相同。

待溶液冷却至室温后，加入 3 滴试亚铁灵指示剂溶液，用硫酸亚铁铵标准溶液Ⅰ滴定，溶液的颜色由黄色经蓝绿色变为红褐色即为终点。记录硫酸亚铁铵标准溶液Ⅰ的消耗体积 $V_1$。

注：对于浓度较高的水样，可选取所需体积 1/10 的水样放入硬质玻璃管中，加入试剂，摇匀后加热至沸腾数分钟，观察溶液是否变成蓝绿色。如呈蓝绿色，应再适当少取水样，直至溶液不变蓝绿色为止，从而可以确定待测水样的稀释倍数。

**（五）结果表示**

样品的 $COD(O_2, mg/L)$ 按下式计算：

$$\rho = \frac{(V_0 - V_1) \times c \times 8\,000}{V_2} \times f$$

式中　$c$ ——硫酸亚铁铵标准溶液的浓度，mol/L；

　　　$V_0$——空白实验所消耗的硫酸亚铁铵标准溶液的体积，mL；

　　　$V_1$——水样测定所消耗的硫酸亚铁铵标准溶液的体积，mL；

　　　$V_2$——样品体积，mL；

　　　$f$——样品稀释倍数；

　　　8 000 ——1/4 $O_2$ 的摩尔质量以 mg/L 为单位的换算值。

**（六）注意事项**

（1）无机还原性物质如亚硝酸盐、硫化物及二价铁盐将使结果增加，将其需氧量作为样品 COD 值的一部分是可以接受的。本方法主要干扰为氯离子。使用 0.4 g 硫酸汞络合氯离子的最高量为 40 mg,如取用 20.00 mL 样品,即最高可络合 2 000 mg/L 氯离子浓度的样品。若氯离子浓度较低,亦可少加硫酸汞,保持硫酸汞:氯离子为 10:1(W/W)。若出现少量氯化汞沉淀,并不影响测定。

(2)在特殊情况下,取样量可在 10.00~50.00 mL,但试剂用量及浓度需按表 5-10 进行相应地调整,调整后也可得到满意的结果。

表 5-10　不同取样量采用的试剂用量

| 样品体积/mL | 0.250 0 mol/L $K_2Cr_2O_7$/mL | $H_2SO_4$-$Ag_2S_4$ /mL | $HgSO_4$ /g | $(NH_4)_2Fe(SO_4)_2$ /(mol·$L^{-1}$) | 滴定前总体积 /mL |
|---|---|---|---|---|---|
| 10.0 | 5.0 | 15 | 0.2 | 0.050 | 70 |
| 20.0 | 10.0 | 30 | 0.4 | 0.100 | 140 |
| 30.0 | 15.0 | 45 | 0.6 | 0.150 | 210 |
| 40.0 | 20.0 | 60 | 0.8 | 0.200 | 280 |
| 50.0 | 25.0 | 75 | 1.0 | 0.250 | 350 |

(3)样品加热回流后,溶液中重铬酸钾剩余量应为加入量的 1/5~4/5 为宜。

(4)每次测定时,应对硫酸亚铁铵标准溶液进行标定。

(5)为了获取更可信的结果,可同时进行校核实验。如果校核实验结果大于该理论值的 96%,即可认为实验步骤基本上是适当的,否则必须找出原因,重做实验。

(6)该方法对未经稀释的样品其测定上限为 700 mg/L,对于污染严重的样品,COD 超过测定上限时必须经稀释后测定。可选取 1/10 体积的样品和 1/10 的试剂,放入 10 mm×150 mm 硬质玻璃管中,摇匀后,用酒精灯加热至沸数分钟,观察溶液是否变成蓝绿色。如呈蓝绿色,应再适当少取样品,重复以上试验,直至溶液不变蓝绿色为止。从而确定待测样品的稀释倍数。

### 实验三　五日生化需氧量的测定——稀释与接种法(HJ 505—2009)

【知识目标】
了解生化需氧量和五日生化需氧量的定义,掌握生化需氧量测定的稀释与接种方法。
【技能目标】
掌握稀释与接种法;掌握水样预处理的原理与方法。
【素质目标】
具有环保意识和节约意识,不浪费药品试剂,不造成环境污染。
有较强的集体意识、团队合作精神、敬业精神、诚实守信的职业素养。
践行"绿水青山就是金山银山"的生态理念,树立"生态优先、绿色发展"的环保意识。

(一)方法原理
水样经稀释后,注满培养瓶,塞好后应不透气,在(20±1)℃条件下避光培养 5 d。培养前后分别测定溶解氧浓度,由两者的差值可算出每升水消耗氧的质量,即五日生化需氧量($BOD_5$)值。

清洁的地面水和地下水其 $BOD_5 \leqslant 7$ mg/L,不必进行稀释。对于污染的地面水和工业废水,含有机物较多,需要稀释后再培养测定。对于不含或少含微生物的工业废水,培养时应进行接种,引入微生物降解废水中的有机物。

**(二)方法选择**

本标准适用于地表水、工业废水和生活污水中 $BOD_5$ 的测定。

方法的检出限为 0.5 mg/L,方法的测定下限为 2 mg/L,非稀释法和非稀释接种法的测定上限为 6 mg/L,稀释法与稀释接种法的测定上限为 6000 mg/L。

**(三)仪器试剂**

1.试剂及药品

除另有说明外,本实验采用分析纯试剂,用水采用重蒸馏水。

试剂(1)~(8)同本模块"任务二 水样的非金属无机物指标的测定"中"实验一 溶解氧的测定"。

(9)磷酸盐缓冲溶液:将 8.5 g 磷酸二氢钾($KH_2PO_4$)、21.75 g 磷酸氢二钾($K_2HPO_4$)、33.4 g 七水磷酸二氢钠($NaH_2PO_4 \cdot 7H_2O$)和 1.7 g 氯化铵($NH_4Cl$)溶于 500 mL 水,转移至 1 000 mL 容量瓶中,定容至标线。此缓冲溶液的 pH 值为 7.2。

(10)22.5 g/L 硫酸镁溶液:将 22.5 g 硫酸镁($MgSO_4 \cdot 7H_2O$)溶于水,稀释至 1 000 mL 并混匀。

(11)27.5 g/L 氯化钙溶液:将 27.5 g 无水氯化钙($CaCl_2$)溶于水,稀释至 1 000 mL。

(12)0.25 g/L 氯化铁溶液:将 0.25 g 氯化铁($FeCl_3 \cdot 6H_2O$)溶解于水中,稀释至 1 000 mL 并混匀。

试剂(9)~(12)贮存在玻璃瓶内,置于暗处至少可稳定保存一个月。一旦发现有生物滋长迹象,则应弃去不用。

(13)0.5 mol/L 盐酸溶液。

(14)0.5 mol/L 氢氧化钠溶液。

(15)稀释水:在 5~20 L 玻璃瓶内装入一定量的纯水曝气 2~8 h,使稀释水的溶解氧接近饱和;曝气后瓶口盖上两层干净纱布,置于 20 ℃培养箱中放置数小时,使水中溶解氧含量不少于 8 mg/L。临用前每升水中加入 4 种营养盐溶液[试剂(9)、(10)、(11)、(12)]各 1 mL 并混合均匀。稀释水的 pH 值为 7.2,应在 8 h 内使用完。

(16)接种水:如被测样品本身不含有足够的适应性微生物,应采取下述方法获得接种水。接种温度应在(20±1)℃。

城市污水:一般采用住宅区生活污水,过滤后在 20 ℃培养箱内放置一昼夜,取上清液作为接种水。

当工业废水中含有难降解有机物时,取该工业废水排放口下游 3~8 km 处的水作为接种水。如无此种水源,采用驯化菌种的方法在实训室培养含有适应于待测样品的接种水,建议采用如下方法:取中和或适当稀释后的该水样进行连续曝气,每天加少量新鲜水样,同时加入适量表层土壤、花园土壤或生活污水,使能适应水样的微生物大量繁殖。当水中出现大量絮状物,或分析其化学需氧量的降低值出现突变时,表明适应的微生物已经繁殖,可用作接种水。一般驯化过程需要 3 ~ 8 d。

(17)接种稀释水:根据需要和接种水的来源,向每升稀释水中加入 1 ~ 5 mL 接种水中的一种。接种稀释水的 $BOD_5$(20 ℃)应为 0.3 ~ 1.0 mg/L。

(18)葡萄糖-谷氨酸标准溶液:称取于 103 ℃下干燥 1 h 的葡萄糖($C_6H_{12}O_6$)和谷氨酸($C_5H_9NO_4$)各 150 mg 溶于水,稀释至 1 000 mL,混合均匀。临用前配制。

2.仪器

(1)常用实验室仪器。

(2)生化培养箱:温度控制在(20±1)℃。

(3)(550±1)mL 培养瓶;250 mL 溶解氧瓶。

(4)充氧设备:充氧动力常采用无油空气压缩机(或隔膜泵、或氧气瓶、或真空泵)。充氧流程可分为正压充氧、负压充氧两种流程。

五日生化需氧量的测定
——生化培养箱

**(四)操作步骤**

1.水样采集

样品须充满并密封于采样瓶中,置于 2 ~ 5 ℃保存。一般应在采样后 6 h 之内分析测定。若需远距离运输,贮存不得超过 24 h。

2.水样的预处理

将实验用的稀释水、接种水和接种稀释水放入培养箱内恒温备用。

样品的中和:样品 pH 值不在 6.5 ~ 7.5 时,先做单独试验,确定需要的盐酸溶液或氢氧化钠溶液体积,再中和样品。当水样的酸度或碱度很高时,可改用高浓度的碱或酸进行中和,确保酸碱用量不超过水样体积的 0.5%。

去除游离氯:含有少量游离氯的水样,一般放置 1 ~ 2 h 后,游离氯即可消失。对于游离氯在短时间内不能消失的水样,可加入适量的亚硫酸钠溶液,以去除游离氯。

水温调节:从水温较低的水体中或富营养化的湖泊中采集的样品,应迅速使其升温至 20 ℃左右,以赶出水样中过饱和的溶解氧,否则会造成分析结果偏低。从水温较高的水体中或废水排放口取样,应迅速使其冷却至 20 ℃左右,否则会造成分析结果偏高。

接种:若待测水样没有微生物或微生物活性不足时,都要对样品接种足够的微生物。诸如以下几种工业废水:

(1)未经生化处理过的工业废水;

(2)高温高压或经卫生杀菌的废水,特别要注意食品加工工业的废水和医院生活污水;

(3)强酸、强碱性的工业废水;

(4)高 $BOD_5$ 值的工业废水;

(5)含铜、锌、铅、砷、镉、铬、氰等有毒物质的工业废水。

3.不经稀释水样的测定

溶解氧含量较高、有机物含量较少的地表水,可不经稀释,而直接以虹吸法将 2 ℃的混匀水样转移至两个溶解氧瓶内,转移过程中应注意不使其产生氧气。以同样的操作使两个溶解氧瓶充满水样,加塞水封。立即测定其中一瓶溶解氧,将另一瓶放入培养箱中,在(20±1)℃培养 5 d 后,测其溶解氧含量。

4.需稀释水样的测定

1)稀释倍数的确定

①地表水:由样品的高锰酸盐指数与一定系数的乘积,即可求得稀释倍数。高锰酸盐指数与系数的关系见表5-11。

表 5-11　高锰酸盐指数与系数的关系

| 高锰酸盐指数/($mg \cdot L^{-1}$) | 系数 | 高锰酸盐指数/($mg \cdot L^{-1}$) | 系数 |
|---|---|---|---|
| <5 | — | 10 ~ 20 | 0.4、0.6 |
| 5 ~ 10 | 0.2、0.3 | >20 | 0.5、0.7、1.0 |

②工业废水:由重铬酸盐法测得的 COD 值来确定。

由 COD 值分别乘以系数 0.075、0.15、0.225,即获得 3 个稀释倍数。

使用接种稀释水时,则分别乘以系数 0.075、0.15、0.25,获得 3 个稀释倍数。

2)样品稀释

①一般稀释法:按照确定的稀释倍数,用虹吸法沿筒壁先引入部分稀释水(或接种稀释水)于 1 000 mL 量筒(或其他稀释容器)中,加入需要测量的均匀水样,再加入稀释水(或接种稀释水)至 800 mL,用带胶板的玻棒小心上下搅匀。搅拌时勿使玻璃棒的胶板露出水面,防止产生气泡。

按不经稀释水样的测定步骤,进行装瓶,测定当天溶解氧含量和培养 5 d 后的溶解氧含量。

另取两个溶解氧瓶、用虹吸法装满稀释水(或接种稀释水)作为空白试样,分别测定 5 d 前、后的溶解氧含量。

②直接稀释法:直接稀释法是指在溶解氧瓶内直接稀释。在已知两个容积相同(差值< 1 mL)的溶解氧瓶内,用虹吸法加入部分稀释水(或接种稀释水),再加入根据瓶容积和稀释倍数计算出来的样品量,用稀释水(或接种稀释水)使瓶刚好充满,加塞,勿留气泡于瓶内。

5.溶解氧的测定

1)不经稀释水样的测定

溶解氧含量较高、有机物含量较少的地表水,可不经稀释而直接以虹吸法将约 20 ℃的混匀水样转移入两个溶解氧瓶内,转移过程应注意不使产生气泡。以同样的操作使两个溶解氧瓶充满水样后溢出少许,加塞。瓶内不留气泡。

其中一瓶立即测定溶解氧,另一瓶瓶口进行水封后,放入培养箱中,在 20 ℃条件下培养 5 个昼夜。培养过程中要避光并注意添加封口水。培养 5 d 后,弃去封口水,测定剩余的溶解氧。

2)需稀释水样的测定

按照上述方法,对稀释后的样品测定培养 5 d 前、后的溶解氧含量。

另取两个溶解氧瓶,装满稀释水(或接种稀释水)作为空白试样,测定培养 5 d 前、后的溶解氧含量。

**(五)结果表示**

(1)不经稀释直接培养的水样,$BOD_5(O_2,mg/L)$按公式计算:

$$BOD_5 = (a_1 - a_2) - (b_1 - b_2)$$

(2)经稀释后培养的水样,当培养后剩余溶解氧>1 mg/L、培养前后的溶解氧差值≥2 mg/L时,稀释倍数适宜则为合格数据,否则剔除。合格数据按以下公式计算$BOD_5$值后求平均值方可用于评价水质。

$BOD_5(O_2,mg/L)$按公式计算:

$$BOD_5 = \frac{(a_1 - a_2) - (b_1 - b_2) \times f_1}{f_2}$$

式中　$a_1$——样品培养前的溶解氧浓度,mg/L;

$\quad\quad a_2$——样品培养5 d后的溶解氧浓度,mg/L;

$\quad\quad b_1$——稀释水(或接种稀释水)在培养前的溶解氧浓度,mg/L;

$\quad\quad b_2$——稀释水(或接种稀释水)在培养5 d后的溶解氧浓度,mg/L;

$\quad\quad f_1$——稀释水(或接种稀释水)在培养液中所占比例;

$\quad\quad f_2$——样品在培养液中所占比例。

**(六)注意事项**

(1)根据废水浓度高低及毒性大小确定使用稀释水、接种水还是稀释接种水,若稀释倍数大于100,分两步或多步进行稀释。

(2)培养时要注意避光,防止藻类生长影响测定结果。

## 实验四　挥发酚的测定——
## 4-氨基安替比林分光光度法(直接分光光度法)(HJ 503—2009)

【知识目标】

了解挥发酚对环境的危害,掌握挥发酚的测定方法。

【技能目标】

了解萃取的原理;熟悉4-氨基安替比林分光光度法测定挥发酚的原理;培养萃取操作的技能;巩固分光光度计的操作技能。

【素质目标】

具有环保意识和节约意识,测定过程中要节约使用试剂和药品,不危害环境。

树立安全意识、诚信意识、质量意识和规范意识。

踏实负责,积极上进;认真用心,精益求精;科学严谨,实事求是;团结协作,高效沟通。

**(一)方法原理**

被蒸馏出的酚类化合物,于pH=(10.0±0.2)介质中,在铁氰化钾存在下,与4-氨基安替比林反应生成橙红色的安替比林染料,用三氯甲烷萃取后,在460 nm波长下测定吸光度。

**(二)仪器试剂**

1. 试剂及药品

(1)无酚水:每升蒸馏水中加入0.2 g活性炭粉末,充分振摇后,放置过夜,用双层中速滤纸过滤。滤液中加入氢氧化钠使其呈强碱性,滴加高锰酸钾溶液至紫红色,移入全玻璃蒸馏器中加热蒸馏,集取馏出液,贮于玻璃瓶中,取用时避免与橡胶制品接触。

(2)酚标准贮备液:称取1.00 g无色苯酚($C_6H_5OH$)溶于水,移入1 000 mL容量瓶中,稀释至标线,置于4 ℃冰箱内保存,至少稳定保存一个月。

(3)酚标准中间液,10.0 mg/L:吸取5 mL酚标准贮备液置于500 mL容量瓶中,定容至标线,摇匀。使用当天配制。

(4)酚标准使用液,1.00 mg/L:吸取50 mL酚标准中间液置于500 mL容量瓶中,定容至标线,摇匀。使用当天配制。

(5)缓冲溶液(pH=10):称取20 g氯化铵溶于500 mL氨水中,加塞,置于冰箱中保存。

(6)4-氨基安替比林溶液:称取2 g 4-氨基安替比林溶于水,稀释至100 mL,置于冰箱中保存,可使用一周。

(7)铁氰化钾溶液:称取8 g铁氰化钾溶于水,稀释至100 mL,置于冰箱中保存,可使用一周。

(8)硫酸铜溶液,1 g/L。

(9)(1+9)磷酸溶液。

(10)5%硫酸亚铁溶液:称取5 g硫酸亚铁固体,溶入100 mL水中。

(11)甲基橙指示剂,0.5 g/L。

2. 仪器

分光光度计,20 mm的比色皿,比色管,500 mL全玻璃蒸馏器,移液管等一般实验室常用仪器。

**(三)操作步骤**

1. 样品处理

取250 mL样品于蒸馏瓶中,加数粒玻璃珠和甲基橙指示剂,用磷酸溶液调节pH值为4(溶液呈橙红色),加入5 mL硫酸铜溶液。连接冷凝器,加热蒸馏至馏出液约225 mL时,停止加热,冷却。向蒸馏瓶中加入25 mL无酚水,继续蒸馏至馏出液为250 mL。同时用无酚水作为空白试样。

2. 样品测定

取馏出液50 mL加入50 mL比色管中。同时取8支50 mL比色管,分别加入0.00、0.50、1.00、3.00、5.00、7.00、10.00和12.50 mL酚标准中间液(10.0 mg/L),作为标准系列。在9支比色管中加入0.5 mL缓冲溶液,1.0 mL 4-氨基安替比林溶液,1.0 mL铁氰化钾溶液,标准系列还需要加无酚水至标线。充分混匀后,放置10 min。

于510 nm波长,用光程为20 mm的比色皿,以无酚水为参比,30 min内测定溶液的吸光度值。

**(四)结果表示**

样品中挥发酚的浓度:

$$\rho = \frac{A_s - A_b - a}{bV} \times 1\ 000$$

式中　$\rho$——试样中挥发酚的浓度,mg/L;

$\quad\ A_s$——试样的吸光度值;

$\quad\ A_b$——空白试验的吸光度值;

$\quad\ a$——标准曲线的截距值;

$\quad\ b$——标准曲线的斜率;

$\quad\ V$——试样的体积,mL。

当计算结果<1 mg/L 时,有效数字为小数点后 3 位;结果≥1 mg/L 时,保留 3 位有效数字。

**【知识拓展】石油类的测定——红外分光光度法(HJ 637—2018)**

**(一)方法原理**

水样在 pH≤2 的条件下用四氯乙烯萃取后使用硅酸镁吸附去除动植物油类等极性物质后,可以测定石油类含量。根据石油类物质在吸光度 $A_{2930}$、$A_{2960}$ 和 $A_{3030}$ 处有吸收来测定石油类的含量。

**(二)仪器试剂**

1.试剂及药品

(1)硅酸镁:称取适量的硅酸镁于磨口玻璃瓶中,根据硅酸镁的重量,按6%($m/m$)比例加入适量的蒸馏水,密塞并充分振荡数分钟,放置约 12 h 后使用。

(2)盐酸溶液。

(3)四氯乙烯。

(4)无水硫酸钠。

(5)正十六烷标准贮备液,$\rho \approx 10\ 000$ mg/L。称取 1.0 g(准确至 0.1 mg)正十六烷,用四氯乙烯定容至 100 mL,摇匀。0~4 ℃冷藏、避光保存。

(6)正十六烷标准使用液,$\rho = 1\ 000$ mg/L。将正十六烷标准贮备液用四氯乙烯定容至 100 mL。

(7)异辛烷标准贮备液,$\rho \approx 1\ 000$ mg/L。称取 1.0 g(准确至 0.1 mg)异辛烷于 100 mL 容量瓶中,用四氯乙烯定容至 100 mL,摇匀。0~4 ℃冷藏、避光可保存 1 年。

(8)异辛烷标准使用液,$\rho = 1\ 000$ mg/L。将异辛烷标准贮备液用四氯乙烯定容至 100 mL。

(9)苯标准贮备液,$\rho \approx 1\ 000$ mg/L。称取 1.0 g(准确至 0.1 mg)苯,用四氯乙烯定容 100 mL,摇匀。0~4 ℃冷藏、避光可保存 1 年。

(10)苯标准使用液,$\rho = 1\ 000$ mg/L。将苯标准贮备液用四氯乙烯定容至 100 mL。

2.仪器

4 cm 石英比色皿、50 mL 三角瓶、水平振荡器、玻璃棉、玻璃漏斗、25 mL 的比色管、容量瓶。

**(三)操作步骤**

1.样品处理

取 25 mL 萃取液和空白溶液(加入盐酸溶液调节至 pH≤2 的蒸馏水)分别倒入装有 5 g 硅

酸镁的 50 mL 三角瓶中,置于水平振荡器上,连续振荡 20 min,静置,将玻璃棉置于玻璃漏斗中,萃取液倒入玻璃漏斗过滤至 25 mL 比色管。

2. 样品测定

1)测定校正系数

取 2.00 mL 正十六烷标准使用液,2.00 mL 异辛烷标准使用液和 10.00 mL 苯标准使用液于 3 个 100 mL 容量瓶中,用四氯乙烯定容至标线,摇匀。正十六烷、异辛烷和苯标准溶液的浓度分别为 20.0 mg/L、20.0 mg/L 和 100 mg/L。

以 4 cm 石英比色皿加入四氯乙烯为参比,分别测量正十六烷、异辛烷和苯标准溶液在 2 930 cm$^{-1}$、2 960 cm$^{-1}$、3 030 cm$^{-1}$ 处的吸光度 $A_{2930}$、$A_{2960}$、$A_{3030}$。将正十六烷、异辛烷和苯标准溶液在上述波数处的吸光度按照公式(5.1)联立方程式,经求解后分别得到相应的校正系数 $X,Y,Z$ 和 $F$。

$$\rho = X \cdot A_{2930} + Y \cdot A_{2960} + Z\left(A_{3030} - \frac{A_{2930}}{F}\right) \tag{5.1}$$

式中　$\rho$——四氯乙烯中油类的含量,mg/L;

　　　$A_{2930}$、$A_{2960}$、$A_{3030}$——各对应波数下测得的吸光度;

　　　$X$、$Y$、$Z$——与各种 C—H 键吸光度相对应的系数;

　　　$F$——脂肪烃对芳香烃影响的校正因子,即正十六烷在 2930 cm$^{-1}$ 与 3030 cm$^{-1}$ 处的吸光度之比。

对于正十六烷和异辛烷,由于其芳香烃含量为零,即 $A_{3030} - \dfrac{A_{2930}}{F} = 0$,则:

$$F = A_{2930}(H)/A_{3030}(H) \tag{5.2}$$
$$\rho(H) = X \cdot A_{2930}(H) + Y \cdot A_{2960}(H) \tag{5.3}$$
$$\rho(I) = X \cdot A_{2930}(I) + Y \cdot A_{2960}(I) \tag{5.4}$$

由公式(5.2)可得 $F$ 值,由公式(5.3)和(5.4)可得 $X$ 和 $Y$ 值。

对于苯,则有:

$$\rho(B) = X \cdot A_{2930}(B) + Y \cdot A_{2960}(B) + Z\left[A_{3030}(B) - \frac{A_{2930}(B)}{F}\right] \tag{5.5}$$

由公式(5.5)可得 $Z$ 值。

式中　$\rho(H)$——正十六烷标准溶液的浓度,mg/L;

　　　$\rho(I)$——异辛烷标准溶液的浓度,mg/L;

　　　$\rho(B)$——苯标准溶液的浓度,mg/L;

　　　$A_{2930}(H)$、$A_{2960}(H)$、$A_{3030}(H)$——各对应波数下测得正十六烷标准溶液的吸光度;

　　　$A_{2930}(I)$、$A_{2960}(I)$、$A_{3030}(I)$——各对应波数下测得异辛烷标准溶液的吸光度;

　　　$A_{2930}(B)$、$A_{2960}(B)$、$A_{3030}(B)$——各对应波数下测得苯标准溶液的吸光度。

2)样品测定

用四氯化碳萃取水中的石油类物质(pH≤2),然后加入硅酸镁吸附动植物油类物质,总萃取物和石油类的含量均由波数分别为 2 930 cm$^{-1}$、2 960 cm$^{-1}$、3 030 cm$^{-1}$ 处的吸光度进行测量并计算。

$$\rho = \left[ X \cdot A_{2930} + Y \cdot A_{2960} + Z \left( A_{3030} - \frac{A_{2930}}{F} \right) \right] \cdot \frac{V_0 \cdot D}{V_W}$$

式中　$\rho$——样品中石油类的浓度，mg/L；

　　　$X$、$Y$、$Z$、$F$——校正系数；

　　　$A_{2930}$、$A_{2960}$、$A_{3030}$——各对应吸光度下测得萃取液的吸光度；

　　　$V_0$——萃取溶剂的体积，mL；

　　　$V_W$——样品体积，mL；

　　　$D$——萃取液稀释倍数。

**练习题**

**(一)填空题**

1. 生化需氧量是指在规定条件下，水中有机物和无机物在_____作用下，所消耗的溶解氧的量。

2. 用稀释与接种法测定水中 $BOD_5$ 时，为保证微生物生长需要，稀释水中应加入一定量的_____和_____，并使其中的溶解氧接近饱和。

3. 稀释与接种法测定水中 $BOD_5$ 时，如水样为含难降解物质的工业废水，可使用_____的稀释水进行稀释。

4. 用碘化钾碱性高锰酸钾法测定化学需氧量时，若水样中含有亚硝酸盐，则在酸化前应先加入4%_____溶液将其分解。若水样中不存在亚硝酸盐，则可不加该试剂。

5. 重铬酸盐法测定水中化学需氧量时，水样须在_____性介质中，加热回流_____h。

6. 快速密闭催化消解法测定水中化学需氧量时，在消解体系中加入的助催化剂是硫酸铝钾与_____。

7. 表观 COD 是指在一定条件下，由水样所消耗的_____的量，换算成相对应的氧的浓度。

8. 欲保存用于测定 COD 的水样，须加入_____，使 pH _____。

9. 酚类化合物在水样中很不稳定。尤其是低浓度样品，其主要影响因素为_____和_____，使其被氧化或分解。

10. 4-氨基安替比林分光光度法适用于饮用水、地表水、地下水和工业废水中挥发酚的测定，当挥发酚浓度 $\leqslant 0.05$ mg/L，时，采用_____法测定，浓度 $> 0.5$mg/L 时，采用_____方法测定。

11. 测定水中油类物质的萃取方法有_____萃取法和_____萃取法两种。

12. 测定油类物质的水样经萃取后，将萃取液分成两份，一份直接用于测定_____，另一份经_____吸附后，用于测定_____。

13. 总有机碳是指以_____表示_____的综合指标。

14. 燃烧氧化-非分散红外吸收法测定水中总有机碳时，按测定总有机碳的方法原理可分为_____法和_____法。

**(二)判断题**

1. 采用稀释与接种法测定 $BOD_5$ 时，水中的杀菌剂、有毒重金属或游离氯等会抑制生化作

用,而藻类和硝化微生物也可能造成虚假的偏离结果。 （　　）

2. 采用稀释与接种法测定 $BOD_5$ 时,水样在 25 ℃±1 ℃的培养箱中培养 5 天,分别测定样品培养前后的溶解氧,二者之差即为 $BOD_5$ 值。 （　　）

3. 采集测定 $BOD_5$ 的水样时,应充满并密封于采集瓶中。 （　　）

4. 重铬酸盐法测定水中化学需氧量,用 0.025 0 mol/L 浓度的重铬酸钾溶液可测定 COD 值大于 50 mg/L 的水样。 （　　）

5. 重铬酸盐法测定水中化学需氧量使用的试亚铁灵指示液,是邻菲罗啉和硫酸亚铁铵溶于水配制而成的。 （　　）

6. 氯气校正法测定高氯废水中化学需氧量时,氯离子校正值是指水样中被氧化的氯离子生成的氯气所对应的氧的质量浓度。 （　　）

7. 化学需氧量是一个条件性指标,并不能完全表征水中有机物的总量。 （　　）

8. 酸性法测定高锰酸盐指数的水样时,在采集后若不能立即分析,应加入浓硫酸,使 pH<2,若为碱性法测定的水样,则不必加保存剂。 （　　）

9. 因高锰酸钾溶液见光分解,故必须贮于棕色瓶中。 （　　）

10. 测定水中高锰酸盐指数时,经沸水浴后的水面要达到锥形瓶内溶液面的 2/3 高度。 （　　）

11. 高锰酸盐指数可作为判断理论需氧量或有机物含量的指标。 （　　）

12. 测定挥发酚的水样采集回到实验室后,应检测有无氧化剂存在,如发现有,应加入过量硫酸亚铁消除。 （　　）

13. 4-氨基安替比林分光光度法测定水中挥发酚时,如果试样中共存有芳香胺类物质,可在 pH<0.5 的介质中蒸馏,以减小其干扰。 （　　）

14. 水中石油类为烃类的混合物,其所含的烷烃类物质一般要比芳烃类物质少。 （　　）

15. 测定石油类和动植物油时,萃取液用硅酸镁吸附后,去除的是动植物油等非极性物质。 （　　）

16. 处理挥发性卤代烃水样的顶空,用蒸馏水洗净后,于 150 ℃烘 4 h,置于干燥器中备用。 （　　）

17. 气相色谱法测定水中挥发性卤代烃时,卤代烃标准物质必须为色谱纯。 （　　）

18. 挥发性卤代烃主要指三卤代烃、四氯化碳等。各种卤代烃均无色无味,但有毒性,可通过皮肤接触、呼吸或饮水进入人体。 （　　）

（三）选择题

1. 稀释与接种法测定水中 $BOD_5$ 时,采用生活污水配制接种稀释水时,每升稀释水中加入生活污水的量为(　　)mL。
    A. 1～10　　　　　　B. 20～30　　　　　　C. 10～100　　　　　　D. 40～50

2. 稀释与接种法测定水中 $BOD_5$ 时,下列废水中应进行接种是(　　)。
    A. 有机物含量较多的废水　　　　　B. 较清洁的河水
    C. 不含或含少量微生物的工业废水　　D. 生活污水

3. 采用稀释与接种法测定水中 $BOD_5$ 时,稀释水的 $BOD_5$ 值应(　　),接种稀释水的 $BOD_5$ 值应为(　　)。接种稀释水配制完成后应立即使用。
    A. <0.2 mg/L,0.2～1.0 mg/L　　　　　B. <0.2 mg/L,0.3～1.0 mg/L

C. <1.0 mg/L,0.3 ~ 1.0 mg/L　　　　　D. <0.2 mg/L,180 ~ 230 mg/L

4. 用重铬酸盐法测定水中化学需氧量时,用(　　)作催化剂。

A. 硫酸-硫酸根　　B. 硫酸-氯化汞　　C. 硫酸-硫酸汞　　D. 磷酸-氯化汞

5. 用重铬酸盐法测定水中化学需氧量时,水样加热回流后,溶液中重铬酸钾溶液剩余量应是加入量的 1/5 ~ (　　)为宜。

A.2/5　　　　　　B.3/5　　　　　　C.4/5　　　　　　D.1/2

6. 快速密闭催化消解法测定水中化学需氧量时,对于化学需氧量含量在 10 mg/L 左右的样品,一般相对偏差可保持在(　　)% 左右。

A.5　　　　　　　B.10　　　　　　　C.15　　　　　　　D.20

7. 氯气校正法测定高氯废水中化学需氧量,水样需要在(　　)介质中回流消解。

A. 强酸　　　　　　B. 弱酸　　　　　　C. 强碱　　　　　　D 弱碱

8. 测定水中高锰酸盐指数时,在沸水浴加热完毕后,溶液仍应保持微红色,若变浅或全部褪去则应(　　)。

A. 继续加入高锰酸钾溶液　　　　　B. 继续加入草酸钠溶液

C. 继续加热 30 min　　　　　　　　D. 将水样稀释或增加稀释倍数后重测

9. 测定高锰酸盐指数所用的蒸馏水,须加入(　　)溶液后进行重蒸馏。

A. 氢氧化钠　　　　B. 高锰酸钾　　　　C. 亚硫酸钠　　　　D. 草酸钠

10. 挥发酚一般指沸点在 230 ℃以下的酚类,通常属(　　)酚,它能与水蒸气一起蒸出。

A. 一元　　　　　　B. 二元　　　　　　C. 多元　　　　　　D. 不确定

11. (　　)厂排放的废水中需监测挥发酚。

A. 炼油　　　　　　B. 肉联　　　　　　C. 汽车制造　　　　D. 电镀

12. 测定石油类和动植物油时,使用硅酸镁前应根据其重量,按 6% 的比例加适量(　　),密塞,充分振荡数分钟,放置约 12 h 后使用。

A. 蒸馏水　　　　　B. 无水乙醇　　　　C. 丙酮　　　　　　D. 四氯化碳

13. 红外分光光度法测定总萃取物和石油类的含量,波数 2 930 cm$^{-1}$ 下测定的是(　　)基团中 C—H 键的伸缩振动。

A. —CH—　　　　　B. —CH$_3$—　　　　C. 芳香环　　　　　D. —CH—

(四)简答题

1. 简述 COD、BOD、TOC 的含义。对于同一种水样来说,它们之间在数量上是否有一定的关系? 为什么?

2. 说明重铬酸盐法测定 COD 的原理和加入各种试剂的作用。影响测定准确度的因素有哪些?

3. 高锰酸盐指数和化学需氧量在应用上有何区别? 二者在数量上有何关系? 为什么?

4. 用稀释法测定 BOD$_5$ 时,对稀释水有何要求? 如何选择稀释倍数?

5. 如何测定水中的挥发酚?

6. 比较重量法、红外分光光度法和非色散红外吸收法测定水中石油类物质的原理和优、缺点。

(五)计算题

1. 表 5-9 所列数据为某水样 BOD$_5$ 相关测定结果,试计算每种稀释倍数水样的耗氧率

和 $BOD_5$。

**表 5-9 某水样 $BOD_5$ 相关测定结果**

| 编号 | 稀释倍数 | 取水样体积/mL | $Na_2S_2O_3$ 标准溶液浓度 /(mol·L$^{-1}$) | $Na_2S_2O_3$ 标准溶液用量/mL | |
|---|---|---|---|---|---|
| | | | | 当天 | 五天 |
| A | 50 | 100 | 0.012 5 | 9.16 | 4.33 |
| B | 40 | 100 | 0.012 5 | 9.12 | 3.10 |
| 空白 | 0 | 100 | 0.012 5 | 9.25 | 8.76 |

2. 取某水样 20.00 mL 加入 0.025 0 mol/L 重铬酸钾溶液 10.00 mL，回流后 2 h，用水稀释至 140 mL，用 0.102 5 mol/L 硫酸亚铁铵标准溶液滴定，消耗 22.80 mL，同时做全程序空白试验，消耗硫酸亚铁铵标准溶液 24.35 mL，试计算水样中 COD 的含量。

# 模块六
# 水样中生物学指标的分析测试

## 任务一 水环境污染生物监测

生物与生存环境之间存在着相互影响、相互制约、相互依存的密切关系。其中,生物需要不断地直接或间接从环境中汲取营养,进行新陈代谢,维持自身生命。水环境受到污染后,水生生物在汲取营养的同时,也吸收了水中的污染物,并在体内迁移、累积,从而遭受污染。受到污染的水生生物,在生态、生理和生化指标等方面会发生变化,出现不同的症状或反应,利用这些变化来反映水环境污染程度的方法称为水环境污染生物监测。

水环境污染生物监测

### 一、水环境污染生物监测的目的、样品采集和监测项目

对水环境进行生物监测的主要目的是了解污染对水生生物的危害状况,判别和测定水体污染的类型和程度,制定控制污染的措施,为水环境生态系统保持平衡提供依据。

水生生物监测断面和采样点的布设,也应在对监测区域的自然环境和社会环境进行调查研究的基础上,遵循断面要有代表性,尽可能与化学监测断面相一致,并考虑水环境的整体性、监测工作的连续性和经济性等原则。对于河流,应根据其流经区域的长度,至少设上游(对照)、中游(污染)、下游(观察)3 个断面;采样点数视水面宽、水深、生物分布特点等确定。对于湖泊、水库,一般应在入湖(库)区、中心区、出口区、最深水区、清洁区等处设监测断面。对于海洋,监测站点应覆盖或代表监测海域,以最少数量监测站点满足监测目的需要和统计学要求;监测站点应考虑监测海域的功能区划和水动力状况,尽可能避开污染源;除特殊需要(因地形、水深和监测目标所限制)外,可结合水质或沉积物,采用网格式或断面等方式布设监测站点;开阔海域,监测站点可适当减少,半封闭或封闭海域,监测站点可适当增加;监测站点一经确定,不应轻易更改,不同监测航次的监测站点应保持不变。水环境生物监测指标和频率见表 6-1。

表 6-1   水环境生物监测指标和频率

| 对象 | 监测指标 | 监测项目 | 频率(次·年$^{-1}$) | 备注 |
|---|---|---|---|---|
| 河流① | 底栖生物 | 种类、数量 | 2 | 必测 |
| | 大肠菌群 | 数量 | 6 | 必测 |
| | 着生生物 | 种类、数量 | 2 | 选测 |
| | 浮游生物 | 种类、数量 | 2 | 选测 |
| 湖泊、水库② | 叶绿素 a | 含量 | >2 | 必测 |
| | 浮游植物 | 种类和密度 | >2 | 必测 |
| | 大肠菌群 | 数量 | 6 | 必测 |
| | 底栖动物 | 种类、数量 | 2 | 选测 |
| 城市水体① | 下列 5 种方法任选一种:<br>a. 鱼类急性毒性试验<br>b. 溞类急性毒性试验<br>c. 藻类急性毒性试验<br>d. 发光细菌急性毒性试验<br>e. 微生物群落级毒性试验 | 96 h 死亡率<br>48 h LC$_{50}$<br>96 h EC$_{50}$<br>抑光率 | / | 选测 |
| 近岸海域② | 浮游植物 | | 4 | 必测 |
| | 大型浮游植物 | 种类、数量 | 4 | |
| | 大肠菌群 | 种类、数量 | 4 | |
| | 细菌总数 | 数量 | 4 | |
| | 底栖动物 | 数量 | 4 | |
| | 叶绿素 a | 种类、数量 | 4 | |
| | 初级生产力 | 含量 | 4 | 选测 |
| | 赤潮生物 | | 4 | |
| | 中小型浮游植物 | 种类、数量 | 4 | |
| | 底栖生物(底上生物) | 种类、数量 | 4 | |
| | 大型藻类 | 数量 | 4 | |
| | 鱼类 | 数量 | 4 | |

注:①淡水环境叶绿素 a 和浮游植物可视具体情况增加监测频率,夏季水华易发季节,应加大监测频率,主要湖泊监测频率夏季不得低于 1 次/月。对污染较重的水体,增加水体或底泥的生物毒性试验。

②海洋例行监测原则上每年按春、夏、秋、冬进行四期监测,考虑实际监测能力,监测频率可酌情跨年度安排,监测时间可与水质监测结合。

  按照规定的方法布点、采样、检测,获得各生物类群的种类和数量等数据后,可采用相应的方法评价水环境污染状况。水环境生物监测以生物群落监测为主,针对不同的水体和监测目的,采用不同的监测指标和方法。河流监测指标以底栖动物和大肠菌群监测为主,结合着生生物监测和浮游植物监测进行分析评价,河流水质评价采用香农-维纳多样性指数。湖泊、水库主要监测其富营养化情况,监测指标以叶绿素 a、浮游植物为主要指标,结合底栖动物的种类、数量和大肠菌群进行分析。湖泊水质评价方法采用:①香农-维纳多样性指数;②马格利夫指数;③藻类密度标准(湖泊富营养化评价标准)。

海洋(近岸海域)生物监测可采用浮游植物、浮游动物和底栖生物的种类组成(特别是优势种分布)、种类多样性、均匀度和丰度,以及栖息密度等为评价参数。对于海洋浮游生物、底栖生物应用香农-维纳多样性指数法、描述法和指示生物法,定量或定性评价海域环境对海洋浮游生物、底栖生物的影响程度。

**二、生物群落监测方法**

未受污染的环境水体中生活着多种多样的水生生物,这是长期自然发展的结果,也是生态系统保持相对平衡的标志。当水体受到污染后,水生生物的群落结构和个体数量就会发生变化,自然生态平衡系统被破坏,最终结果是敏感生物消亡,抗性生物旺盛生长,群落结构单一,这是生物群落监测方法的理论依据。

**(一)水污染指示生物**

水污染指示生物是指能对水体中污染物产生各种定性、定量反应的生物,如浮游生物、着生生物、底栖动物、鱼类和微生物等。浮游生物是指悬浮在水体中的生物,可分为浮游动物和浮游植物两大类,它们多数个体小,游泳能力弱或完全没有游泳能力,过着随波逐流的生活。在淡水中,浮游动物主要由原生动物、轮虫、枝角类和桡足类组成。浮游植物主要是藻类,它们以单细胞、群体或丝状体的形式出现。浮游生物是水生食物链的基础,在水生生态系统中占有重要地位,其中多种生物对环境变化反应很敏感,可作为水质的指示生物。所以,在水污染调查中,常被列为主要研究对象之一。

着生生物(即周丛生物)是指附着于长期浸没水中的各种基质(植物、动物、石头、人工)表面上的有机体群落。它包括许多生物类别,如细菌、真菌、藻类、原生动物、轮虫、甲壳动物、线虫、寡毛虫类、软体动物、昆虫幼虫,甚至鱼卵和幼鱼等。近年来,着生生物的研究日益受到重视,主要原因是其可以指示水体的污染程度,对河流水质评价效果尤佳。

底栖动物是栖息在水体底部淤泥内、石块或砾石表面及其间隙中,以及附着在水生植物之间的肉眼可见的水生无脊椎动物,其体长超过 2 mm,也称底栖大型无脊椎动物。它们广泛分布在江、河、湖、水库、海洋和其他各种小水体中,包括水生昆虫、大型甲壳类、软体动物、环节动物、圆形动物、扁形动物等许多动物门类。

在清洁的河流、湖泊、池塘中,有机质含量少,微生物也很少,但受到有机物污染后,微生物数量大量增加,所以水体中含微生物的多少可以反映水体被有机物污染的程度。

**(二)生物指数监测法**

生物指数是指运用数学公式计算出的反映生物种群或群落结构变化,以评价环境质量的数值。

1. 贝克生物指数

贝克1955 年首先提出一个简易计算生物指数的方法。他把从采样点采到的底栖大型无

脊椎动物分为两类,即不耐有机物污染的敏感种和耐有机物污染的耐污种,按下式计算生物指数:

$$生物指数(BI) = 2A + B$$

式中,$A$、$B$分别为敏感底栖动物种类数和耐污底栖动物种类数。

当$BI>10$时,为清洁水域;$BI$为$1 \sim 6$时,为中等污染水域;$BI=0$时,为严重污染水域。

2.贝克-津田生物指数

1974年,津田松苗在对贝克指数进行多次修改的基础上,提出不限于在采集点采集,而是在拟评价或监测的河段把各种底栖大型无脊椎动物尽量采到,再用贝克公式计算,所得数值与水质的关系为,$BI \geqslant 20$,为清洁水区;$10<BI< 20$,为轻度污染水区;$6<BI \leqslant 10$,为中等污染水区;$0<BI \leqslant 6$,为严重污染水区。

3.生物种类多样性指数

生态学家根据群落中生物多样性特征,经对水生生物指示群落、种群调查研究,提出生物种类多样性指数评价水质。该指数的特点是能反映群落中生物的种类、数量及种类组成比例信息。常用马格里夫多样性指数和香农-维纳多样性指数评价。

4.硅藻指数

用作计算生物指数的生物除底栖大型无脊椎动物外,也有浮游藻类,如硅藻指数:

$$硅藻指数 = \frac{2A + B - 2C}{A + B - C} \times 100$$

式中　$A$——不耐污染藻类的种类数;

　　　$B$——广谱性藻类的种类数;

　　　$C$——仅在污染水域才出现的藻类种类数。

研究表明,硅藻指数为$0 \sim 50$为多污带;$50 \sim 100$为$\alpha$-中污带;$100 \sim 150$为$\beta$-中污带;$150 \sim 200$为寡带。

### (三)污水生物系统法

污水生物系统是德国学者于20世纪初提出的,其原理基于将受有机物污染的河流按照污染程度和自净过程,自上游向下游划分为4个相互连续的河段,即多污带段、$\alpha$-中污带段、$\beta$-中污带段和寡污带段,每个带都有自己的物理、化学和生物学特征。后来经过一些学者的研究和补充,津田等于1964年编制出如表6-2所示的污水生物系统生物学和化学特征。

表6-2　污水生物系统生物学和化学特征

| 项目 | 多污带 | $\alpha$-中污带 | $\beta$-中污带 | 寡污带 |
|---|---|---|---|---|
| 化学过程 | 还原和分解作用明显开始 | 水和底泥里出现氧化作用 | 氧化作用更强烈,因氧化使有机物无机化 | 达到矿化阶段 |
| 溶解氧 | 没有或极微量 | 少量 | 较多 | 很多 |
| BOD | 很高 | 高 | 较低 | 低 |
| 硫化氢 | 具有强烈的硫化氢臭味 | 没有强烈硫化氢 | 无 | 无 |

续表

| 项目 | 多污带 | α-中污带 | β-中污带 | 寡污带 |
|---|---|---|---|---|
| 水中有机物 | 蛋白质、多肽等高分子物质大量存在 | 高分子化合物分解产生氨基酸、氨等 | 大部分有机物已完成无机化过程 | 有机物完全分解 |
| 底质 | 常有黑色硫化铁存在,呈黑色 | 硫化铁被氧化成氢氧化铁,不呈黑色 | 有氧化铁存在 | 大部分被氧化 |
| 水中细菌 | 大量存在,每毫升可达100万个以上 | 细菌较多,每毫升在10万个以上 | 数量减少,每毫升在10万个以下 | 数量少,每毫升在100个以下 |
| 栖息生物的生态学特征 | 动物都是摄食细菌者,且耐受pH强烈变化,耐低溶解氧的厌氧生物,对硫化氢、氨等毒物有强烈抗性 | 摄食细菌动物占优势,肉食性动物增加,对溶解氧和pH变化表现出高度适应性,对氨有一定耐性,对硫化氢耐性较弱 | 对溶解氧和pH变化耐性较差,并且不能长时间耐腐败性毒物 | 对pH和溶解氧变化耐性很弱,特别是对腐败性毒物如硫化氢等耐性很差 |
| 植物 | 硅藻、绿藻、接合藻及高等植物没有出现 | 出现蓝藻、绿藻、接合藻、硅藻等 | 出现多种类的硅藻、绿藻、接合藻,是鼓藻的主要分布区 | 水中藻类少,但着生藻类较多 |
| 动物 | 以微型动物为主,原生动物居优势 | 仍以微型动物占大多数 | 多种多样 | 多种多样 |
| 原生动物 | 有变形虫、纤毛虫,但无太阳虫、双鞭毛虫、吸管虫等出现 | 仍然没有双鞭毛虫,但逐渐出现太阳虫、吸管虫等 | 太阳虫、吸管虫中耐污性差的种类出现,双鞭毛虫也出现 | 鞭毛虫、纤毛虫中有少量出现 |
| 后生动物 | 仅有少数轮虫、蠕形动物、昆虫幼虫出现;水螅、淡水海绵、苔藓动物、小型甲壳类、鱼类不能生存 | 没有淡水海绵、苔藓动物,有贝类、甲壳类、昆虫出现,鱼类中的鲤、鲫、鲶等可在此带栖息 | 淡水海绵、苔藓动物、水螅、贝类、小型甲壳类、两栖类动物、鱼类均有出现 | 昆虫幼虫种类很多,其他各种动物逐渐出现 |

## 练习题

### (一)判断题

1. 水生生物监测断面和采样点的布设与化学监测断面完全一致。　　　　　　　　( 　 )

2. 浮游生物以单细胞、群体或丝状体的形式出现。　　　　　　　　　　　　　( 　 )

3. 河流中所有水生生物的监测为水环境生物的必测指标。　　　　　　　　　　( 　 )

4. 多污带中常有黑色的硫化铁存在,并且水中含有大量的细菌。　　　　　　　( 　 )

5. 污水生物系统基于将受有机物污染的河流按照污染程度和自净过程,自上游向下游划分为 4 个相互连续的河段。　　　　　　　　　　　　　　　　　　　　　　（　　）

6. 贝壳生物指数将底栖生物分为不耐有机物污染的敏感种和耐有机物污染的耐污种两种。
　　　　　　　　　　　　　　　　　　　　　　　　　　　　　　　　　（　　）

7. 贝克生物指数法和贝克-津田生物指数法的原理相同。　　　　　　　　　　（　　）

8. 着生生物是指附着于长期浸没在水中的各种基质表面上的有机体群落。　　（　　）

9. 在清洁的河流、湖泊、池塘中,有机质含量少,没有微生物。　　　　　　（　　）

10. 水污染指示生物是能对水体中污染物进行定性分析,但不能定量的生物。　（　　）

**(二)简单题**

1. 说明生物群落法监测水体污染的依据,常用哪些水生生物作为生物群落法监测水体污染的指示生物?

2. 贝克生物指数法、生物种类多样性指数法评价水质优劣的原理有何不同?各有何优缺点?

3. 简述污水生物系统法监测河水水质污染程度的原理,有何优缺点?

# 任务二　水中细菌学指标的检验

水中细菌学指标的检验　　　　　　　相关标准文件

细菌能在各种不同的自然环境中生长。地表水、地下水,甚至雨水和雪水都含有多种细菌。当水体受到人畜粪便、生活污水或某些工农业废水污染时,细菌大量增加。因此,水的细菌学检验,特别是肠道细菌的检验,在卫生学上具有重要的意义。但是,直接检验水中各种病原菌,方法较复杂,有的难度大,且结果也不能保证绝对安全。所以,在实际工作中,经常以检验细菌总数,特别是检验作为粪便污染的指示细菌数量,如总大肠菌群、粪大肠菌群、粪链球菌、肠道病毒等,来间接判断水的卫生学质量。

## 一、水中细菌总数的测定

水中细菌总数与水体受有机物污染的程度相关,因此细菌总数常作为评价水体污染程度的一个重要指标,即细菌总数越多,水体受污染的程度越严重。菌落是指细菌在固体培养基上生长繁殖而形成的能被肉眼识别的生长物,它由数以万计相同的细菌集合而成。当样品被稀释到一定程度时,与培养基混合,在一定培养条件下,每个能够生长繁殖的细菌细胞都可以在平板上形成一个可见的菌落。细菌落总数是指水样在营养琼脂上有氧条件下 37 ℃培养 48 h 后,所得 1 mL 水样所含的菌落总数。我国现行《生活饮用水卫生标准》(GB 5749—2022)规定,饮用水中细菌总数每毫升不超过 100 个。

测定水中细菌总数的国家标准方法为平板菌落计数法。

## 二、水中总大肠菌群的测定

水中微生物学的检验,特别是肠道细菌的检验,在保证饮水安全和控制传染病上有着重要的意义,同时也是评价水质状况的重要方法。所谓大肠菌群,是指一群在 37 ℃培养 24 h 能发酵乳糖产酸产气的兼性厌氧的革兰阴性无芽孢杆菌的总称。水中大肠菌群数是指 100 mL 水样内含有的大肠菌群实际数值,以大肠菌群最可能数(MPN)表示。水源中大肠菌群的数量,是直接反映水源被人排泄物污染的一项重要指标。

测定水中总大肠菌群的国家标准方法有酶底物法和纸片快速法。

## 三、水中粪大肠菌群的测定

水中粪大肠菌群是总大肠菌群中的一部分,主要来自粪便。在 44.5 ℃能生长并发酵乳糖产酸产气的大肠菌群称为粪大肠菌群。城市污水既包括人们生活排出的洗浴水、粪尿,也包括公共设施排出的废水,如医院废水、工业废水等。这些污水、废水都有可能带来大量的病毒和致病菌。由于病菌类别多样,对每一种病菌进行分析又十分复杂,因此通常采用最有代表性的粪大肠菌群指标来反映水的卫生质量。

测定水中粪大肠菌群的国家标准方法有多管发酵法和滤膜法。

## 实验一 水中细菌总数的测定——平皿计数法(HJ 1000—2018)

【知识目标】
了解测定水中细菌总数的意义,掌握测定细菌总数的原理。
【技能目标】
学习水样采集方法和水样细菌总数测定的方法;了解菌落平板计数的原则。
【素质目标】
具有环保意识和节约意识,不浪费药品试剂,不造成环境污染。
保持实验环境及实验台面和仪器的干净、整洁、有序,符合规范要求。
践行"绿水青山就是金山银山"的生态理念,树立"生态优先、绿色发展"的环保意识。

**(一)方法原理**
将采集的水样接种于营养琼脂培养基中,在 36 ℃培养 48 h 后,查出培养基上所生长的需氧菌以及兼性厌氧菌的菌落总数即为水样中的细菌菌落总数。
**(二)方法选择**
本方法规定了测定水中细菌总数的平皿计数法。
本方法适用于地表水、地下水、生活污水和工业废水中细菌总数的测定。
**(三)仪器试剂**
1.试剂及药品
(1)营养琼脂培养基(表 6-3)。

表 6-3　营养琼脂培养基

| 成分 | 质量 | 成分 | 质量 |
|---|---|---|---|
| 蛋白胨 | 10 g | 氯化钠 | 5 g |
| 牛肉膏 | 3 g | 琼脂 | 15~20 g |

将上述成分溶于 1 000 mL 水中,调节 pH 值为 7.4~7.6,分装于玻璃容器中,121 ℃高压蒸汽灭菌 20 min,避光干燥保存。

(2)无菌水:取适量实验用水,1 ℃高压蒸汽灭菌 20 min,备用。

2.仪器

高压蒸汽灭菌锅、均质器、恒温培养箱、电炉、天平、无菌平皿、无菌试管、无菌刻度吸管或移液枪、无菌锥形瓶、酒精灯、菌落计数器。

**(四)操作步骤**

1.样品采集

一般在距离水面 10~15 cm 处使用采样瓶采集水样;从水龙头采集自来水时,要先放水 3~5 min 后关闭水龙头,使用火焰灼烧或者酒精消毒后再放水 1 min,使用采样瓶采集水样。

2.样品测定

1)样品稀释

在无菌操作下吸取 10 mL 的水样,注入装有 90 mL 的无菌水的锥形瓶内,混合均匀则为 1∶10 的水样稀释液。再次吸取 10 mL 的 1∶10 水样稀释液,注入装有 90 mL 的无菌水的锥形瓶内,此时则为 1∶100 的水样稀释液。重复上述方法依次稀释成 1∶1 000、1∶10 000 的稀释液,每个样品最少需要稀释 3 个稀释度。

2)接种培养

在无菌操作下取 1 mL 水样或是稀释过的水样,注入灭菌培养皿中,倾注 15~20 mL 的溶化过并冷却到 44~47 ℃的营养琼脂培养基,来回转动培养基,使水样与培养基混合均匀。同时在旁边使用另一个平皿只注入无菌水替代水样作为其空白对照。待培养基凝固后放入培养箱,调节温度,在 36 ℃培养 48 h,然后进行菌落计数。

培养基的制备

3)计数方法

①首先选择的是菌落总数为 30~300 的样品,若只有一个稀释度的平均菌落数符合此范围时,则将其菌落总数乘以稀释的倍数作为细菌总数。

②当有两个稀释度的水样的菌落数都为 30~300 时,则计算二者之间的比值,如果比值小于 2,则报告两者的平均数;如果比值大于 2,则报告稀释度较小的菌落数。

③如果所有稀释度的菌落总数都大于 300,则报告稀释度最高的菌落总数乘以稀释倍数。

④所有稀释度的菌落总数都小于 30 时,则报告稀释度最低的菌落总数乘以稀释倍数。

⑤所有稀释度的菌落总数都不在 30~300 时,则报告最接近 30 或 300 的稀释倍数。

稀释倍数及菌落数见表 6-4。

表 6-4　稀释倍数及菌落总数

| 不同倍数稀释度的平均菌落数 | | | 两个稀释度的菌落数比 | 菌落总数/（CFU·mL⁻¹） |
|---|---|---|---|---|
| 10 | 100 | 1 000 | | |
| 365 | 164 | 20 | — | 16 400 |
| 2 760 | 295 | 46 | 1.6 | 37 750 |
| 2 890 | 271 | 60 | 2.2 | 27 100 |
| 150 | 30 | 8 | 2 | 1 500 |
| 无法计数 | 1 650 | 513 | — | 513 000 |
| 27 | 11 | 5 | — | 270 |
| 无法计数 | 305 | 12 | — | 30 500 |

# 实验二　粪大肠菌群的测定——多管发酵法（HJ 347.2—2018）

【知识目标】

了解测定水中粪大肠菌群的意义，掌握测定粪大肠菌群的原理。

【技能目标】

掌握多管发酵法测定水中粪大肠菌群的原理和方法；掌握水中粪大肠菌群采样、测定技能；锻炼培养基的制备能力。

粪大肠菌群的测定

【素质目标】

具有环保意识和节约意识，不浪费药品试剂，不造成环境污染。

保持实验环境及实验台面和仪器的干净、整洁、有序，符合规范要求。

有较强的集体意识、团队合作精神、敬业精神、诚实守信的职业素养。

**（一）方法原理**

判断水的卫生学质量不能保证绝对安全。所以，在实际工作中，经常以检验细菌总数，特别是检验作为粪便污染的指示细菌，如总大肠菌群、粪大肠菌群、粪链球菌、肠道病毒等，来间接判断水的卫生学质量。

**（二）仪器试剂**

1.试剂药品

除另有注明外，所用试剂均为分析纯试剂；实验用水为新制备的去离子水。

（1）单倍乳糖蛋白胨培养液：成分见表 6-5。

表 6-5　单倍乳糖蛋白胨培养液成分

| 成分 | 质量 | 成分 | 质量 |
|---|---|---|---|
| 蛋白胨 | 10 g | 牛肉浸膏 | 3 g |
| 乳糖 | 5 g | 氯化钠 | 5 g |
| 1.6%溴甲酚紫乙醇溶液 | 1 mL | 蒸馏水 | 1 000 m |

将蛋白胨、牛肉浸膏、乳糖、氯化钠加热溶解于 1 000 mL 蒸馏水中,调节 pH 值为 7.2 ~ 7.4,再加入 1.6% 溴甲酚紫乙醇溶液 1 mL,充分混匀,分装于含有倒置小玻璃管的试管中,置于高压蒸汽灭菌器中,在 115 ℃ 灭菌 20 min,贮存于暗处备用。

(2)三倍乳糖蛋白胨培养液:按上述配方比例的 3 倍(除蒸馏水外),配成 3 倍浓缩的乳糖蛋白胨培养液,制法同上。

(3)EC 培养液:成分见表 6-6。

表 6-6　EC 培养液成分

| 成分 | 质量 | 成分 | 质量 |
|---|---|---|---|
| 胰胨 | 20 g | 磷酸氢二钾 | 4 g |
| 乳糖 | 5 g | 磷酸二氢钾 | 1.5 g |
| 胆盐三号 | 1.5 g | 氯化钠 | 5 g |
| 蒸馏水 | 1 000 mL | | |

将上述成分加热溶解,然后分装于含有倒置小玻璃管的试管中,置于高压蒸汽灭菌器中,115 ℃ 灭菌 20 min。灭菌后 pH 值应为 6.9。

(4)无菌水:取适量实验用水,经 121 ℃ 高压蒸汽灭菌 20 min,备用。

(5)硫代硫酸钠($Na_2S_2O_3 \cdot 5H_2O$)。

(6)乙二胺四乙酸二钠($C_{10}H_{14}N_2O_8Na_2 \cdot 2H_2O$)。

(7)硫代硫酸钠溶液,$\rho(Na_2S_2O_3) = 0.10$ g/mL。称取 15.7 g 硫代硫酸钠,溶于适量水中,定容至 100 mL,临用现配。

(8)乙二胺四乙酸二钠溶液,$\rho(C_{10}H_{14}N_2O_8Na_2 \cdot 2H_2O) = 0.15$ g/mL。

2. 仪器

注:玻璃器皿及采样器具试验前要按无菌操作要求包扎,121 ℃ 高压蒸汽灭菌 20 min 备用。

(1)高压蒸汽灭菌器,恒温培养箱,冰箱。

(2)生物显微镜,载玻片,酒精灯,镍铬丝接种棒。

(3)培养皿(直径 100 mm),试管(5×150 mm),小倒管,吸管(1,5,10 mL),烧杯(200,500,2 000 mL),锥形瓶(500,1 000 mL),采样瓶。

**(三)操作步骤**

1. 水样采集

采集微生物样品时,采样瓶不得用样品洗涤,采集样品应置于灭菌的采样瓶中。清洁水体的采样量不低于 400 mL,其余水体采样量不低于 100 mL。采集河流、湖库等地表水样品时,可握住瓶子下部直接将带塞采样瓶插入水中,距水面 10 ~ 15 cm 处,瓶口朝水流方向,拔瓶塞,使样品灌入瓶内然后盖上瓶塞,将采样瓶从水中取出。如果没有水流,可握住瓶子水平往前推。采样量一般为采样瓶容量的 80% 左右。样品采集完毕后,迅速扎上无菌包装纸。

从龙头装置采集样品时,不要选用漏水龙头,采水前将龙头打开至最大,放水 3 ~ 5min,然后将龙头关闭,用火焰灼烧约 3 min 灭菌或用 70% ~ 75% 的酒精对龙头进行消毒,开足龙头,再放水 1 min,以充分除去水管中的滞留杂质。采样时控制水流速度,小心接入瓶内。

采集地表水、废水样品及一定深度的样品时,也可使用灭菌过的专用采样装置采样。

在同一采样点进行分层采样时,应自上而下进行,以免不同层次的搅扰。

如果采集的是含有活性氯的样品,须在采样瓶灭菌前加入硫代硫酸钠溶液,以除去活性氯对细菌的抑制作用(每 125 mL 容积加入 0.1 mL 的硫代硫酸钠溶液);如果采集的是重金属离子含量较高的样品,则在采样瓶灭菌前加入乙二胺四乙酸二钠溶液,以消除干扰(每 125 mL 容积加入 0.3 mL 的乙二胺四乙酸二钠溶液)。

注:15.7 mg 硫代硫酸钠可去除样品中 1.5 mg 活性氯,硫代硫酸钠用量可根据样品实际活性氯量调整。

2. 样品保存

采样后应在 2 h 内检测,否则,应于 10 ℃ 以下冷藏但不得超过 6 h。实验室接样后,不能立即开展检测的,将样品于 4 ℃ 以下冷藏并在 2 h 内检测。

3. 样品稀释及接种

15 管法:将样品充分混匀后,在 5 支装有已灭菌的 5 mL 三倍乳糖蛋白胨培养液的试管中(内有倒管),按无菌操作要求各加入样品 10 mL;在 5 支装有已灭菌的 10 mL 单倍乳糖蛋白胨培养液的试管中(内有倒管),按无菌操作要求各加入样品 1 mL;在 5 支装有已灭菌的 10 mL 单倍乳糖蛋白胨培养液的试管中(内有倒管),按无菌操作要求各加入样品 0.1 mL。

对于受到污染的样品,先将样品稀释后再按照上述操作接种,以生活污水为例,先将样品稀释 10⁴ 倍,然后按照上述操作步骤分别接种 10 mL、1 mL 和 0.1 mL。15 管法样品接种量参考表见表 6-7。

表 6-7　15 管法样品接种量参考表

| 样品类型 | | 接种量/mL | | | | | | |
|---|---|---|---|---|---|---|---|---|
| | | 10 | 1 | 0.1 | $10^{-2}$ | $10^{-3}$ | $10^{-4}$ | $10^{-5}$ |
| 地表水 | 水源水 | ▲ | ▲ | ▲ | | | | |
| | 湖泊(水库) | ▲ | ▲ | ▲ | | | | |
| | 河流 | | ▲ | ▲ | ▲ | | | |
| 废水 | 生活污水 | | | | | ▲ | ▲ | ▲ |
| | 工业废水 处理前 | | | | | ▲ | ▲ | ▲ |
| | 工业废水 处理后 | ▲ | ▲ | ▲ | | | | |
| 地下水 | | ▲ | ▲ | ▲ | | | | |

当样品接种量小于 1 mL 时,应将样品制成稀释样品后使用。按无菌操作要求吸取 10 mL 充分混匀的样品,注入盛有 90 mL 无菌水的三角烧瓶中,混匀成 1∶10 稀释样品。吸取 1∶10 的稀释样品 10 mL 注入盛有 90 mL 无菌水的三角烧瓶中,混匀成 1∶100 稀释样品。其他接种量的稀释样品依次类推。

注:吸取不同浓度的稀释液时,每次必须更换移液管。

生活饮用水等清洁水体也可使用 12 管法。

12 管法:将样品充分混匀后,在 2 支装有已灭菌的 50 mL 三倍乳糖蛋白胨培养液的大试管中(内有倒管),按无菌操作要求各加入样品 100 mL;在 10 支装有已灭菌的 5 mL 三倍乳糖蛋白胨培养液的试管中(内有倒管),按无菌操作要求各加入样品 10 mL。

4. 初发酵试验

将接种后的试管,在(37±0.5)℃下培养(24±2)h。发酵试管颜色变黄为产酸,小玻璃倒管内有气泡为产气。产酸和产气的试管表明试验阳性。如在倒管内产气不明显,可轻拍试管,有小气泡升起的为阳性。

5. 复发酵试验

轻微振荡在初发酵试验中显示为阳性或疑似阳性(只产酸未产气)的试管,用经火焰灼烧灭菌并冷却后的接种环将培养物分别转接到装有 EC 培养基的试管中。在(44.5±0.5)℃下培养(24±2)h。转接后所有试管必须在 30 min 内放进恒温培养箱或水浴锅中。培养后立即观察,倒管中产气证实为粪大肠菌群阳性。

6. 对照试验

1)空白对照

每次试验都要用无菌水按照步骤 1 到 5 进行实验室空白测定。

2)阳性及阴性对照

将粪大肠菌群的阳性菌株(如大肠埃希氏菌 Escherichiacoli)和阴性菌株(如产气肠杆菌 Enterobacter aerogenes)制成浓度为 300 ~ 3 000 MPN/L 的菌悬液,分别取相应体积的菌悬液按接种的要求接种于试管中。然后按初发酵试验和复发酵试验要求培养,阳性菌株应呈现阳性反应,阴性菌株应呈现阴性反应,否则,该次样品测定结果无效,应查明原因后重新测定。

(四)结果表示

根据不同接种量的发酵管所出现阳性结果的数目,从表 6-8 或表 6-9 中查得每升水样中的粪大肠菌群数。接种样品为 2 份 100 mL、10 份 10 mL、总量 300 mL 时,查表 6-8 可得每升水样中的粪大肠菌群数;接种样品为 5 份 10 mL、5 份 1 mL、5 份 0.1 mL 时,查表 6-9 得 MPN 值,MPN 值再乘 10,即为 1 L 水样中的粪大肠菌群数。

如果接种的水样不是 10 mL、1 mL 和 0.1 mL,而是较低的或较高的 3 个浓度的水样量,也可查表 6-9 得 MPN 值,再经下式计算每 100 mL 的 MPN 值。

$$MPN 值 = 查表 MPN 值 \times \frac{10(mL)}{接种量最大的一管(mL)}$$

表 6-8　粪大肠菌群检数表(接种样品总量 100 mL 2 份、10 mL 10 份、总量 300 mL)

| 10 mL 水量的阳性管数 | 100 mL 水量的阳性瓶数 | | |
|---|---|---|---|
| | 0 | 1 | 2 |
| | 1 L 水样中大肠菌群数 | 1 L 水样中大肠菌群数 | 1 L 水样中大肠菌群数 |
| 0 | <3 | 4 | 11 |
| 1 | 3 | 8 | 18 |
| 2 | 7 | 13 | 27 |
| 3 | 11 | 18 | 38 |
| 4 | 14 | 24 | 52 |

续表

| 10 mL 水量的阳性管数 | 100 mL 水量的阳性瓶数 | | |
|---|---|---|---|
| | 0 | 1 | 2 |
| | 1 L 水样中大肠菌群数 | 1 L 水样中大肠菌群数 | 1 L 水样中大肠菌群数 |
| 5 | 18 | 30 | 70 |
| 6 | 22 | 36 | 92 |
| 7 | 27 | 43 | 120 |
| 8 | 31 | 51 | 161 |
| 9 | 36 | 60 | 230 |
| 10 | 40 | 69 | 230 |

表 6-9　15 管法最可能数(MPN)表(接种 5 份 10 mL 水样、5 份 1 mL 水样、5 份 0.1 mL 水样时，
不同阳性及阴性情况下 100 mL 水样中细菌数的最可能数和 95% 可信限值)

| 出现阳性份数 | | | 每 100 mL 水样中细菌数的最可能数 | 95% 可信限值 | | 出现阳性份数 | | | 每 100 mL 水样中细菌数的最可能数 | 95% 可信限值 | |
|---|---|---|---|---|---|---|---|---|---|---|---|
| 10 mL 管 | 1 mL 管 | 0.1 mL 管 | | 下限 | 上限 | 10 mL 管 | 1 mL 管 | 0.1 mL 管 | | 下限 | 上限 |
| 0 | 0 | 0 | <2 | | | 4 | 2 | 1 | 26 | 9 | 78 |
| 0 | 0 | 1 | 2 | <0.5 | 7 | 4 | 3 | 0 | 27 | 9 | 80 |
| 0 | 1 | 0 | 2 | <0.5 | 7 | 4 | 3 | 1 | 33 | 11 | 93 |
| 0 | 2 | 0 | 4 | <0.5 | 11 | 4 | 4 | 0 | 34 | 12 | 93 |
| 1 | 0 | 0 | 2 | <0.5 | 7 | 5 | 0 | 0 | 23 | 7 | 70 |
| 1 | 0 | 1 | 4 | <0.5 | 11 | 5 | 0 | 1 | 34 | 11 | 89 |
| 1 | 1 | 0 | 4 | <0.5 | 11 | 5 | 0 | 2 | 43 | 15 | 110 |
| 1 | 1 | 1 | 6 | <0.5 | 15 | 5 | 1 | 0 | 33 | 11 | 93 |
| 1 | 2 | 0 | 6 | <0.5 | 15 | 5 | 1 | 1 | 46 | 16 | 120 |
| 2 | 0 | 0 | 5 | <0.5 | 13 | 5 | 1 | 2 | 63 | 21 | 150 |
| 2 | 0 | 1 | 7 | 1 | 17 | 5 | 2 | 0 | 49 | 17 | 130 |
| 2 | 1 | 0 | 7 | 1 | 17 | 5 | 2 | 1 | 70 | 23 | 170 |
| 2 | 1 | 1 | 9 | 2 | 21 | 5 | 2 | 2 | 94 | 28 | 220 |
| 2 | 2 | 0 | 9 | 2 | 21 | 5 | 3 | 0 | 79 | 25 | 190 |
| 2 | 3 | 0 | 12 | 3 | 28 | 5 | 3 | 1 | 110 | 31 | 250 |

续表

| 出现阳性份数 | | | 每 100 mL 水样中细菌数的最可能数 | 95% 可信限值 | | 出现阳性份数 | | | 每 100 mL 水样中细菌数的最可能数 | 95% 可信限值 | |
|---|---|---|---|---|---|---|---|---|---|---|---|
| 10 mL 管 | 1 mL 管 | 0.1 mL 管 | | 下限 | 上限 | 10 mL 管 | 1 mL 管 | 0.1 mL 管 | | 下限 | 上限 |
| 3 | 0 | 0 | 8 | 1 | 19 | 5 | 3 | 2 | 140 | 37 | 310 |
| 3 | 0 | 1 | 11 | 2 | 25 | 5 | 3 | 3 | 180 | 44 | 500 |
| 3 | 1 | 0 | 11 | 2 | 25 | 5 | 4 | 0 | 130 | 35 | 300 |
| 3 | 1 | 1 | 14 | 4 | 34 | 5 | 4 | 1 | 170 | 43 | 190 |
| 3 | 2 | 0 | 14 | 4 | 34 | 5 | 4 | 2 | 220 | 57 | 700 |
| 3 | 2 | 1 | 17 | 5 | 46 | 5 | 4 | 3 | 280 | 90 | 850 |
| 3 | 3 | 0 | 17 | 5 | 46 | 5 | 4 | 4 | 350 | 120 | 1 000 |
| 4 | 0 | 0 | 13 | 3 | 31 | 5 | 5 | 0 | 240 | 68 | 750 |
| 4 | 0 | 1 | 17 | 5 | 46 | 5 | 5 | 1 | 350 | 120 | 1 000 |
| 4 | 1 | 0 | 17 | 5 | 46 | 5 | 5 | 2 | 540 | 180 | 1 400 |
| 4 | 1 | 1 | 21 | 7 | 63 | 5 | 5 | 3 | 920 | 300 | 3 200 |
| 4 | 1 | 2 | 26 | 9 | 78 | 5 | 5 | 4 | 1 600 | 640 | 5 800 |
| 4 | 2 | 0 | 22 | 7 | 67 | 5 | 5 | 5 | ≥2 400 | 800 | |

**（五）注意事项**

采好的水样应迅速运往实验室进行细菌学检验。一般从取样到检验不超过 2 h，否则应使用 10 ℃以下的冷藏设备保存样品，但不得超过 6 h。实验室接到送检样后，应将样品立即送入冰箱，并在 2 h 内着手测定。若因路途遥远，送检时间超过 6 h，则应考虑现场检验或采用延迟培养法。

**【知识拓展】总大肠菌群数测定——纸片快速法( HJ 755—2015 )**

**（一）方法原理**

总大肠菌群是指在 37 ℃培养 24 h 后能够发酵乳糖产酸产气，需氧和兼性厌氧的革兰氏阴性无芽孢杆菌。

将一定量的水样以无菌操作的方式接种到吸附有适量指示剂(溴甲酚紫和 2,3,5-氯化三苯基四氮唑，即 TTC)以及乳糖等营养成分的无菌滤纸上，在 37 ℃培养 24 h。因为细菌生长繁殖会产酸使 pH 值降低，因此溴甲酚紫指示剂由紫色变黄色。同时产气过程中，相应的脱氢酶在适宜的 pH 值内会催化底物脱氢还原 TTC 形成红色的不溶性三苯甲䐶( TTF )，即可在产酸后的黄色背景下显示出红色斑点(或红晕)。

通过上述指示剂的颜色变化就可对是否产酸产气作出判断，从而确定是否有总大肠菌群的存在，通过查 MPN 表得出相应的大肠菌群浓度。

**(二)仪器试剂**

1. 试剂及药品

(1)水质总大肠菌群测试纸片:10 mL 水样量纸片、1 mL 水样量纸片。

(2)无菌水:取适量实验用水,1 ℃高压蒸汽灭菌 20 min,备用。

2. 仪器

高压蒸汽灭菌锅、恒温培养箱、试管、无菌刻度吸管或移液枪、采样瓶。

**(三)操作步骤**

1. 样品采集

采集江、河、湖、库等地表水样时,可握住瓶子下部直接将带塞采样瓶插入水中,距水面 10～15 cm 处,瓶口朝水流方向,拔掉瓶塞,使水样灌入瓶内然后盖上瓶塞,将采样瓶从水中取出。如果没有水流,可握住瓶子水平前推。采好水样后,迅速扎上无菌包装纸。

从龙头装置采集样品时,不要选用漏水的龙头,采水前将龙头打开至最大,放水 3～5 min;然后将龙头关闭,用火焰灼烧约 3 min 灭菌,开足龙头,再放水 1 min,以充分除去水管中的滞留杂质。

2. 样品测定

清洁水样,接种水样总量为 55.5 mL,10 mL 水样量纸片 5 张,每张接种水样 10 mL,1 mL水样量纸片 10 张,其中 5 张各接种水样 1 mL,另 5 张各接种 1∶10 的稀释水样 1 mL。受污染水样,接种 3 个不同稀释度的 1 mL 稀释水样各 5 张。若纸片上出现红斑或红晕且周围变黄则为阳性;纸片全片变黄,无红斑或红晕为阳性;纸片部分变黄,无红斑或红晕,为阴性;纸片的紫色背景上出现红斑或红晕,而周围不变黄,为阴性;纸片无变化,为阴性。同时用无菌水做空白实验,培养后的纸片上不得有任何颜色反应,否则该次样品测定结果无效。

清洁水样的参考接种量分别为 10 mL、1 mL、0.1 mL,受污染水样参考接种量根据污染程度可接种 1、0.1、0.01 mL 或 0.1、0.01、0.001 mL 等,见表 6-10。

表 6-10　大肠菌群不同样品种类的接种量

| 样品种类 | 接种量/mL | | | | | | | |
|---|---|---|---|---|---|---|---|---|
| | 10 | 1 | 0.1 | 10 | 10 | 10 | 10 | 10 |
| 湖水、水源水 | ▲ | ▲ | ▲ | | | | | |
| 河水 | | | ▲ | ▲ | ▲ | | | |
| 生活污水 | | | | | ▲ | ▲ | ▲ | |
| 医疗机构排放污水 | | ▲ | ▲ | ▲ | | | | |
| 养殖业排放废水 | | | | | | ▲ | ▲ | ▲ |

**(四)结果计算**

根据不同接种量的阳性纸片数量,查 MPN 表(表 6-11)得到 MPN 值(MPN/100 mL),按公式换算并报告 1 L 水样中总大肠菌群或粪大肠菌群数:

$$C = 100 \times \frac{M}{Q}$$

式中　$C$——水样总大肠菌群或粪大肠菌群浓度(MPN/L);

M——查 MPN 表得到的 MPN 值（MPN/100 mL）；

Q——实际水样最大接种量（mL）。

表 6-11　大肠菌群最大可能数（MPN）表

| 各接种量阳性份数 | | | MPN/100 mL | 95% 可信限值 | | 各接种量阳性份数 | | | MPN/100 mL | 95% 可信限值 | |
|---|---|---|---|---|---|---|---|---|---|---|---|
| 10 mL 管 | 1 mL 管 | 0.1 mL 管 | | 下限 | 上限 | 10 mL 管 | 1 mL 管 | 0.1 mL 管 | | 下限 | 上限 |
| 0 | 0 | 0 | <2 | | | 4 | 2 | 1 | 26 | 9 | 78 |
| 0 | 0 | 1 | 2 | <0.5 | 7 | 4 | 3 | 0 | 27 | 9 | 80 |
| 0 | 1 | 0 | 2 | <0.5 | 7 | 4 | 3 | 1 | 33 | 11 | 93 |
| 0 | 2 | 0 | 4 | <0.5 | 11 | 4 | 4 | 0 | 34 | 12 | 93 |
| 1 | 0 | 0 | 2 | <0.5 | 7 | 5 | 0 | 0 | 23 | 7 | 70 |
| 1 | 0 | 1 | 4 | <0.5 | 11 | 5 | 0 | 1 | 34 | 11 | 89 |
| 1 | 1 | 0 | 4 | <0.5 | 11 | 5 | 0 | 2 | 43 | 15 | 110 |
| 1 | 1 | 1 | 6 | <0.5 | 15 | 5 | 1 | 0 | 33 | 11 | 93 |
| 1 | 2 | 0 | 6 | <0.5 | 15 | 5 | 1 | 1 | 46 | 16 | 120 |
| 2 | 0 | 0 | 5 | <0.5 | 13 | 5 | 1 | 2 | 63 | 21 | 150 |
| 2 | 0 | 1 | 7 | 1 | 17 | 5 | 2 | 0 | 49 | 17 | 130 |
| 2 | 1 | 0 | 7 | 1 | 17 | 5 | 2 | 1 | 70 | 23 | 170 |
| 2 | 1 | 1 | 9 | 2 | 21 | 5 | 2 | 2 | 94 | 28 | 220 |
| 2 | 2 | 0 | 9 | 2 | 21 | 5 | 3 | 0 | 79 | 25 | 190 |
| 2 | 3 | 0 | 12 | 3 | 28 | 5 | 3 | 1 | 110 | 31 | 250 |
| 3 | 0 | 0 | 8 | 1 | 19 | 5 | 3 | 2 | 140 | 37 | 310 |
| 3 | 0 | 1 | 11 | 2 | 25 | 5 | 3 | 3 | 180 | 44 | 500 |
| 3 | 1 | 0 | 11 | 2 | 25 | 5 | 4 | 0 | 130 | 35 | 300 |
| 3 | 1 | 1 | 14 | 4 | 34 | 5 | 4 | 1 | 170 | 43 | 190 |
| 3 | 2 | 0 | 14 | 4 | 34 | 5 | 4 | 2 | 220 | 57 | 700 |
| 3 | 2 | 1 | 17 | 5 | 46 | 5 | 4 | 3 | 280 | 90 | 850 |
| 3 | 3 | 0 | 17 | 5 | 46 | 5 | 4 | 4 | 350 | 120 | 1 000 |
| 4 | 0 | 0 | 13 | 3 | 31 | 5 | 5 | 0 | 240 | 68 | 750 |
| 4 | 0 | 1 | 17 | 5 | 46 | 5 | 5 | 1 | 350 | 120 | 1 000 |
| 4 | 1 | 0 | 17 | 5 | 46 | 5 | 5 | 2 | 540 | 180 | 1 400 |

| 各接种量阳性份数 | | | MPN/100 mL | 95%可信限值 | | 各接种量阳性份数 | | | MPN/100 mL | 95%可信限值 | |
|---|---|---|---|---|---|---|---|---|---|---|---|
| 10 mL 管 | 1 mL 管 | 0.1 mL 管 | | 下限 | 上限 | 10 mL 管 | 1 mL 管 | 0.1 mL 管 | | 下限 | 上限 |
| 4 | 1 | 1 | 21 | 7 | 63 | 5 | 5 | 3 | 920 | 300 | 3 200 |
| 4 | 1 | 2 | 26 | 9 | 78 | 5 | 5 | 4 | 1 600 | 640 | 5 800 |
| 4 | 2 | 0 | 22 | 7 | 67 | 5 | 5 | 5 | ≥2 400 | 800 | |

**练习题**

1.生活饮用水菌落总数不得超过_____个/mL,总大肠菌群 MPN 不得检出。

2.菌落总数测定时对水样进行_____倍递增稀释,一般选择_____个连续稀释度。

3.总大肠菌群主要包括有_____、_____、肠杆菌属、_____等菌属的细菌。

4.总大肠菌群的检验方法中,多管发酵法适用于_____,操作较繁,需要时间_____的情况。

5.《水质 细菌总数的测定 平皿计数法》(HJ 1000—2018)适用于( )中细菌总数的测定。

  A.地表水     B.地下水     C.海水     D.工业废水

6.根据《水质 细菌总数的测定 平皿计数法》(HJ 1000—2018),重金属离子具有细胞毒性,能破坏微生物细胞内的酶活性,导致细胞死亡,可在样品采集时加入( )消除干扰。

  A.盐酸溶液         B.硫酸溶液

  C.硫代硫酸钠溶液       D.乙二胺四乙酸二钠溶液

7.检测粪大肠菌群时做发酵试验用的培养基,是由蛋白胨、牛肉浸膏、乳糖、氯化钠等配制而成的,调节 pH 值为( ),应在 115 ℃灭菌 20 min。

  A.5.2～5.4    B.7.2～7.4    C.9.2～9.4    D.12.2～12.4

8.测定水样中总大肠菌群时,将水样以( )稀释。

  A.1∶10     B.1∶100    C.1∶1 000    D.1∶10 000

9.多管发酵法测定粪大肠菌群的原理是什么?

10.简述粪大肠菌群的含义及常用测定方法。

# 参考文献

［1］魏家红,崔鹏.水质监测与评价［M］.4 版.郑州:黄河水利出版社,2023.

［2］谢炜平.水质检验技术［M］.3 版.北京:中国建筑工业出版社,2021.

［3］隋聚艳,郭青芳.水环境监测与评价［M］.郑州:黄河水利出版社,2020.

［4］奚旦立.环境监测［M］.6 版.北京:高等教育出版社,2024.

［5］武戊良,吴琴琴,毛海亮.水体监测［M］.郑州:黄河水利出版社,2020.

［6］姚运先.水环境监测［M］.北京:化学工业出版社,2015.

［7］国家环境保护总局水和废水监测分析方法编委会.水和废水监测分析方法［M］.4 版.北京:中国环境科学出版社,2002.

［8］李志霞.环境监测(理论篇)［M］.3 版.大连:大连理工大学出版社,2017.

［9］马焕春,熊鹰.水环境监测与评价［M］.成都:西南交通大学出版社,2016.